海洋工程模型试验技术

康 庄 孙丽萍 主编

哈尔滨工程大学出版社
Harbin Engineering University Press

内 容 简 介

本书是海洋工程装备模型试验领域为数不多的指导性书籍,共有9章组成,主要内容包括海洋工程背景及发展沿革、模型试验理论分析、模型试验技术研究和模型试验实例介绍及前景展望。全书从海工装备模型试验实际出发,结合了哈尔滨工程大学多功能深水试验水池中进行的各类模型试验,由浅入深地对试验的各个阶段开展的工作、技术特点、评定标准和数据记录等进行详细的介绍,让读者在阅读和学习的同时,感受模型试验的真实环境。

本书框架完整,内容全面,细节清晰,既可以作为一本教学书籍,同时也可以用来指导实际。

图书在版编目(CIP)数据

海洋工程模型试验技术 / 康庄,孙丽萍主编. —哈
尔滨:哈尔滨工程大学出版社,2018.9
ISBN 978 - 7 - 5661 - 1787 - 8

Ⅰ.①海… Ⅱ.①康… ②孙… Ⅲ.①海洋工程
Ⅳ.①P75

中国版本图书馆 CIP 数据核字(2017)第 329145 号

选题策划　张淑娜
责任编辑　张淑娜
封面设计　刘长友

出版发行　哈尔滨工程大学出版社
社　　址　哈尔滨市南岗区南通大街 145 号
邮政编码　150001
发行电话　0451 - 82519328
传　　真　0451 - 82519699
经　　销　新华书店
印　　刷　哈尔滨市石桥印务有限公司
开　　本　787 mm×1 092 mm　1/16
印　　张　17.25
字　　数　448 千字
版　　次　2018 年 9 月第 1 版
印　　次　2018 年 9 月第 1 次印刷
定　　价　48.00 元
http://www.hrbeupress.com
E-mail:heupress@hrbeu.edu.cn

前　言

我国是海洋大国，也是能源消费大国。中国南海等海域蕴藏着丰富的油气资源，发展海洋经济已经被提高到国家战略高度。海洋工程装备是发展海上经济的物资技术基础，在这方面我国起步较晚，长期以来发展速度缓慢。进入 21 世纪后在国家的大力支持下，我国的海洋工程装备发展取得了显著的成绩，设计建造了以"海洋石油 981"为代表的一批具有先进水平的海洋工程装备。海上环境千变万化，一座海上生产平台要在固定的油田作业 20~30 年。为了确保平台生产作业的安全，新设计的海洋平台必须进行相应的模型试验，测量模型的运动及受力情况，验证数值计算的结果，并且预报实际平台在相应海洋环境下的运动和受力情况，为海洋平台的设计、建造和安全生产作业提供可靠的支持。随着海洋中的石油、天然气以及其他矿物资源的不断开采，模型试验技术得到了迅速的发展，该技术对于海洋工程装备的研究与开发至关重要。

在海洋工程或是船舶工程中，模型试验是一种很重要的研究方法。海洋结构物和工程船舶在其设计制造、施工和使用过程中都要进行模型试验的研究和模拟。通过模型试验，可以在特定的自然海况下测定浮式结构物和工程船舶的海洋动力载荷，并掌握其运动规律和水动力特点。海洋工程模型试验技术涉及深水平台总体设计、系统集成、水动力性能、非线性流体动力特征、流固耦合、结构强度与疲劳等诸多方向的内容，具体涵盖深海平台的方案评估、系统配置、安全性论证、技术经济评价等众多设计技术；极限环境载荷、低频慢漂响应、波浪爬升与抨击、涡激运动及其控制等水动力性能；结构强度与疲劳寿命分析、结构可靠性与安全性、碰撞、柔性构件涡激振动与疲劳等结构性能；系泊定位、动力定位等深海平台定位系统及深海立管系统的关键技术；平台主体海上运输、就位扶正与安装方法及全过程水动力、载荷、姿态控制与稳定性、结构强度等诸多方面。

经过总结可以把海洋工程模型试验研究范围具体分为以下几个方面：①海上浮式平台的六自由度运动、载荷和上浪抨击试验；②铺管船、打桩船、起重船、埋管船和打捞船等工程船舶的自由运动和约束作用下的受力试验；③多浮体结构物之间的耦合试验；④单点系泊和多点系泊试验；⑤桩径平台的拖航、六自由度运动和外载荷受力试验；⑥导管架平台的下水、拖航和海上安装试验；⑦油栅和水面浮油收集设备的性能试验；⑧水下贮油罐、海底管线、水下居住仓等的拖航、下水和在风、浪、流综合作用下的受力试验；⑨水下工程（包括潜水、铺设、焊接、吊放、维修）的可行性试验；⑩与海地基础发生联系的沉垫、桩腿冲刷和抗滑试验；⑪海洋结构物和工程船舶在海冰中的性能试验等。

本书将主要介绍主流海工装备在常规环境（风、浪、流）下的模型试验技术，包括海洋资源的介绍及开发历史、海工装备的分类和各自的特点、海上环境的介绍、水动力学的理论研究方法，重点介绍海工装备的水动力学模型试验的研究，包括各种试验方法和试验装备、试验步骤和注意事项以及试验之后的数据处理过程。

全书共分为 9 章。第 1 章为概述内容，简要地介绍了海洋资源、海洋开发及利用，主要对各种形式的海工装备和重要的辅助装备进行了详尽的说明，包括各种类型的海洋平台、起重船、铺管船、锚泊系统、立管系统等。第 2 章主要对模型试验研究的历史和发展情况以及海上环境做简要说明,对国内外的几个著名深水试验水池做了较为详细的介绍。本书设置前两章的目的是使读者对海洋工程水动力模型试验的历史、背景、发展、现状、目的和意义有一个总体上的印象,了解海洋工程模型试验的相关问题。从第3章开始进入了本书的主体内容。第3章重点阐述了模型试验的理论研究,包括相似准则、浮体坐标系的定义、重要的水动力参数介绍、环境载荷的理论描述、浮式海洋平台的运动及受力分析等。第4章对常见的几种模型试验的试验目的、试验步骤进行了具体的介绍,包括静水自由衰减试验、动力定位试验、涡激振动(运动)试验和其他种类的试验。第5章对海洋工程模型试验中所需要的各种设施、设备进行了详细介绍,包括海洋环境模拟系统以及相关的测试系统等,其中非常重要的海洋环境模拟系统又涵盖了水深调节系统、造波系统、消波系统、造流系统、造风系统等,测试系统主要是相关测试仪器,例如风速仪、浪高仪、流速仪、六自由度运动测量仪、加速度传感器等精密仪器。第6章主要介绍了模型试验开展前的准备工作,包括试验模型的加工及其属性标定、环境条件的模拟与标定、测试系统的安装与标定、模型系泊就位与标定等方面的内容。第7章主要介绍了常规模型试验的开展过程,在此之后对相应的数据采集系统进行简要介绍,然后较为详细地阐述了模型试验的数据处理分析方法。第8章主要结合哈尔滨工程大学深海工程技术研究中心开展过的各种模型试验,给出了耐波性试验、系泊试验、截断模型试验、涡激运动试验以及动力定位试验的案例。第9章对海洋工程模型试验的发展趋势进行了分析,主要介绍了目前的一些研究热点,包括混合模型试验技术、涡激运动试验技术、动力定位试验技术、浮托安装模型试验技术、深水海底管道铺设试验技术等方面的内容。

哈尔滨工程大学的船舶与海洋工程及相关专业是国家重点学科。自1953年以来,哈尔滨工程大学一直是我国船舶工业、海军装备和海洋开发方面科学研究和人才培养的重要基地之一。其中深海技术研究中心于2005年成立,是国内为数不多的专门从事海洋平台及各种深海装备研究的组织。研究中心开设了"海洋立管的设计与研究""深海浮式平台锚泊系统""水下基础工程"等相关课程。本书从确立选题、收集材料、材料汇总到编写及校核都结合了哈尔滨工程大学深海技术研究中心的教授和老师们的试验经验和教学经验,由浅入深地对海工装备水动力模型试验进行非常详细的介绍和总结。本书的编写历时1年零4个月之久,在这个过程中要感谢参与本书编写的人员,尤其是哈尔滨工程大学深海技术研究中心的王宏伟、马刚、艾尚茂老师给出了宝贵的指导意见,同时感谢研究中心的付森、张橙对资料的收集和整理,感谢贾五洋和徐祥同学在后期的审阅工作。时至今日,有幸出版,更要感谢出版社的各位编辑给出的宝贵意见。

本书可作为高等院校船舶与海洋工程专业及相关专业的本科生教材和研究生的教学参考用书,同时也可为从事相关专业的海工装备开发部门、造船厂和海洋平台的设计研究部门人员提供参考。

康 庄

2016 年 10 月

目　　录

第1章 海洋资源及海工装备

1.1 海 洋 资 源

面对当前全球性的人口爆炸、陆地资源枯竭和环境危机,人类面临着人口问题、粮食问题、环境问题,等等,人类赖以生存的陆地空间已不堪重负。地球上生物资源的80%分布在海洋里,海洋为人类提供食物的能力是陆地的数倍。在海洋生态不受破坏的情况下每年可向人类提供30亿吨水产品。因此,海洋的开发利用潜力巨大,前景广阔。人类已越来越认识到海洋资源将成为21世纪人类生存和发展的重要物质和环境条件。联合国近些年采取了一系列措施,以推动世界各国重视海洋资源的开发利用和保护。

海洋资源就是海洋中一切有用的物质,包括海水本身及溶解于其中的各种化学物质、蕴藏于海底的各种矿物资源以及生活在海洋中的各种生物体。海洋资源种类繁多,既有有形的,又有无形的;既有有生命的,又有无生命的;既有可再生的,又有不可再生的;既有固态的,又有液态和气态的。大致可以分为以下几类。

1.1.1 海洋化学资源

海水本身不仅是宝贵的水资源,而且蕴藏着丰富的化学资源,同时海水中溶解的矿物质数量大、种类多,目前能提取的海水化学元素有60多种。

1.1.2 海洋生物资源

海洋渔业捕捞潜力很大,我们应充分利用海洋生物生产力,提高可捕资源的丰富度,大力发展海洋渔业增殖和养殖技术。

1.1.3 海底矿产资源

在大陆架浅海海底,蕴藏着丰富的石油、天然气以及煤、硫、磷等矿产资源。在近岸带的滨海砂矿中,富集着砂、贝壳等建筑材料和金属矿产。在多数海盆中广泛分布着深海锰结核,资源数量十分丰富。具体矿产资源如下:

1. 石油、天然气

据估计,海底石油可采储量约1 350亿吨,海洋天然气储量约140万亿立方米。20世纪末,海洋石油年产量达30亿吨,占世界石油总产量的50%。

2. 煤、铁等固体矿产

世界许多近岸海底已开采煤铁矿藏。日本海底煤矿开采量占其总产量的30%;智利、英国、加拿大、土耳其也有开采。

3. 海滨砂矿

海滨沉积物中有许多贵重矿物,如含有发射火箭用的固体燃料钛的金红石;含有火箭、飞机外壳用的铌和反应堆及微电路用的钽的独居石;含有核潜艇和核反应堆用的耐高温和耐腐蚀的锆的锆铁矿、锆英石。

4. 热液矿藏

热液矿藏是一种含有大量金属的硫化物,由海底裂谷喷出的高温岩浆冷却沉积形成,目前已发现 30 多处矿床。

5. 可燃冰

可燃冰是一种被称为天然气水合物的新型矿物,在低温、高压条件下,由碳氢化合物与水分子组成的冰态固体物质。其能量密度高、杂质少,燃烧后几乎无污染,矿层厚、规模大、分布广、资源丰富。据估计,全球可燃冰的储量是现有石油天然气储量的两倍。

1.1.4 海洋能源

浩瀚的大海,不仅蕴藏着丰富的矿产资源,更有真正意义上取之不尽、用之不竭的海洋能源。它既不同于海底所储存的煤、石油、天然气等海底能源资源,也不同于溶于水中的铀、镁、锂、重水等化学能源资源。它有自己独特的方式与形态,就是用潮汐、波浪、海流、温度差、盐度差等方式表达的动能、势能、热能、物理化学能等能源,直接地说就是潮汐能、波浪能、海水温差能、海流能及盐度差能等。这是一种"再生性能源",而且无污染,但是能量密度小,开发利用难度较大,现在具有商业开发价值的是潮汐发电和波浪发电。

1. 潮汐能

潮汐能就是潮汐运动时产生的能量,是人类利用最早的海洋动力资源。具体指海水潮涨和潮落形成的海水的势能。潮汐能的能量与潮量、潮差成正比。和水力发电相比,潮汐能的能量密度很低,相当于微水头发电的水平。

2. 波浪能

波浪能是指海洋表面波浪所具有的动能和势能。波浪的能量与波高的平方、波浪的运动周期以及迎波面的宽度成正比。波浪能是海洋能源中能量最不稳定的一种能源。

3. 海流能

海流能是指海水流动的动能,主要是指海底水道和海峡中较为稳定的流动水体以及由于潮汐导致的有规律的海水流动。海流能的能量与流速的平方和流量成正比。相对波浪而言,海流能的变化要平稳且规律得多。

4. 温差能

温差能是指海洋表层海水和深层海水之间水温之差的热能。一方面,海洋表面把太阳辐射能的大部分转化成热水并储存在海洋的上层;另一方面,接近冰点的海水大面积地在不到 1 000 m 的深度从极地缓慢地流向赤道。这样,就在许多热带或亚热带海域终年形成 20 ℃以上的垂直海水温差。利用这一温差可以实现热力循环并发电。1930 年,古巴建成了世界第一座海水温差电站。

1.1.5 海滨旅游

广阔的海洋和风光绮丽的滨海地带令人流连忘返。充分利用大海的自然风光,开发海滨旅游,也是人们利用与开发海洋资源的一个重要方面,而且越来越受到各国政府的青睐,发展未来海滨旅游,已经成为势不可挡的旅游趋势之一。

1.2 海 洋 开 发

海洋开发是指利用技术手段对海洋的矿物资源、生物资源、水资源和空间资源进行勘探、开采、利用的整体行为。其定义的范围随着科学技术的进步而不断发展。海洋调查研究、海洋工程技术和设备直接影响海洋开发的深度和广度。

1.2.1 开发历史

人类利用海洋已有几千年的历史了,由于受到生产条件和技术水平的限制,早期的开发活动主要是用简单的工具在海岸和近海中捕鱼虾、晒海盐,以及海上运输,后来逐渐形成了海洋渔业、海洋盐业和海洋运输业等传统的海洋开发产业。17 世纪 20 年代至 20 世纪 50 年代,一些沿海国家开始开采海底煤矿、海滨砂矿和海底石油。20 世纪 60 年代以来,人类对矿物资源、能源的需求量不断增加,开始大规模地向海洋索取财富。随着科学技术的进步,对海洋资源及其环境的认识有了进一步的提高,海洋工程技术也有了很大发展,海洋开发进入到新的发展阶段:大规模开发海底石油、天然气和其他固体矿藏,开始建立潮汐发电站和海水淡化厂,从单纯的捕捞海洋生物向增养殖方向发展,利用海洋空间兴建海上机场、海底隧道、海上工厂、海底军事基地等,形成了一些新兴的海洋开发产业。

1.2.2 海洋开发内容

所谓海洋开发,主要是指海洋及其周围环境的资源开发和空间利用,其内涵的深度和广度随着科学技术的进步而不断发展。到目前为止,现在的海洋开发,既包括对海洋的探索和发现,也包括对海洋的保护,总体上包含以下 5 部分内容。

1. 海上运输

地球上大约 70% 的面积被大洋覆盖,海上运输势必会直接影响到各个国家之间的贸易和联系。海上运输主要包括货物、材料、能源、信息和人员的运输及传递。船舶和各种各样的水面上或是水中的交通工具是海上运输的主要载体;信息的传递是通过光缆、电缆等电力传输和通信信号进行的;另外通过海底管道进行石油和天然气等资源的传输也是一项重要内容。

2. 测量与勘探

对海洋的测量与勘探是海洋资源开发的首要步骤,也是最重要的环节之一。测量与勘探的主要内容如下:使用各种海工装备、仪器对海洋资料和数据进行采集及分析,包括某个海域内的水温、潮汐、波浪等海洋水文资料,另外还包括对海洋资源、海域特性等的预测和勘探。

3. 近岸资源的利用

除了海洋上的各种资源,近岸或是海岸带同样具有相当丰富的利用价值。其中包括港口和码头、各种水上游乐场所的建设,海滨旅游,人工岛屿,围海造田等;另外在近海岸进行农业、渔业和盐业的发展也应该引起人们的重视。由于近海岸的环境条件好,投资风险低,所以海岸线是人类海洋开发的前沿基地和黄金地带。

4. 资源的开发

资源和能源的合理化利用是海洋开发最为主要的目的。其种类众多,但大体上可以概括为石油、海底矿物、天然气、可燃冰等化石能源的开采;海洋鱼类和其他海洋生物等生物资源的捕捞利用;海上风能、波浪能、太阳能、潮汐能等自然能源的利用;另外还有海洋中数量最多的水资源的利用,包括海水淡化、海水中化学元素的提取和直接利用等方面。

5. 海洋环境保护

海洋环境保护的内容较为广泛,主要是防止海洋和近海岸地区的环境恶化。具体措施有控制污染和污染源、海岸保护和航道疏浚、安全保护、海上渔业资源的保护、禁止过度捕捞等。我们要在开发利用的同时,注重对海洋的保护,可持续发展的战略在未来海洋开发中将占有主导地位。

1.2.3 海洋开发现状

世界各国均开始着手各种海洋资源的开发利用。一方面迅速增大海水淡化、海水直接利用和海水化学资源综合利用规模,大力开展渔业养殖及远洋捕鱼,以充分利用海洋的生物资源。另一方面海底区域资源勘探开发竞争日趋激烈,全球新发现的油气区域已经完成了从陆地向浅海的过渡,正从浅海向深海转移,海洋天然气水合物(可燃冰)由资源勘查逐步转向开发利用。同时制定了海上能源的利用计划,海上的风能、潮汐能和波浪能的开发将改变人们对传统能源的依赖。

中国海洋面积巨大,大陆沿岸和海岛附近蕴藏着较丰富的海洋能资源,我国海流能、温差能资源丰富,能量密度位于世界前列;潮汐能资源较为丰富,位于世界中等水平;波浪能资源具有开发价值;离岸风能资源和海洋生物质能资源具有巨大的开发潜力。海洋深水区域具有丰富的油气资源,但深水区域特殊的自然环境和复杂的油气储藏条件决定了深水油气勘探开发具有高投入、高回报、高技术及高风险的特点。迄今为止,我国海洋石油工程自主开发能力和实践经验仅限于浅水范围内,与国外深水海洋石油工程技术的飞速发展尚有很大距离。

总体上,我国在海洋开发技术方面的特点是:研发起步虽不是太早,但已拥有部分成熟技术,个别技术在国际上具有一定影响。

1.3 海 洋 工 程

海洋工程是以开发、利用、保护、恢复海洋资源为目的,且工程主体位于海岸线向海一侧的各类新建、改建、扩建工程。我国的海洋工程包括围填海,海上堤坝工程,人工岛,海上/海底物资储备设施,跨海桥梁,海底隧道工程,海底管道,海底电(光)缆工程,海洋矿产资源勘探开发及其附属工程,海上潮汐电站、波浪电站、温差电站等海洋能源开发利用工程,海上娱乐和运动、观景开发工程,以及国家海洋主管部门同国务院环境保护主管部门规定的其他海洋工程。

海洋工程从地理上可以分为两大类,即海岸工程和离岸工程。其中,海岸工程包括海岸防护工程、围海工程、海港工程、河口治理工程、海上疏浚工程、沿海渔业设施工程以及环境保护设施工程等。而离岸工程又可分为近海工程和深海工程。近海工程包括大陆架较浅水域的海上平台、人工岛等的建设工程以及在大陆架较深水域的建设工程,如浮船式平台、自升式平台、石油和天然气勘探开采平台、复式储油库、浮式炼油厂、浮式飞机场等建设工程。深海工程包括移动半潜式平台、深吃水立柱平台、无人深水潜水器和遥控海底采矿设施等建设工程。

海洋环境极其复杂,海洋工程除了要考虑海水环境的腐蚀、海洋环境的污染等作用外,还必须能承受地震、台风、海浪和冰凌等恶劣的自然环境,在浅海区还要经受岸滩演变和泥沙移运等影响。

1.3.1 海岸工程

海岸工程被视为海岸带开发服务的工程,地中海沿岸国家在公元前 1 000 年已经开始航海和筑港。我国早在公元前 306 年至公元前 200 年就在沿海一带建设港口,东汉(公元25—220 年)时开始在东南沿海兴建海岸防护工程,图 1.1 为逐步发展的海岸防护工程中的防波堤。荷兰在中世纪初期也开始建造海堤,进而围垦海涂,与海争地。长期以来,随着航海事业的发展和生产建设需要的增长,海岸工程得到了很大的发展,但"海岸工程"这个术语直到 20 世纪 50 年代才首次出现。随着海洋工程水文学、海岸工程动力学和海岸动力地貌学,以及有关学科的形成和发展,海岸工程学也逐渐形成一门系统的技术学科。近代最著名的海岸工程是美国旧金山港口外斥资 150 亿美元建造的防洪堤。此外,海岸工程还是海洋工程这一概念的起源。"海洋工程"是 20 世纪 60 年代开始提出的,其内容也是近三四十年以来随着海洋石油、天然气等矿产资源的开采,逐步发展充实起来的。

图 1.1 防波堤

1.3.2 离岸工程

20 世纪后半叶开始,世界人口和经济体的膨胀,导致人们对能源的需求急剧增加。随着对大陆架海域石油和天然气的开采,与之相对应的近海工程成为 40 年来发展最迅速的工程之一。这种现象的主要标志是出现了钻井与开采石油(气)的海上平台,其作业水深范围由水深 10 m 以内的近岸水域扩展到水深 300 m 的大陆架水域,图 1.2 是典型的离岸式采油平台。海底采矿由近岸浅海向较深的海域发展,形成了深海工程。目前,人类已经能在水深 3 000 m 以上的海域进行海域钻井采油,在水深 4 000 m 的海洋底部采集锰结核。海洋潜水技术的发展也很快,载人潜水器下潜深度可达 7 000 m 以上,并能进行饱和潜水,还出现了进行潜水作业的海洋机器人。这样,大陆架水域的近海工程和深海水域的深海工程(或称离岸工程)均已远远超出了海岸工程的范围,其所应用的基础学科和工程技术也远远超出了传统海岸工程的范畴,从而形成了新型的海洋工程。

图 1.2 深海采油平台

海洋工程的结构形式很多,常用的有重力式结构物、透空式结构物和浮式结构物。重力式结构物适用于海岸带及近岸浅海水域,如海堤、护岸、码头、防波堤、人工岛等,以土、石、混凝土等材料筑成斜坡式、直墙式或混成式的结构。透空式结构物适用于软土地基的浅海,也可以用于水深较大的水域,如高桩码头、岛式码头、浅海海上平台等,其中海上平台以钢材、钢筋混凝土等建成,可以是固定式的,也可以是活动式的。而浮式结构物主要适用于水深较大的深海海域。除了上述 3 种类型外,近 10 多年来我国还在发展无人深潜潜水器,用于遥控海底采矿的生产系统。

1.4 海洋工程装备

海洋工程装备指的是海洋工程中所涉及的装备。其体现了两个领域的交叉结合,分别是海洋工程与工程装备。海洋工程装备的应用环境是海洋,系统形式是工程,执行单位是装备。其种类繁多,海洋油气开采相关装备目前应用较为广泛,经济体量大,战略意义强,是先进制造、信息、新材料等高新科技的综合体,是我国当前加快培育和发展的战略性新兴产业,是船舶工业调整和振兴的重要方向。所以,通常我们所说的海洋工程装备主要指的是海洋资源勘探、开采、加工、储运、管理、后勤服务等方面的大型工程装备和辅助装备。

国际上通常将海洋工程装备分为 3 大类:海洋油气资源开发装备、海洋浮体结构物、其他海洋资源开发装备。其中,海洋工程装备的主体是海洋油气资源开发装备,其类型主要有海洋钻井平台、浮式生产储油船、起重船、勘探船、铺管船等。现对目前主流的海洋工程装备做简要介绍。

1.4.1 勘探船

勘探船主要包括海洋勘探船和海洋调查船两类船型,顾名思义,其作用是为了进行海洋勘探和调查。进行海底勘探的船舶可以查明海底石油和矿藏,也可以对海上的环境或是渔业开展记录和监测。业内通常把勘探船和伴随它的其他一些辅助船舶或装备称为海上探勘队,是很确切的比喻。

1. 海洋勘探船

海洋勘探船是用于海洋地质勘探的海洋工程船舶,图 1.3 为我国的海洋石油 708 号海洋勘探船。在地质勘探过程中,海洋勘探船保持低速航行,通过人工爆破产生地震波来探测海底地层。由于海洋勘探船采用物理勘探法进行探测,具有速度快、面积广等优点,所以在海洋石油勘探中应用尤为广泛。海洋勘探船上装有地震仪和钻机等有关勘探设备,可以进行钻探取样分析,也可以勘察油气、可燃冰和海底矿藏等海洋资源。

图 1.3　海洋石油 708 号海洋勘探船

2. 海洋调查船

海洋调查船是专门用来对海洋进行科学调查和考察活动的海洋工程船舶,它是开发海洋的尖兵。船上装有专门的海洋调查、考察的仪器和设备。海洋调查船按其调查任务可分为综合调查船、专业调查船和特种海洋调查船。海洋调查船长年在海上活动,因此船上装有执行考察任务所需的专用仪器装置、起吊设备、工作甲板、研究实验室和能满足全船人员长期工作和生活需要的设施,以及与任务相适应的续航力和自持能力。

近年来,海洋调查船依据其自身优势及特点得到了迅速发展。未来几年,其发展趋势可归纳为以下 3 点:①海洋调查船船体将朝中小型化发展,船速多保持在"经济航速"范围之内,操船、观测、采样和资料处理等继续朝着应用电子计算机控制的自动化方向发展,船载的浮标、潜水器、观测艇等大型辅助观测设备将得到广泛的应用,船上的起吊功能也相应地向大型化、自动化发展;②一船多用,一艘调查船将能作为多种作业调查船使用,容易更换设备的大型综合实验室和可以调换的集装箱专业实验室将得到推广应用;③该类船型的设计思想将不断创新,具有特殊功能的新型特种海洋调查船会不断出现。图 1.4 为现代化的"阿特兰蒂斯 II"号海洋调查船。

1.4.2　起重铺管船

起重铺管船是海洋工程船的一种,主要在港口、航道、海洋和水利工程等处作业。其具备起重和铺管两项功能,多用于支持各种水下管网铺装作业,可在船上完成管件焊接和水

图 1.4　"阿特兰蒂斯 II"号海洋调查船

下安装操作,并具有强大的起重能力,起重范围一般在 100~3 000 t。该类型船舶属于高附加值船,造价较高,而且对建造技术的要求也较高。现在起重铺管船是各个国家和海洋装备公司大力发展的工程船舶之一。

起重铺管船主要任务是在海底铺设输送石油和天然气的通道以及海上大型结构物吊装等。海底管线包括海底油、气集输管道,干线管道和附属的增压平台,以及管道与平台连接的主管等部分,其作用是将海上油、气田所开采出来的石油或者天然气汇集起来,输往与系泊油船连接的外输浮筒或输往陆上油、气库站。

现在主流的铺管方式有 S 形铺设、J 形铺设、卷筒铺设和拖曳铺设 4 种方式,每种铺管方式均有各自的特点,以下进行简单的介绍。

1.S 形铺设

目前世界上运用最广泛的铺管方式是 S 形铺管。S 形铺管分为两种类型:一种是使用 S 形铺管船,另一种是使用半潜式平台进行 S 形铺管。S 形铺管方式多用于刚性管铺设。管道在铺管船地作业线上焊接,之后通过托管架伸入海水并铺至海底。管道从托管架伸出后呈现上凸形状,在中间转折点之后呈现出下凸形状,整根管道呈现出 S 形,因此被称为 S 形铺管。S 形铺管中,管道拥有较大的弯曲半径,从而需保证管道在弹性范围内的弯曲强度。管道的铺设借助张紧器、托管架等设备完成,其托管架的形状如图 1.5 所示。S 形铺设的工作特点如下:

(1)管道在浮式装置上使用单或双接头进行装配;

(2)需要一个可达 100 m 长的托管架,它可以具有单一的刚性部件,或者具有 2 个或 3 个铰接的部件;

(3)典型铺设速度约 3.5 km/d。

中国海洋石油总公司与江苏熔盛重工集团有限公司签订的深水铺管起重船工程项目"海洋石油 201",就是典型的 S 形铺管船,如图 1.6 所示。该深水铺管起重船是国内自主设计和建造的第一个深水海洋石油开发设备,主要用于深水油气田海底管线铺设和海上设施吊装作业,作业水深达 3 000 m,铺管速度为 5 km/d,海上最大起重能力为 4 000 t,能在除北极外的全球海域作业。

2.J 形铺设

J 形铺管方式中,管道通过铺管塔以接近垂直的方式进入水中,因管道形状呈现 J 形而

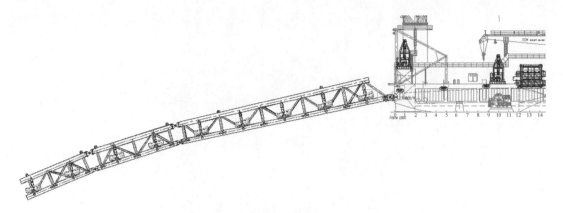

图 1.5　S 形铺管船的托管架

图 1.6　"海洋石油 201"号起重铺管船

被称为 J 形铺管。与 S 形铺管方式相比,J 形铺管法取消了细而长的铺管架,而增加了一个很高的铺管塔,通过张紧器来辅助完成铺管作业。与 S 形铺管法一样,J 形铺管也有船形和半潜式两种形式,图 1.7 是著名的 J 形铺管船 Saipem 7000。J 形铺设的工作特点如下:

(1)焊接是在浮式装置上进行的,由于在一个场所进行,所以速度慢;

(2)所有操作都在垂直方向完成,稳定性是一个难题;

(3)典型铺设速度是 1 ~ 1.5 km/d。

在 J 形铺管过程中应用的设备有吊装设备、A&R 绞车、张紧器、锚泊设备、ROV 系统等。这些设备中,辅助管线下放铺设过程的主要有 A&R 绞车和张紧器。A&R 绞车主要用于 J 形铺管船施工作业过程中管道的弃置和回收,即在正常铺管开始、铺管结束、遇到恶劣海况不允许正常作业需要收弃管时辅助铺管船保证正常铺管或者保证管道安全。除 A&R 绞车外,张紧器也是辅助管线铺设的主要设备。管线在作业线上打坡口、焊接(预焊接、根焊接、填充焊接、盖面焊接)、无损检查、补口之后,由张紧器对管道提供一定的夹紧力保证管道的正常下放作业,作业时需防止管线在风、浪、潮流作用下引起的振荡、屈曲损坏。

3.卷筒铺设

卷筒铺管船如图 1.8 所示,其采用的方法是在陆地上完成管线的生产与焊接作业并缠绕到卷筒上,然后在海上展开并拉直后铺入海底。由于在海上实际铺管过程中,没有管线的连接作业,因此该铺管方式不需要锚泊,铺管速度快。同时由于管线连接作业是在陆地

图 1.7　Saipem 7000 J 形铺管船

上进行的,所以大大提高了管道的焊接质量。但是,由于管线的缠绕和拉直,管道会有塑性变形从而有较大损伤。其工作特点如下:

图 1.8　卷筒铺管船

（1）管道在岸上的受控环境中焊接,然后连续地缠绕在浮式装置上,直到全部缠绕完毕;

（2）完成或达到最大容量;

（3）张力减少很多,因此与 S 形铺设相比可以更好地控制;

（4）对可处理的覆层类型有限制;

（5）存在局限性,通常是由关系到装载能力的容积引起的;

（6）需要岸上基地的支持;

（7）典型铺设速度可高达 1 km/h,平均约为 600 m/h。

卷筒铺管方式既适用于刚性管,也适用于柔性管。该铺管方式的施工作业主要使用铺管船来实现,对应的铺管船有刚性管铺管船和柔性管铺管船。一般说来,刚性管铺管船不仅可以铺设刚性管,也可以铺设柔性管和脐带缆;然而柔性管铺管船适用于铺设柔性管,却不适用于铺设刚性管,一般的柔性管铺管船装载有两个以上的卷筒。

4.拖曳铺设

拖曳铺设适合滩岸边的管线铺设。该方法不依赖于铺管船,在一定条件下,可以节约费用,加快海上油气田的建设速度。管线可以在岸上预制,然后利用岸上的绞车拖入海中。需要在岸上建立绞车平台,使用牵引力较大的连续线性绞车。另外,必须要对漂浮力进行控制,牵引力需要计算准确。拖曳铺管法在北海、墨西哥湾应用比较多,并且已经开始向深水领域发展。拖曳铺设的工作特点如下:

(1)管道或立管束在岸上制造(垂直和平行);

(2)在车间里可以获得很好的焊接质量;

(3)灵活的制造进度表与海上进度表没有冲突;

(4)可使用非常廉价的拖船;

(5)可使用各种各样的拖曳方法(水面、水面下、CDTM(控制深度拖曳)、底部拖曳);

(6)可安装长度有限制;

(7)需要 3 艘拖船用于安装(但是廉价)。

我国的起重铺管船数量很少,主要有海洋石油工程股份有限公司的"滨海106"号起重铺管船、"滨海109"号起重铺管船和亚洲最大的起重铺管船"蓝疆"号。"蓝疆"号起重铺管船由烟台来福士船业有限公司建造,它是目前亚洲起重能力最大,兼有海底管线铺设综合作业的海洋工程船,它的建成标志着中国的海上吊装和铺管能力已提高到了一个新的层次。广州打捞局的"华天龙"号起重船,由 708 研究所设计,兼有铺管和起重能力,起重量达3 800 t,它的设计、建造与使用表明我国在起重铺管船设计与建造方面具备了一定的实力。随着海洋石油的开发、大型海上工程和海难救助事业的发展,起重铺管船作为不可或缺的工程船舶,近几十年来有了长足的发展。国内的起重铺管船也向着大型化、工作水深越来越大的方向发展。

1.4.3　半潜式钻井平台

半潜式钻井平台(Semi-submersible)由立柱提供作业所需的稳性,因此又称立柱稳定式钻井平台。该平台是大部分浮体没于水面下的一种小水线面移动式钻井平台,是从坐底式钻井平台演变而来的。典型的半潜式钻井平台如图 1.9 所示。半潜式平台的结构形式历经了多次演变,外形趋向简单,最终发展成现今的下浮体 – 立柱 – 上甲板结构。目前半潜式钻井平台已经发展到第六代,与之前的几代相比,性能更加稳定,功能更加先进,生产更加高效,作业更加安全。

平台在下浮体之间,立柱之间,以及立柱与平台主体之间还有一些支撑与斜撑连接。在下浮体间的连接支撑,一般都设在下浮体的上方,这样当平台移位时,可使它位于水线之上,以减小阻力。平台上设有钻井机械设备、器材和生活舱室等,供钻井工作使用。平台主体高出水面一定高度,以免受波浪的冲击。下体或浮箱提供主要浮力,沉没于水下以减小波浪的扰动力。平台主体与下体之间连接的立柱,具有小水线面剖面,主柱与主柱之间相隔适当距离,以保证平台的稳性。

半潜式平台的主要特点可总结如下:

图1.9　半潜式钻井平台

（1）可变载荷大。通过优化设计，甲板可变载荷可达到万吨，平台自持能力增强，同时甲板空间增大，钻井等作业安全性能提高。

（2）海上适应性好。半潜式平台具有良好的船体安全性和极限抗风暴能力及很长的自持能力，以适应全球远海、超深水、全天候和长期的工作状态。

（3）装备先进。半潜式平台拥有新一代钻井设备、新一代动力定位设备和大功率电力设备及先进的监测报警、救生消防、通信联络等设备，平台钻井作业的自动化、效率和安全性能等都有显著提高。

由于半潜式平台的这些优点，在海洋工程中它不仅可用于钻井，其他如生产平台、铺管船、供应船和海上起重船等都可采用。半潜式平台作为生产平台使用时，可使开发者于钻探出石油之后即可迅速转入采油，特别适用于深水下储量较小的石油储层。随着海洋开发逐渐由浅水向深水发展，它的应用将会日渐增多，诸如建立离岸较远的海上工厂、海上电站等，这对防止内陆和沿海的环境污染将有很大的好处。

我国南海深水区域油气资源丰富，但受深水钻井装备的限制，开发进展缓慢，为此我国已经将"深水半潜式钻井船设计与建造关键技术"列为国家重点研发项目。2012年5月9日，中国首座自主设计、建造的第六代深水半潜式钻井平台"海洋石油981"在中国南海海域正式开钻，其最大作业水深3 000 m，钻井深度可达12 000 m，图1.10呈现了"海洋石油981"在海上作业时的状态。该平台由中国海洋石油总公司全额投资建造，整合了全球一流的设计理念和一流的装备，是世界上首次按照南海恶劣海况设计的平台，能抵御200年一遇的台风；选用DP3动力定位系统，1 500 m水深内锚泊定位，入级CCS（中国船级社）和ABS（美国船级社）双船级。整个项目按照中国海洋石油总公司的需求和设计理念引领完成，中国海洋石油总公司拥有该船型自主知识产权。该平台的建成，标志着我国在海洋工程装备领域已经具备了自主研发能力和国际竞争能力。

1.4.4　张力腿平台

张力腿平台（Tension Leg Platform，以下简称TLP）是一种垂直系泊，通过数条张力腿与海底相连的平台。张力腿平台的张力筋中具有很大的预张力，这种预张力是由平台主体的剩余浮力提供的。在这种以预张力形式出现的剩余浮力作用下，张力腿时刻处于受拉的绷

图 1.10　"海洋石油 981"深水半潜式钻井平台

紧状态,从而使得平台主体在平面外的运动(横摇、纵摇、垂荡)近于刚性,而平面内的运动(横荡、纵荡、艏摇)则显示出柔性。

张力腿平台大致可分为平台主体、张力腿系泊系统和锚固基础 3 部分,平台主体又包括平台上体、立柱、下体(浮箱) 3 部分。张力腿平台的布局俯视一般都呈矩形或三角形,平台上体位于水面以上,通过 4 根或 3 根立柱与下体连接。立柱一般为圆柱形结构,是平台波浪力和海流力的主要承受部件,其主要作用是提供给平台主体必要的结构刚度。平台的浮力由立柱和位于水面以下的下体浮箱提供,浮箱首尾与各立柱相接,形成环状结构。由于位于水面以下较深处,所以浮箱受表面波浪力的影响较小。图 1.11 为三大系列的 TLP。

(a)　　　　　　　　　　(b)　　　　　　　　　　(c)

图 1.11　三大系列 TLP

(a)Seastar 系列 TLP;(b)Moses 系列 TLP;(c)延伸式系列 TLP

张力腿平台的整个浮式基座位于水面以下较深的位置,受表面波浪的影响较小,从而使平台主体的水动力性能更为优越。由于其特殊的结构特点使得张力腿平台在各个自由度上的运动固有周期都远离常见的海洋能量集中频带,一座典型的 TLP 垂荡运动的固有周期为 2 ~ 4 s,而纵横荡运动的固有周期为 100 ~ 200 s,显示出了良好的稳定性,这也为张力腿平台能够稳定地工作在恶劣复杂的海洋环境下提供了保障。新型 TLP 的单柱主体结构简单,自重小,受力面积小,所受的风、浪等环境载荷比传统类型的张力腿平台要小得多,其底部的悬臂浮筒结构能够保证最佳的张力腿分布范围,更有效地约束了平台的升沉、纵摇和横摇运动,从而使得 TLP 拥有更为优良的运动性能。

张力腿平台是海洋石油、天然气工业从近海向深海发展过程中诞生的一种新型平台。长期的生产实践表明,张力腿平台在深海作业中具有运动性能良好、抗恶劣环境作用能力强、造价相对于固定式平台较低等优点,因此张力腿平台作为优秀的深海平台,自其诞生之日起一直蓬勃发展,是今后一段时间内深水石油平台的主要形式之一。

当前我国的海上油气开发事业正处在由浅海向深海的过渡阶段,对深水平台的要求迫在眉睫,借鉴国外的经验和先进技术是我国深水平台发展所必须经过的一个阶段,在对张力腿平台这种新型平台进行深入研究的基础上,因地制宜地发展最适合我国国情的张力腿平台,这是我国海洋工程界和学术界面临的一个共同任务。

1.4.5　深吃水立柱式平台

深吃水立柱式平台(以下简称 Spar 平台)是一种用于深海石油的开采、生产、处理加工和储存的海洋结构物。近年来 Spar 平台逐渐变成最具有吸引力和发展潜力的平台形式之一,被很多石油公司列为新一代的海洋石油开采平台。到目前为止,Spar 平台已经发展出三代,分别为第一代传统式 Spar(Classic Spar)、第二代桁架式 Spar(Truss Spar)、第三代多柱式 Spar(Cell Spar),图 1.12 为三代 Spar 平台的示例图片。

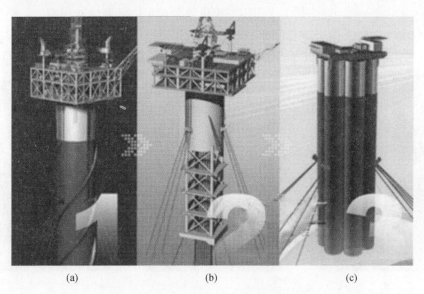

(a)　　　　　　　　(b)　　　　　　　　(c)

图 1.12　传统式、桁架式和多柱式 Spar

(a)传统式 Spar;(b)桁架式 Spar;(c)多柱式 Spar

Spar 平台主要由顶部甲板模块、主体结构、立管系统和系泊系统 4 个系统组成,如图 1.13 所示。Spar 平台甲板模块是平台生产和生活的中心,通常由 2~4 层矩形甲板结构组成,用来进行钻探、油井维修、产品处理或其他组合作业。平台主体提供主要的浮力,并保证平台作业安全。平台主体从顶层甲板至可变压载舱底部之间的部分称为硬舱,它是一个大直径的圆柱体结构。中段是指平台主体从可变压载舱底部至临时浮舱顶甲板之间的部分,它是桁架结构,在桁架结构中设置 2～4 层垂挡板,以增加平台的附加质量和附加阻尼,提高稳性。平台主体中段以下的部分就是软舱,软舱主要设置固定压载舱,以此降低平台重心,同时为平台自行竖立过程提供扶正力矩。系泊系统一般分为系泊缆索、导缆器、起链机和海底基础 4 部分。立管系统主要由生产立管、钻探立管、外输立管以及输送管线等部分组成。由于 Spar 平台的垂荡运动很小,可以支持顶端张紧式立管。系泊系统采用的是半张紧悬链线系泊系统,下桩点在水平距离上远离平台主体,由多条系泊索组成的缆索系统覆盖了很宽阔的区域。

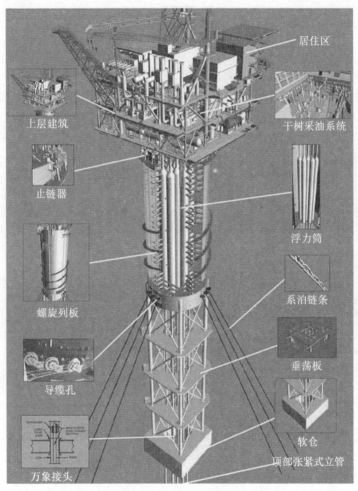

图 1.13　Spar 平台组件

Spar 平台的结构特征与其他形式的平台有着较大的差异,其浮心和重心在垂直方向上是分开的,并且重心低于浮心,因此 Spar 平台有着良好的漂浮稳性,是一个绝对稳定的系统。由于 Spar 平台不是从系泊系统获得稳性,所以即使系泊系统彻底失效,它也不会倾斜或倾覆。其运动性能较好,适应于任意角度的风浪,艏摇运动很小,各方向运动的固有周期远离常见波浪周期,总体来说具有优良的运动性能。运动响应对水深变化不敏感,与其他平台相比,该平台可以应用于超深水处的石油生产。

但是在水动力性能方面,与其他类型的海洋平台相比,Spar 平台需要特殊考虑的一个问题就是涡激运动。这也是由 Spar 平台的深吃水柱状主体的结构特征所决定的。在海洋洋流的作用下,来流在 Spar 平台主体后方发生边界层分离并导致旋涡脱落,而产生的周期性涡脱激励是导致 Spar 平台发生涡激运动的根本原因。Spar 平台的涡激运动主要是横荡和纵荡两个方向,即水平面内的运动,因此涡激运动是 Spar 平台研究过程的一个关键问题。

Spar 平台已成为当今世界深海石油开采的有力工具,围绕着 Spar 平台的研究论证工作正在世界范围内展开,各种突破性技术不断地被应用于其中,其发展趋势主要向作业深水化、形式多样化及应用地域扩大化发展。我国的科研工作者正致力于深海平台的研究,不久在中国南海也将出现类似于 Spar 平台的深海作业平台。

1.4.6 浮式生产储卸装置

浮式生产储卸装置(Floating Production Storage and Offloading,以下简称 FPSO),是一种外形类似油船的海上生产装置,其外观如图 1.14 所示,属于海洋工程船舶中的高技术产品。FPSO 作为海洋油气开发系统的组成部分,一般与水下采油装置和穿梭油船组成一套完整的生产系统,具有生产、储存、外输,以及生活、动力供应于一体的强大功能。它可以把来自油井的油、气、水等混合物液体经过加工处理成合格的原油或天然气,其中成品原油储存在货油舱,到一定储量时经过外输系统输送到穿梭油轮。由于 FPSO 系统复杂,其造价远远高出同吨位的油船,根据选用的设备状况和作业性能的差异,其造价在 2 亿至 4 亿美元不等。

图 1.14　浮式生产储卸装置

FPSO 主要由船体、转塔和系泊系统组成,可新建,也可用旧油轮改造。它将生产分离设备、注水(气)设备、公用设备,以及生活设施等安装在一艘具有储油和卸油功能的油轮上,同时具有适应深水采油(与海底完井系统组合)的能力,在深水域中能抵抗较大的风浪,还具备大产量的油、气、水生产处理能力和大的原油储存能力。它可以与导管架井口平台组合,也可以与自升式钻采平台组合成为完整的海上采油、油气处理、储油和卸油系统。

FPSO 可通过艏部的单点系泊装置长期泊于生产区域,并可绕系泊点做水平面内的360°全方位自由旋转,以保证船舶根据风、浪、流的条件进行旋转,所以具有风向标的作用,从而使其在风标效应的作用下始终处于最小受力状态,减小环境载荷,保护结构刚度和强度,增加安全性和使用年限。此外,FPSO 可通过动力定位系统的动力推进器来控制船舶或海洋平台在低速条件下各个方向的自由度上的运动,抵抗由风、浪、流等环境条件产生的干扰力。

FPSO 之所以成为当前海洋工程的热点之一,原因之一是适应水深范围广;二是可重复利用,因此被广泛用于早期生产、延长测试和边际油田的开发过程中;三是对远离大陆、铺设海底管道成本过高的油田开发优势明显。随着科技的发展,许多大型油田目前都采用

"FPSO + 单点外输系统 + 穿梭油轮"的开发模式。因而,FPSO 是目前公认的海洋油气开发模式中较经济的海洋工程形式之一。

从浅海油气开发一直到中深海油气开发,再到远海领域,FPSO 将是实现我国油气开采开发的关键技术。目前,国内外技术的革新速度较快,不同关键技术均得到进一步拓展和创新,如将 FPSO 进一步拓展到液化天然气(LNG)、液化石油气(LPG)的生产和储存等。我国各大集团公司、有关科研院所和海洋工程公司也已经把 FPSO 纳入科研计划,力争做到跟踪、借鉴、应用、创新,使相关技术尽快在中国石油的海洋勘探开发中得以应用,以便加快我国海洋工程事业发展。

1.4.7　其他海洋工程装备

1.半潜运输船

半潜运输船(Semi-submersible Ships)也称半潜式母船,它拥有巨大的作业甲板面积,是专门从事运输大型海上石油钻井平台、大型舰船、潜艇、龙门吊、预制桥梁构件等超长超重但无法分割吊运的超大型设备的特种海运工程船。在工作时,它会像潜水艇一样,通过调整船身压载水量,平稳地将一个足球场大小的船身甲板潜入 10～30 m 深的水下,只露出船楼建筑,然后等需要装运的货物(如游艇、潜艇、驳船、钻井平台等)拖曳到已经潜入水下的装货甲板上方时,启动大型空气压缩机或调载泵,将半潜船身压载水舱的压载水排出船体,使船身连同甲板上的承载货物一起浮出水面,然后绑扎固定,这样就可以跨海越洋将货物运至世界各地的客户手中。当承载物运达目的地后,半潜式母船带着承载物下沉,当解开系固,待承载物浮起与半潜船分离后,半潜船撤离,而后自行浮起,承载过程即告完成。半潜船还是水下救捞工程不可或缺的重要装备,能配合大型起重船进行起重打捞,较之常规的浮筒打捞具有快速、安全等优势。图 1.15 为我国的两艘半潜运输船。

图 1.15　半潜运输船

2.风车安装船

风车安装船主要用于海上风力发电机的运输和吊装,它将运输船、海上作业平台、起重船以及生活供给船的各项功能完美地融为一体,另外还安装有先进的动力定位系统和自动控制系统,操作灵活,可以独立完成上述运输和安装作业,全过程无须其他船舶协助。风车安装船配置有较大起重能力和起吊高度的起重机,设置了定位或起升用桩腿,用以保证起吊和安装精度,并增强了安装作业对环境条件的适应性,具有较大的甲板空间,以用于运输海上风电机组的各组成部分,适应运输、起重和操纵的特殊要求。风车安装船的作业就位和移位不需要拖轮拖行,节省了大量拖航费用,操作机动灵活,可避开不良海况条件,安全可靠。另外,该船通用性好,还可承揽许多其他工程,如海上设备吊装、平台建造、海上维修等。

目前,常见的两种典型风车安装船为非自航自升式和自航自升式。非自航自升式风车安装船是一种能够自行升降的平台,平台上有起重设备,可用来吊装风机的设备,但该船不能自航,工作时需要用拖船将其拖到指定的工作地点。这种平台对于拖航以及工作时的天气情况都有相关要求,如对于波高、风速、表面流速、海底流速的要求。自升式平台结构相对简单,起重能力强,就成本而言比安装船造价便宜。

自航自升式风车安装船在工作时可将平台升离水面,能保证工作时的稳定性,因此在海上风电场的安装中具备一定的优势。自航自升式风车安装船是结合了自升式平台与自航式安装船优点的作业船,专门用于安装海上风机。其优点是:①不需要拖航,效率高,价格低,可以单独完成海上作业任务;②海上作业时,桩腿立于海底,船体升到水面以上,工作稳定;③具有宽而大的甲板空间,能够放便携式或模块式的海上施工设备,作业时将设备安放在船上,工作完成后卸下来,通用性好;④在一定水深和工程作业范围内,自航自升式风车安装船比甲板驳和自升式平台更具有价格优势,使用自航自升式风车安装船运送和安装重型设备到固定平台,只需几个小时,既安全又经济。图1.16为"MPI Resolution"号自升自航式风车安装船。

图1.16 "MPI Resolution"号自升自航式风车安装船

3.多用途工作船

多用途工作船是指为海上工程提供各种服务的特种工作船舶,该种船具备多种用途,主要包括对钻井、采油、修井作业等各类平台或海上其他大型漂浮物远距离拖航,执行拖带等作业任务;执行钻井、采油、修井等各类平台或海上其他大型构筑物的安全守护、抢修救助任务;为钻井、采油、修井等各类平台供应燃油、淡水、钻井水、钻采器具、液态泥浆、水泥等物资;执行钻井、采油、修井等各类平台、浮吊的起抛锚、移位、就位等生产施工作业等。图1.17为国内某多用途工作船。

多用途工作船的最基本要求是高效率地载运多种货物。因此,其在结构和功能上具备一些基本特征。例如,大多数多用途工作船从载运多种类型货物的方便性出发,设置两层甲板。有的船为适应装运汽车和不宜重压货物的要求,设置多层甲板或活动甲板。多用途工作船的机舱绝大多数在艉部,对于机舱布置在艉部确有困难的船舶,才将机舱适当前移。此外,多用途工作船的型宽常比普通货船要大,因为多用途工作船常装运甲板集装箱或甲

图 1.17　多用途工作船

板货,为提高载货能力,从稳性角度要求取较大的船宽。型深主要从装运的货物对舱容的要求出发,大多数根据装运集装箱所需的层数确定,亦即从考虑集装箱的高度、层数、必要的间隙及舱口围板高度等来确定。多用途工作船一般均设置舷边舱,且多作压载舱用,舷边舱可以设置在甲板间、大舱内或是整个舷侧。

1.5　辅　助　装　备

1.5.1　锚泊系统

锚泊定位是海上浮式结构物的关键技术之一。目前,国外已经有许多利用锚泊定位进行深水作业的平台。与以往用于水深较浅的锚泊定位系统相比,海洋工程装备的锚泊定位系统更加复杂。因此,研究和掌握深水条件下的锚泊定位系统,对于发展我国的海洋工程装备具有十分重要的意义。

锚泊定位系统是移动式平台的主要组成部分,在移动平台固定与抗风浪等方面有着极其重要的作用。当前,在海洋工程结构物中,主要采用两种定位系统:锚泊定位系统和动力定位系统,由于锚泊系统具有投资少,使用、维修方便等特点,因而是目前大部分生产平台主要采用的定位系统。动力定位系统的定位能力和精度要优于锚泊定位,但其本身是精密系统,对配套设施要求较高,目前仅在定位要求较高的平台与作业船上使用,如钻井平台、铺管船等。锚泊定位又分为单点系泊与多点系泊。

1. 锚泊定位

(1)单点系泊。"单点系泊"来源于英文 Single Point Mooring,简称 SPM。所谓单点系泊,一般来讲,是指海洋工程船舶通过单点形式系泊在另一个固定式或浮式结构物上,船舶围绕该结构物可以随风浪流做 360°回转,称为"风向标效应",因此被系泊物体将会停留在环境力最小的方位上。

根据水深和环境荷载的不同,目前发展的单点系泊类型有单锚腿系泊(SALM)、悬锚腿系泊(CALM)、转塔式系泊(Turret Mooring)和软刚臂系泊(Soft Yoke Mooring)等多种类型。常规水深、深水及超深水中应用最多的是转塔式系泊系统,包括内转塔式和外转塔式两种,图 1.18 是较为典型的单点系泊系统。

图 1.18　典型的单点系泊系统

单点系泊系统被用于海洋石油开发,主要有两种作用,其一被用于定位系泊海上工程装备,其二被用于外输原油终端。单点系泊系统被大量采用,主要原因是它的水深适应范围大,可系泊超大型 FPSO,抵抗海洋环境能力强,在一定条件下的经济性良好。因此,从可靠性和经济性的观点考虑,采用单点系泊系统为较佳选择。

(2)多点系泊。多点系泊是指采用多个系锚点供一条船舶或浮体进行海上系泊。随着人类开发海洋活动的进展,海上移动式平台的工作水深不断增加,要求其锚泊系统在满足定位要求的同时尽可能减轻质量。在这种趋势影响下,锚泊线也从单一的锚链、锚索,发展到由锚链、锚索、纤维绳乃至电力机械缆等多种成分构成。

传统的钢制悬链线系泊由"锚链－钢缆－锚链"3 部分组成,并采用拖曳锚作为系泊基础。与单点系泊相比,其优点是被系泊船或浮体的位移以及在波浪、海流作用下的运动幅度较小。多点系泊系统的安装需要用较多时间,被系泊物体所受风、浪、流的荷载较大。因此,多点系泊设施大都用于风向变化不大、波浪来流角较固定的海区。

多点系泊系统主要有传统的悬链线系泊系统和张紧索系泊系统。

悬链线系泊系统又称为展开式系泊系统,已广泛应用于海洋工程领域,该系泊系统包括钢链、索和锚等组成部分,钢链、钢索成悬垂状态,部分链与海底接触并通过锚固定于海底,悬链线对平台有通过所受重力和几何作用产生的回复力,以此实现船体的定位。图 1.19 为典型的多点系泊系统。

图 1.19　典型的多点系泊系统

张紧索系泊系统最早出现于 20 世纪 80 年代,是一种新出现的系泊方式,随着纤维材料应用于深海而逐渐发展起来。该系泊系统通过钢索或纤维绳将平台固定于海底,通过缆索

的张力,实现平台的定位。一般安装后,张紧索系泊系统的系泊缆索与海底的接触角度为
30°~45°,由缆索的轴向刚度产生张力而提供平台所需的回复力。图1.20为悬链线系泊与
张紧索系泊在不同水深下的区别。

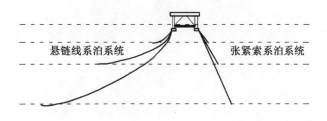

图1.20　悬链线系泊系统与张紧索系泊系统

系泊系统由系泊索链和锚固设备组成,锚索可以由锚链、钢丝绳、合成纤维绳或它们的
组合构成。锚链由有档链环与无档链环连接而成。有档链环的强度比无档者高,是出现很
早、传统的系泊材料,在海洋油气开采的初期就开始广泛应用。锚链制造简单、成本低被广
泛应用于浅海浮动式平台及其他船舶的系泊。现在国内已制造出四级锚链钢,国外已生产
出更高性能的五级锚链钢。锚链具有大质量、高强度、低伸长率的特性。随着水深的增加,
所需锚链的质量大幅度增加,将占用海洋结构物更多的可变载荷。锚链耐磨损,不易破坏。
钢制锚链有较好的耐磨性,在运输及安装过程中无须担心磨损,但安装后较容易腐蚀,现用
锚链往往需要在表面进行防腐处理。

钢索是随着较深水域的开发出现的,由钢丝和芯组成。芯一般为钢丝或者纤维芯,起
到支撑作用,而且芯中一般有润滑剂,实现内部润滑,可以有效避免有害磨损。由于钢索需
要大量钢丝缠绕在一起,形成复杂的结构,还需内部钢丝芯和纤维芯的制作,工艺复杂,成
本很高。钢索易磨损,不能承受扭力,容易被腐蚀和疲劳破坏,并且制作钢索的难点在于接
头的设计和加工。优点是在同等断裂强度下,钢索重仅为链重的1/4~1/5,减小了对浮体
的载荷要求,可以适应更大水深。

系泊系统的锚也在系泊系统中起到关键作用,一般采用拖曳锚等大抓力锚,如
DANFORTH锚、LWT锚、FLIPPER DELTA锚、BRUCE-TS锚、Stevpris系列锚等。这些锚可
靠性高,具有很大抓力,能有效抵抗来自缆索的大载荷作用。

2.动力定位

动力定位系统首先在海洋钻井船、平台支持船、潜水器支持船、管道和电缆敷设船、科
学考察船、深海救生船等方面得到应用,其主要原理是利用计算机对采集来的环境参数
(风、浪、流),根据位置参照系统提供的位置,自动进行计算,控制各推力器的推力大小,使
船舶保持艏向和船位的“纹丝不动”。

动力定位系统主要由3部分组成:①位置测量系统,可测量船舶或平台相对于某一参考
点的位置;②控制系统,首先根据外部环境条件(风、浪、流)计算出船舶或平台所受的扰动
力,然后由此外力与测量所得位置,计算得到保持船位所需的作用力,即推力系统应产生的
合力;③推力系统,一般由数个推力器组成。图1.21为动力定位系统中的螺旋桨。动力定
位系统的组成及工作原理如图1.22所示。

根据控制系统对外界环境的响应情况,可以将控制方法分为被动式控制和主动式控
制。被动式控制是在偏差产生之后,根据外界风、浪、流等外界扰动力的影响计算出使船舶

图1.21　动力定位螺旋桨

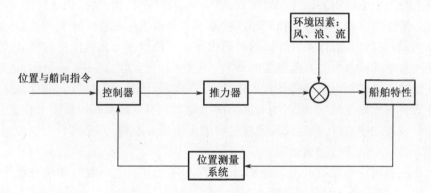

图1.22　动力定位系统组成及工作原理

恢复到目标位置所需推力的大小;而主动式控制可以提前预测,能在偏差产生之前就进行校正,力求有效克服受控对象的不确定性、迟滞和时变等因素的动态影响,使控制系统具有最优的性能指标。

(1)被动式控制。被动式控制实现起来较为简单,在目前的控制领域中具有极其广泛的应用。被动式控制系统以位置测量系统测量的船舶或海洋工程的位置或位置偏差作为输入量,再根据外界风、浪、流的影响,计算出使其恢复到目标位置所需推力的大小,使各推力器产生相应的推力。学者们曾对被动式控制系统中的控制策略做了大量的研究。

(2)主动式控制。主动式控制系统是按偏差确定控制作用,以使输出量保持在其期望值的反馈控制系统。对于滞后较大的控制对象,其反馈控制作用不能及时影响系统的输出,以致引起输出量的过大波动,直接影响控制效果。如果引起输出量较大波动的主要外扰动参量是可量测和可控制的,则可在反馈控制的同时,利用外扰信号直接控制输出(实施前馈控制),构成复合控制能迅速有效地补偿外扰对整个系统的影响,并且有利于提高控制精度。按不变性原理,理论上主动式控制可做到完全消除扰动对系统输出的影响。主动式控制系统可以实现高精度控制和粗略控制,是动力定位控制系统发展的主要方向之一。

动力定位是较为先进的定位技术,其特点是可变载荷大,可适用于多种海况,不需布锚辅助船,船体结构安全,机动性强,可迅速转移作业地点。与传统的系泊形式相比,动力定位具有不受水深限制的优点,对于海洋开发事业和海军现代化建设的发展均具有重要的意义。

1.5.2　立管系统

立管是进行深水石油天然气开采必不可少的设备,它连接了海底矿藏与海面的作业平台,进行钻探、导液、导泥等工作。对上述浮式深海平台系统来说,一方面立管的长度需要很长,可以从几百米到几千米;另一方面,除了海底井口和平台底部外,立管的其他地方没有固定支撑。为适应深海平台的特殊要求,目前立管按功能分为钻井立管、生产立管和外输立管,其中生产立管和外输立管按结构形式可分为钢悬链立管、顶部张紧式立管、柔性立管和混合塔式立管。

1. 钻井立管

钻井立管常在半潜式和钻井船上使用,图 1.23为钻井船和钻井立管系统的示意图。随着水深的增加,保持钻井立管的完整性是一个关键问题。对于以双重作业、动力定位为基础的半潜式平台而言,钻井立管的设计分析尤其重要。为保证其整体安全性,需要对其进行一系列的动态分析。动态分析的目的是为了确定船舶的漂移极限,对回收及调配进行限制。最近几年,人们往往通过一些测试来验证焊接接头、立管耦合剂密封系统是否合理匹配。

在各种海洋立管中,钻井立管是比较特殊的一种。一般说来,钻井立管系统主要包括张紧器系统、伸缩节、顶部柔性接头、立管单根、底部柔性接头等部件。

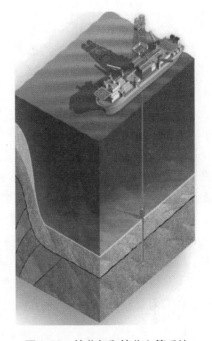

图 1.23　钻井船和钻井立管系统

钻井立管的主要作用:

(1)隔离油井与外界海水;

(2)钻井工作液的循环;

(3)安装水下防喷系统;

(4)支撑各种控制管线(节流和压井管线、泥浆补充管线、液压传输管线);

(5)钻杆、钻井工作从钻台到海底装置的导向。

钻井立管作业时,会受到以下几种载荷的作用:波浪载荷、风载荷、潮汐作用、立管自重、浮力、张紧器张力等。这些作用力作用在钻井立管上,使得立管在海水中受力情况非常复杂。同时由于钻井立管的结构比较特殊,受力情况又比较复杂,近年来又发生过多次钻井立管失效的事故,因此对钻井立管的设计及分析需要给予足够的重视。

2. 生产立管和外输立管

(1)钢悬链线立管。钢悬链线立管被认为是解决深水生产立管成本问题最有效的方案,它出现于 20 世纪 90 年代中期,经过十几年的发展,现在已经被成功应用于张力腿平台、Spar 平台、半潜式平台、浮式生产系统和浮式生产储运系统,应用水深已经超过 3 000 m,成为深水开发的首选立管。

为了适应不同水深的需要,钢悬链线立管的概念被不断发展和延伸,已经出现了 3 种基本形式的钢悬链线立管,即简单悬链线立管(Simple Catenary Riser)、浮力波或缓波悬链线立管(Buoyant Wave or Lazy Wave Riser)、陡波悬链线立管(Steep Wave Riser),其外形如图

1.24 所示。

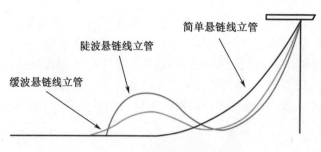

图 1.24 三种钢悬链线立管

钢悬链线立管的独特结构形式也对其设计、制造、安装和安全服役提出了新的挑战,其中控制钢悬链线立管设计和安全服役的关键因素为其顶部和触地点(Touch Down Point, TDP)的疲劳寿命及流线段(Flowline)与海洋环境的相互作用。触地点是钢悬链线立管的特征点——特别是简单悬链线立管,它是悬垂段与流线段的连接点。当浮体在风、浪和流的作用下发生运动时,悬垂段和流线段会同时随浮体运动,从而引起触地点沿轴线变化,同时引起流线段与海底发生相互作用。触地点的疲劳损伤主要是由浮体运动和涡激振动引起的,海底刚度对触地点的疲劳损伤有较大影响,海底刚度越大,立管与海底相互作用引起的疲劳损伤越严重。而顶部疲劳损伤则主要由波浪引起。

(2)顶部张紧式立管。顶部张紧式立管(Top Tension Riser, TTR)是用于连接浮式生产设施和海床上的水下系统间的管道,可用于干式采油树。图 1.25 为典型的顶部张紧式立管。该立管通过顶部的浮力筒或张紧器系统提供的张力,在水中保持垂直站立的形态,并且管中有巨大的预张力存在。一般情况下,顶部张紧式立管采用单套管和双套管的形式,外层套管为受力结构,内层管线为生产、作业管。

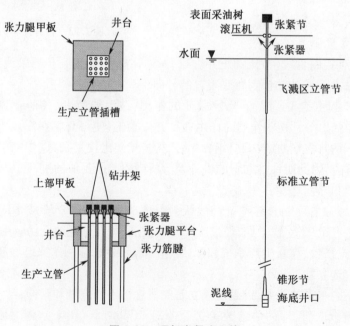

图 1.25 顶部张紧式立管

顶部张紧式立管除了用于生产立管外,还可用于钻井立管或完井立管,属于刚性立管,是靠顶部张紧力来维持自身稳定性的立管。其主要构造特点为顶部使用张紧器连接到平台甲板,脱离角接近于直角,底部以特殊的接头形式(一般为锥形应力接头)与海底设备相连接。该系统可进行完井操作,不需使用单独的钻井平台,可完成生产、回注、钻井和外输等功能。顶部张紧式立管需要的张力随水深增加而增加,其通过张力支撑立管质量、防止底部压缩、限制涡激振动(VIV)损坏和邻近立管间的碰撞。

(3)柔性立管。根据制作工艺,柔性管可分为黏结(Bounded)型柔性管和非黏结(Unbounded)型柔性管。黏结型管道制作过程需要硫化,其制造长度受到限制,所以常用于较短的工程应用,例如漂浮管、跳接管等。非黏结型柔性管由几个独立的层组成,层与层之间没有固定的连接,允许层间相对位移,可以更好地满足现场应用的特殊要求,因此广泛应用于海洋动态立管。如今国外学者大多致力于无黏结柔性管的研究,无黏结结构逐渐成为柔性管的主流结构形式。

柔性立管是一种针对性很强的管道,即在不同的作业环境下应用的柔性立管的截面组成形式是不同的。对于一般的无黏结柔性立管而言,都具有图 1.26 所示的结构层,由内到外分别是:骨架层、内部压力护套、抗压层、抗拉层和外护套。下面详细介绍每层结构层的特性。

骨架层是柔性立管的最里层,直接与管内的流体相接触。骨架层是由具有自锁截面形状的不锈扁钢制成的。内部压力护套是一层受压的聚合物层,其作用是保证内部流体的完整性,因此压力护套是一种由聚合物制作,覆盖在骨架层上的封闭性部件。抗压层最主要的作用是承受由管内流体造成的周向应力。抗拉层是采用成对螺旋缠绕的形式布置的,其主要作用是抵抗管子的轴向拉力和扭转载荷。外护套是能够观察到的结构层,其作用主要是阻止海水进入管内,保护管内的金属结构物免受腐蚀、磨损,以及约束管内的各层结构物。外护套是由非金属材料制造的,可以采用与内护套同样的材料。

图 1.26　柔性立管截面图

1—骨架层;2—内部压力护套;
3—抗压层;4—抗拉层;5—外护套

(4)混合塔式立管。混合塔式立管也称塔式立管或者混合式立管,是一种以刚性立管作为主体部分,通过顶部浮力筒的张力作用,垂直站立在海底,以跨接软管作为外输装置与海上浮体相连接的立管结构形式,图 1.27 给出了典型的混合塔式立管结构。因其特殊的结构布置形式,浮体和刚性立管之间具有良好的运动解耦作用,在墨西哥湾、西非海域及巴西海域等水深超过 1 500 m 和 2 500 m 的深水和超深水油田开发项目中得到了大量应用。

混合塔式立管作为深海油气田开发的立管类型之一,主要具有以下几个优点:

①在海上浮体没有到达目标油田之前,可以预先对混合塔式立管进行安装;

②立管顶部浮力筒位于海平面以下,因此混合塔式立管系统受海上风浪的影响较小;

③通过跨接软管与海上浮体相连,所以浮体运动对立管的影响较小;

④立管的自身所受重力全部由顶部浮力筒提供的张力来承担,减小了对生产平台的浮力要求;

⑤在风浪条件下,可以实现快速
解脱;

⑥疲劳寿命较强;

⑦对于油气田的外扩适应能力
较强。

1.5.3 其他关键设备

1. 水下管汇

水下管汇作为水下生产系统中重要
的组成部分,其主要功能是汇集多个采
油树的油气,并将其外输至海底管线。
一般的水下管汇由管路、阀门、连接装
置、控制器、结构框架和底座几个部分组
成,各种不同功能的管汇质量从几十吨
到几百吨不等。水下结构物的安装是一

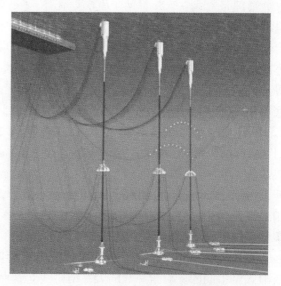

图 1.27 典型的混合塔式立管

项对水深条件非常敏感的工程,深水油气田开发给水下管汇的安装带来了巨大的挑战。

2. 采油树

采油树是在油(气)井完井后进行测试油气时或自喷井采油时的一种井口控制装置。
它由油管挂、闸门和三通或四通组成,直接装在套管头上。只有一侧有出油管的采油树,称
单翼采油树;两侧都有出油管的采油树,称双翼采油树。采油树装有油嘴(阻流嘴),通过更
换不同内径的油嘴来控制油气的产量。

海上油气开采使用的采油树一般可分为干式、湿式、干/湿式和沉箱式 4 种类型。图
1.28 和图 1.29 分别为干式采油树和湿式采油树。

图 1.28 干式采油树

图 1.29 湿式采油树

干式采油树将采油树置于水上,维修人员在船舱内进行工作;湿式水下采油树完全置
于海水中;干/湿式水下采油树可以转换干/湿,正常生产时采油树布置在水下呈湿式状态,
维修时则由一个服务舱与水下采油树连接,排空海水,使其变成常温、常压的干式采油树;
沉箱式水下采油树包括主阀、连接器和水下井口,均置于海床以下的导管内,大大减少采油
树受外界冲击造成损坏的概率。干式采油树装置仪器繁多、结构复杂、成本高、技术难度较
大,因此逐渐被淘汰;沉箱式水下采油树与湿式采油树相比,价格一般高出 40%左右,且无

其他明显优势。随着湿式采油树所采用的金属材料防海水腐蚀性能、水下作业水平的提高及遥控装置的发展,目前湿式采油树逐渐成为各石油公司的首选。

20 世纪 80 年代的水下采油树是生产主阀、生产翼阀及井下安全阀安置在一条垂线上的立式结构,由于其修井及钢丝作业烦琐、耗时,90 年代起水下采油树主要采用控制生产阀门水平放置的卧式采油树。其主要作用如下:

(1)悬挂油管承托井内全部油管柱的质量;

(2)密封油管、套管间的环形空间;

(3)控制和调节油井的生产;

(4)保证各项井下作业;

(5)可进行录取油压、套压资料和测压、清蜡等日常生产管理。

水下采油树是任何一个海底系统不可缺少的组成部分,最初被称为十字树、X 形树或者圣诞树,它是位于通向油井顶端开口处的一个组,它包括用来测量和维修的阀门,用来停车的安全系统和一系列监视器械。采油树包括许多可以用来调节或阻止所产原油蒸气、天然气和液体从井内涌出的阀门。水下采油树发展趋势如下:

(1)在工作水深 200 m 或控制长度 1 000 m 以内的情况下,大多发展直接控制和先导液压控制系统,进行直接控制或对于较大的液压执行器采用先导液压换向;对于 300 m 以上水深海域多采用多路传输、电液控制技术。国外一些水下采油树厂家正在研究采用代表水下采油树发展方向的全电式控制技术,第一台全电控的水下采油树由 Cameron 公司生产,已在我国北海 K5F 气田项目投入使用。

(2)随着声光电波等领域新技术的快速发展,未来大型海上油气田开发采用远程全自动控制及系统智能检测成为人们追求的目标。

(3)随着海上油气田勘探开发技术的进步,越来越多的深海油气田将投入开采,对采油树的标准压力及控制方面的要求会越来越高,研究开发具有高安全性和适应性的水下采油树,必将成为今后很长一段时间内需进一步研究的重点和热点课题。

3. 水下生产控制系统

水下生产控制系统主要用于对水下采油树、水下管汇等的远程控制,对井下压力、温度及水下设施运行状况进行监测,以及根据生产工艺要求对所需化学药剂进行注入分配等。整个控制系统由位于依托设施的水面控制设备、水下控制设备和控制脐带缆等组成,水面控制设备主要包括液压动力单元(HPU)、供电单元(EPU)、主控站(MCS)及水面脐带缆终端总成(TUTA),水下控制设备主要包括水下脐带缆终端总成(SUTA)、水下分配单元(SDU)及水下控制模块(SCM)等。典型的水下生产控制系统基本组成如图 1.30 所示。电力、信号、液压液和化学药剂等由水面控制设备通过控制脐带缆传输到水下控制设备,从而实现对远距离水下生产设施的生产过程、维修作业的遥控。

水下生产控制系统(以复合电液控制系统为例)工作时,由水面 MCS 发出对水下控制设备的控制信号,控制信号经编码后通过控制脐带缆向下传给水下 SCM,控制信号在 SCM 中被解码并执行,操作人员可从控制系统反馈回来的数据(如阀门位置及流道压力等)来确认执行结果。例如,当需要关闭水下采油树生产主阀时,SCM 接收到水面 MCS 的控制信号后进行解码处理,解码后的信号会连通开关使电磁阀通电,阀门打开后,储存的液压液体进入生产主阀驱动器(ACTUATOR),推动闸板关闭阀门。

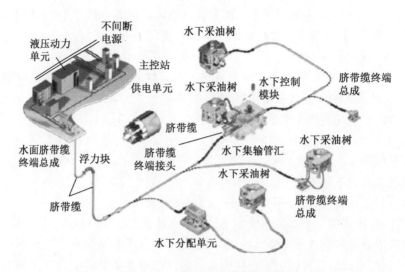

图 1.30　水下生产控制系统简图

4. 脐带缆

作为水下控制系统关键组成部分之一的水下生产系统脐带缆，是连接上部设施和水下生产系统之间的"神经和生命线"。脐带缆在海洋工程中的应用已有近 50 年的历史，并已成功地应用到了浅水、深水和超深水领域。

脐带缆的主要作用包括：

(1)为水下阀门执行器提供液压动力通道；

(2)为控制盒和电动泵等提供电能；

(3)为水下设施和油井提供遥控及监测数据传输通道；

(4)为油井提供所需流体(如甲醇和缓蚀剂等化学药剂)。

图 1.31 是典型的钢管、软管脐带缆的截面结构图，可以看出脐带缆除了具有电缆(动力缆或信号缆)、光缆(单模或多模)、液压或化学药剂管(钢管或软管)等功能单元外，还包含聚合物护套、铠装钢丝或碳纤维棒以及填充物，其中聚合物层可以起到绝缘和保护的作用，铠装钢丝可以增加轴向刚度和强度。

脐带缆在种类上一般可以分为 4 类：热塑软管脐带缆，它主要指脐带缆中的输液管由热塑软管组成[图 1.32(a)]；钢管脐带缆，它主要是指脐带缆中的输液管线由钢制金属管组成[图 1.32(b)]；电力脐带缆，它主要是为水下液气分离、泵送、多相流混输、压缩机等大功率电力设备输送电能[图 1.32(c)]；综合服务脐带缆，它是将油气输送的生产管与脐带缆结合起来的一种脐带缆[图 1.32(d)]。

5. 防喷器

钻井立管需要安装防喷装置(BOP)，其作用是在立管结构发生破坏时，切断立管与海底井口的连接，防止因立管破坏造成石油泄漏，进而危害环境。海洋立管下端通过应力接头与 BOP 连接，如图 1.33 所示。

井喷是地层流体(油、气和水)无控制地涌入井筒喷出地面的现象。钻井过程中，井喷是危及海上作业安全的恶性事故。溢流失控导致井喷或井喷失控，使井下情况复杂，无法进行钻井作业。溢流和井喷的根本原因是地层和井眼系统的压力失去平衡。当对地层孔

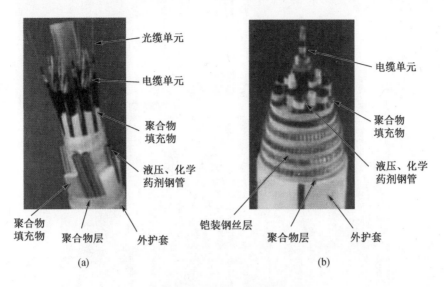

图 1.31　脐带缆截面结构图

(a)钢管脐带缆;(b)软管脐带缆

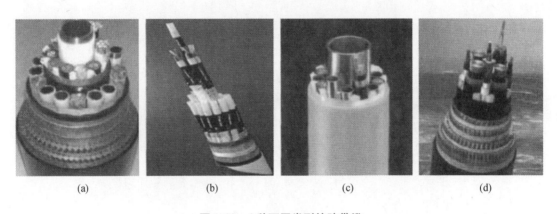

图 1.32　4 种不同类型的脐带缆

(a)热塑软管型;(b)钢管型;(c)电力型;(d)综合服务型

隙压力掌握不清,或由于某些外力及人为因素造成钻井液柱压力降低,使静液柱压力小于地层孔隙压力较多时,将导致溢流和井喷。为保持地层与井眼系统的压力平衡,在现场作业中,应使钻井液柱压力略大于地层孔隙压力,防止地层流体侵入井眼内。当溢流发生后,则要利用具有不同功能的各种先进的井控设备控制溢流。

防喷器组合的内容包括防喷器压力级别的选择、防喷器类型及数量、防喷器位置排列以及地面管汇布置等。防喷器组合的合理性和安全性,取决于钻井平台钻井时的危险性和防护程度、地层压力、井身结构、地层流体类型、人员技术素质、气象海流、交通运输条件、工艺技术难度和环境保护要求等诸多因素。简言之要求安全、合理和低成本。

钻井过程中用到的防喷器可以分为钻具内防喷器和钻具外环形空间防喷器两大类型,常见的钻具外环形空间防喷器有环形防喷器和闸板防喷器。

环形防喷器又称为万能防喷器,其工作原理为:关井时,高压动力液进入防喷器关闭腔,液压力推动活塞向上运动,迫使密封胶芯封住管子外围;当高压动力液进入打开腔时,

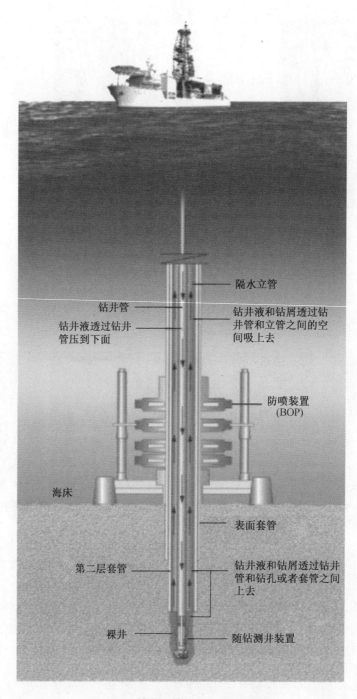

图 1.33　钻井立管底部 BOP 示意图

液压力推动活塞向下运动,让密封胶芯回到原位置,防喷器打开。其工作特点为:

(1)能够在不同尺寸钻柱的任何部件上关闭;

(2)能关闭空井;

(3)能关闭试油抽油泵、测井或射孔的电缆及各种工具;

(4)在减压调节阀或缓冲储能器控制下,能够上下活动钻井或强行起下钻柱,但不能旋转钻具。

国外公司中,Hydril 公司的环形防喷器质量较好,其 Hydril GXTM 型环形防喷器可以用于深水环境中。

闸板防喷器的工作原理是:当发生井喷或者井涌时,高压动力液进入左右的液缸关闭腔,推动活塞带动着闸板轴及闸板总成沿闸板室内导向筋限定的轨道分别向井口中心移动,实现井封。同理,要实现防喷器开启,需要将高压动力液引入左右液缸开启腔。

1.6　海工装备发展趋势

浩瀚的海洋蕴含的资源种类丰富且储量巨大,尤其是海洋石油、天然气的开发,已成为当今各经济强国关注的焦点。由此应运而生的海洋工程装备是人类开发、利用和保护海洋活动中使用的各类装备的总称,是海洋经济发展的前提和基础,处于海洋产业价值链的核心环节。海洋工程装备制造业具有知识技术密集、物资资源消耗少、成长潜力大、综合效益好等特点,是发展海洋经济的先导性产业,是战略性新兴产业的重要组成部分,也是高端装备制造业的重要方向。面对海洋资源开发这一不断成长的新兴市场,世界各国都在积极发展相关装备,加快海洋资源开发和利用已成为世界各国发展的重要战略取向。

1.6.1　海工装备未来发展趋势

从海洋油气的开发趋势来看,海洋工程装备的作业环境将实现从浅海到深海,从近海到远海,从水面到水下,从常规海域到极区的转变;装备作业自身将呈现深水化、规模大型化、功能多元化、形式多样化的特点;并更加安全、环保、可靠;且在技术上实现多学科的技术融合。

当前海洋工程装备的运营范围从浅水扩大到深水以至超深水,产品从固定平台拓展到浮水设施和水下生产系统,其作业深水化的特点十分明显。在这方面,目前我国正在研发的新一代钻井船,其作业水深超过 3 600 m,钻井深度达到 12 000 m,为第七代钻井船。

在装备规模大型化方面,目前的 FPSO 船长可达 330 m,储油能力达到 30 万吨;在功能多元化方面,浮式钻井生产卸船、多功能平台供应船等功能复合型装备进一步拓展了海工装备的作业能力;在形式多样化方面,新型浮式平台的主体结构趋于交叉融合,进一步实现了性能优化,浮式 LNG 装备,如浮式 LNG 生产储存装置(LNG - FPSO)、浮式 LNG 储存及再气化装置(LNG - FSRU)市场空前繁荣。

此外,水下装备也实现了广泛应用,相关的重点设备包括脐带缆、水下控制系统、水下管汇、水下采油树、水下防喷器等。同时,浮式天然气液化生产储存装置(GTL - FPSO)、浮式液化天然气发电船(LNG - FPGU)等前瞻性浮式装备新概念不断涌现。其中 GTL - FPSO 能以较低成本将天然气转化为高质量、燃烧完全的油产品或化学品,目前韩国现代重工已进入 GTL 市场。

其他前景看好的装备还包括极区海洋油气开发装备、海上机场、深海采矿船、海上城市等大型水面水下综合设施、水下开采技术等。在综合利用海洋能源方面,目前对波浪能、潮汐能、温差能的利用还处于初步阶段,未来有望进一步发展,海上风电技术则正在快速发展。此外,海洋空间信息技术领域也是目前发展的重点。

1.6.2　我国海工领域的发展现状

总体而言,目前我国在海洋资源开发利用领域所完成的工作有限,而未来市场对相关装备在安全、环保方面的要求更高。这就给基础科研带来了更多的挑战,要求中国船舶与海洋工程行业在以下领域不断探索:新型海洋工程装备总体设计及性能分析技术,海洋工程装备总体及系统试验技术,深海设施结构动力响应及疲劳强度分析技术,深海平锚索、立管等柔性构件的动力特性分析技术,深海海洋工程安全性检测与风险控制技术,深海设施长效防腐及防护技术,浮式结构物恶劣海况下安全性评估技术等。

建设海洋强国是中国人的梦想,实现强海梦更是造船人的光荣使命。在"十二五"期间我国已开始大力发展海洋工程装备的研发,并且在"十三五"和"国家长期发展规划"中,都把大力发展海洋工程装备研发和制造技术列为重点建设的内容。相信在不久的将来,我国的海工装备研发、设计和建造技术必将处于世界领先地位。

第2章 模型试验研究概述

2.1 海洋工程模型试验的发展史

海洋工程所涉及的装备和技术内容十分广泛,它与土木建筑、水利、机械、造船、航海、航空、电力电机、电子、仪器、仪表、计算机、农业、生物、化学、材料、采矿、采油等工程技术密切相关。海洋装备的研发必须与各类科学技术领域有机结合和综合应用,是内容十分广泛的系统工程。因此,海洋工程模型试验包含了海洋开发的所有内容,覆盖的范围较广。但是目前所说的海洋工程模型试验多指海洋工程中大型装备的模型试验研究,其中以各种大型浮体的研究为主。

海洋工程模型试验研究是在船舶模型试验的基础上衍生扩展来的,英国的造船学家W. Froude 最早提出用模型试验的方法分析并预报船舶在实际海况中所遭遇的流体阻力,之后便开始展开各种模型试验来测量船舶的推进、耐波、操纵以及横摇纵摇性能的试验。为了方便各个国家船舶行业专家学者的交流和沟通,共同解决船模试验研究在测量技术、分析技术方面的问题,以及探讨如何准确地预报实船航行性能等,在 1932 年召开了著名的国际拖曳水池会议(International Towing Tank Conference,ITTC)。最初按照船舶航行性能的大体方向,分成船舶阻力、船舶推进、船舶操纵和船舶耐波性四个专业技术委员会,每年都会召开会议来讨论、分析在相关领域的研究进展和遇到的问题。20 世纪 50 年代初,丹尼斯、皮尔逊等学者把平稳随机过程和线性叠加原理用于不规则波浪中的船舶试验,分析不规则波中船舶的运动状态,船舶耐波性问题的研究有了很大的进展,形成了现代船舶耐波性研究的雏形,主要包括:实船在实际海况下的运动状态分析、阻力增额问题、船舶失速、甲板上浪等几类问题。同时在船模试验设施方面还建造了专门进行耐波性试验的水池,首次可以在试验水池中模拟不规则波。20 世纪 50 年代末,美国泰勒试验水池和荷兰试验水池分别建成了相当规模的耐波性水池,此后,不规则波中的耐波性试验可以在试验水池中进行,很多理论上无法解决的问题得以发现和解决。

由于海上油气的开采时间较晚,海洋平台的模型试验比船舶模型试验要晚很多,可追溯到 20 世纪 60 年代末。20 世纪 50 年代人们开始涉足海上石油的钻探和开采,首先在浅水区域发现石油并进行开发,使用的也是较为笨重的固定式平台,在平台生产作业时,不仅要考虑海上风、浪、流的作用力,还要考虑平台是否有甲板上浪、波浪是否会发生抨击等现象,这就需要进行模型试验来解决相关问题。从这时起,船舶模型试验研究单位便开始扩展至海洋工程领域,同时国际拖曳水池会议相应地增加了海洋工程技术研究委员会。

但是那时并没有进行海洋工程模型试验的专门水池,只能利用一些船模试验水池中的设备、设施进行海洋工程的试验,例如将固定平台模型的水下部分在拖曳水池中试验测定阻力以得到流对平台的作用力;水上部分在风筒中试验或将其倒放在水池中进行拖曳试验以得到风对平台的作用力;把平台置于耐波性水池中试验以得到波浪对平台的作用力以及观测平台甲板的上浪。最后综合上面试验所测量的试验结果,看作风、浪、流对平台的作用力,但是这种方法存在着很大的不足之处,忽略了风、浪、流之间的相互影响和相互作用,得到的试验结果总是存在着很大的误差。

近些年,随着油气开发不断向海洋深处扩展,发展了各具特点的浮式生产平台,需要进行的试验研究与早期的固定式平台相比就更为复杂,不仅要考虑风、浪、流等海洋环境对平台的受力影响,还要研究浮式平台在环境载荷下的六个自由度的运动,同时浮式平台的锚泊系统的悬链线受力和运动问题、立管系统的涡激振动问题等都需要通过模型试验来研究。直到20世纪70年代,相关领域的专家才考虑专门建立用于进行海工装备模型试验的试验水池,称为海洋工程水池或风浪流水池。20世纪80年代初,挪威首先建成世界上第一个海洋工程水池,在该水池中能模拟风、浪、流等海洋环境条件,该水池最大水深为10 m,并且配备了大面积的假底,凭借假底可以模拟不同的工作水深,在当时看来该水池的一些设备、设施已经十分先进。之后其他国家也仿照该水池陆续建造了一些海洋工程水池。

在20世纪80年代,海上石油、天然气资源的开采已经进入了深水海域,但是水深还被限制在几百米之内,所以国际上的一些石油公司和海洋工程界对于实际工程项目的模型缩尺比通常都是在60~80范围内,模型的尺寸也是尽可能大些为宜。随后海工领域发展了张力腿平台等实际意义上的深水平台,所以建造水深较浅的海洋工程水池时都要在池底中央设置专门的深井,平台模型的锚泊系统和立管系统可以布置在深井底部。随着各种各样的海洋平台设计、建造需求的不断增加,模型试验研究的方向和任务也是大规模增加,各种仪器设备、试验测试技术、数据采集和分析技术与之前相比都有很大的进展。

进入21世纪以来,深水和超深水海洋平台的出现,使得海洋石油开采向深海进一步接近。同时为了满足深海平台模型试验研究的需要,一些国家建造了深水海洋工程水池,例如荷兰试验池于2000年建成,是当时号称世界上最先进、最深的海洋工程水池,即使在今天也仍然是世界上较为先进的水池,可以开展大部分的海工模型试验。随后,日本、巴西和美国等国家也建造了深水海洋工程水池。可以说深水海洋工程水池能够部分地解决深海平台模型的试验研究问题,但是从根本上讲,它并不能解决全部问题,还存在着一些技术上的难题,如水池的尺度总是有限的,而实际中的海上环境是无限的。如果按照传统的物理模型的试验方法,把深海平台及其系泊系统和立管系统等试验模型全都布置在水池中几乎是不可能的,因此国际拖曳水池会议(ITTC)对这种问题进行了专门的探讨来寻找解决问题的手段和途径,同时很多相关学者也在致力于深水海洋平台模型试验技术的研究。

2.2　海洋环境简介

海工装备在海洋环境载荷作用下,足够的强度是安全生产的重要保证。海洋环境载荷包括风、波浪、海流、冰、地震等,这些环境参数都具有随机性和模糊性。例如,波浪载荷主要取决于波高和周期,但波高的大小是随海况的不同而随机变化的,而且观测出的波高值也是大约值,具有模糊性。在海洋工程水动力性能的研究中,需要对复杂的海洋环境进行合乎实际的简化处理并作相应的理论描述。因此,正确地了解认识这些海洋环境的特点及规律,有利于准确评估海上结构物的强度与可靠性,是当今国内外海洋工程上的重要研究课题。

2.2.1　水深

水深虽然对海工装备的使用寿命或可承受载荷的影响不大,但是水深确实是限制海工装备发展的最关键因素,它也是决定海洋平台类型选择的重要因素。随着水深的变化选取最佳的平台类型,是保证海洋平台经济合理、安全可靠的前提条件。根据多年来海洋平台的使用和研究,人们对不同类型平台的适宜水深积累了一定的经验。然而随着新的平台类型的出现,就需要对一定水深的最佳平台类型重新进行科学的选择。图 2.1 展示了不同水深下的不同种类平台。

图 2.1　不同水深决定使用不同平台类型

水深是海洋自由表面至海底的垂直距离,用符号 d 表示,计量单位为米(m)。海洋学上一般将海水分为三层:“海洋表层水”为水深不超过 200 m 的海水;“海洋中层水”为水深 200 ~ 700 m 的海水;“海洋深层水”为水深超过 700 m 的海水。现在,世界上开发和利用海洋深层水的国家和地区只有韩国、意大利、日本、美国和中国台湾。它们都分别有自己的地理优势和特点。海洋深层水处于无阳光进入的海洋“无光层”,而且远离来自人类、陆地以及大气的化学物质的影响和污染。

海洋中的油气资源分布十分广泛,不同水深均有分布,从几十米到几千米,所以海上油气的钻探和开采的工作深水范围很大,这直接影响了选择何种海洋平台和工程作业船舶的类型,如浅水区域通常使用固定式平台,而深水通常使用浮式平台。由于海工装备的不断发展,水深范围的定义也不断发生变化,在海洋工程的发展概念上将不超过 500 m 的水深称为浅水,500 ~ 1 500 m 称为深水,超过 1 500 m 称为超深水,目前最为先进的海洋平台可以在深至 3 000 m 甚至 4 000 m 的油田工作。

另外海底不是平整的,和陆地上一样,海底的地形地貌十分复杂,海底砂石的沉积、运动等都在改变着海底的地貌。在分析设计阶段,一般认为海底是平整的,不考虑其对海工装备的影响。但是在实际工程中进行固定式平台的建造、安装,选择钻井平台的钻头、立管和锚链系统的布置形式时都要考虑海底的因素。

2.2.2 风

风是由空气流动引起的一种自然现象,它是由太阳辐射热引起的,与人类的生产生活密切相关,图2.2为海风的实景图片。从科学的角度来看,风常指空气的水平运动分量,包括方向和大小,即风向和风速。风向是指风吹来的方向,一般用8个方位表示,分别为北、东北、东、东南、南、西南、西、西北。风速是空气在单位时间内行进的距离,单位通常用 m/s(或 mile/h)。

图2.2 海风

为了便于使用,又可根据风速的大小将风划分为13个风级,称为蒲氏风级。后人又将其补充了5级,成为现在通用的风级表(表2.1)。但此表仍然不能包括全部自然界中所出现的风,如台风的最大风速可能达到70 m/s,而龙卷风的风速甚至达到100~200 m/s。在气象学上用16个方位来表示风向,即 N(北)、NNE(东北偏北)、NE(东北)、ENE(东北偏东)、E(东)、SSW(西南偏南)、SW(西南)、ESE(东南偏东)、SE(东南)、SSE(东南偏南)、S(南)、WSW(西南偏西)、W(西)、WNW(西北偏西)、NW(西北)、NNW(西北偏北),具体方位如图2.3所示。我国位于亚洲东部,濒临太平洋,是世界上著名的季风国家之一,又是强大的太平洋台风途径的地方,特别是我国东南沿海各省和台湾省,每年都不同程度地受到台风的影响。

表2.1 风级表

风力等级	名称	海面大概浪高/m		海面征象	陆上地物征象	相当于平地10 m高处的风速		
		一般	最高			m/s	km/h	kn
0	无风			海面平静	静,烟直上	0.0~0.2	<1	<1
1	软风	0.1	0.1	微波如鱼鳞状,没有浪花	烟能表示风向,但风向标不能动	0.3~1.5	1~5	1~3
2	清风	0.2	0.3	小波,波长尚短,但波形显著,波峰呈玻璃色但不破碎	人面感觉有风,树叶微响,风向标能转动	1.6~3.3	6~11	4~6

表 2.1(续)

风力等级	名称	海面大概浪高/m		海面征象	陆上地物征象	相当于平地 10 m 高处的风速		
		一般	最高			m/s	km/h	kn
3	微风	0.6	1.0	小波加大,波峰开始破碎;浪花光亮,有时可有散见的白浪花	树叶和微枝摇动不息,旌旗展开	3.4 ~ 5.4	12 ~ 19	7 ~ 10
4	和风	1.0	1.5	小浪,波长变长,白浪成群出现	能吹起地面灰尘和纸张,树的小枝摇动	5.5 ~ 7.9	20 ~ 28	11 ~ 16
5	清劲风	2.0	2.5	中浪,具有较显著的长波形状;许多白浪形成(偶有飞沫)	有叶的小树摇摆,内陆的水面有小波	8.0 ~ 10.7	29 ~ 38	17 ~ 21
6	强风	3.0	4.0	轻度的大浪开始形成,到处都有更大的白沫风	大树枝摇动,电线呼呼有声,张伞困难	10.8 ~ 13.8	39 ~ 49	22 ~ 27
7	疾风	4.0	5.5	轻度大浪,碎浪成白沫沿风向成条状	全树摇动,迎风步行感觉不便	13.9 ~ 17.1	50 ~ 61	28 ~ 33
8	大风	5.5	7.5	有中度的大浪,波长较长,波峰边缘开始破碎成飞沫状,白沫沿风向呈明显的条带	折毁微枝,迎风步行感觉阻力甚大	17.2 ~ 20.7	62 ~ 74	34 ~ 40
9	烈风	7.0	10.0	狂浪,沿风向白沫成浓密的条带状,波峰开始翻滚,飞沫可影响能见度	建筑物有小损(烟囱、顶盖和平瓦移动)	20.8 ~ 24.4	75 ~ 88	41 ~ 47
10	狂风	9.0	12.5	狂涛,波峰长而翻卷;白沫成片出现,沿风向成白色浓密条带;整个海面呈白色;海面颠簸加大,有震动感,能见度受影响	陆上少见,见时可使树木拔起,建筑物损坏较重	24.5 ~ 28.4	89 ~ 102	48 ~ 55

表 2.1(续)

风力等级	名称	海面大概浪高/m		海面征象	陆上地物征象	相当于平地 10 m 高处的风速		
		一般	最高			m/s	km/h	kn
11	暴风	11.5	16.0	异常狂涛(中小船只可一时隐没在浪后);海面完全被吹出的白沫片所掩盖;波浪到处破碎成泡沫;能见度受影响	陆上很少见,有则必有广泛损坏	28.5～32.6	103～117	56～63
12	飓风	14.0		空气中充满白色的浪花和飞沫;海面完全变白,能见度严重受到影响	陆上绝少见,摧毁力极大	32.7～36.9	118～133	64～71
13	—	—	—	—	—	37.0～41.4	134～149	72～80
14	—	—	—	—	—	41.5～46.1	150～166	81～89
15	—	—	—	—	—	46.2～50.9	167～183	90～99
16	—	—	—	—	—	51.0～56.0	184～201	100～108
17	—	—	—	—	—	56.1～61.2	202～220	109～118

注:13～17 级风力是当风速可以仪器测定时用之。

海上的风通常指海平面上 10 m 处的风,在规定时间内的平均风速可用以计算作用在海洋结构物上的风载荷,不过由阵风引起的脉动风载荷也非常重要。除上述信息外还需要知道风速沿海平面以上垂向高度如何变化,风吹的方向以及波浪与风的联合频率。由于海洋上没有陆地地形的影响,所以通常海风要比陆地上的风强一些。曝露在海洋环境下的海工装备极易受到海风的影响,海风长时间的作用不仅会使海工装备产生腐蚀,台风(飓风)还会兴起海上的巨浪,对海工装备造成直接的威胁和破坏,所以海风是影响海工装备寿命和可靠性最关键的因素之一。平台的设计不仅要考虑到风速,还要考虑风向,图 2.3 给出了目前常用的风向方位图,风的方向不同,风载荷的大小就不同。因此特别要确定作业海区的强风向和定常风向(强风向是指该风向的风速最大,定常风向是指该风向出现的频率最大),以合理地确定平台的定位方向,减小平台所受风力。

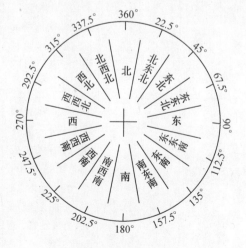

图 2.3 风向方位图

2.2.3　波浪

1. 波浪的分类

波浪指具有自由表面的液体的局部质点受到扰动后,离开原来的平衡位置而做周期性起伏运动,并向四周传播的现象。波浪形成后,可以看到液体表面做此起彼伏的波动。波浪的大小和形状是用波浪要素来说明的,波浪的基本要素有波峰、波顶、波谷、波底、波高、波长、周期、波速等。一般的海洋波动有多种分类法。按波浪的周期或频率来分,有表面张力波、短周期重力波、长周期重力波、长周期波、长周期潮波等。按水深相对波长的大小来分,有深水波(水深相对于波长很大),又叫短波或表面波;浅水波(水深相对于波长很小),又称长波。按形成原因来分,在风力的直接作用下形成的波浪称为风浪;当风停止,波浪离开风区时,这时的波浪便称为涌浪;发生在海水的内部,由两种密度不同的海水相对作用运动而引起的波浪称为内波;海水在潮引力作用下产生的波浪称为潮波;由火山、地震或风暴等引起的巨浪称为海啸;气压突变产生的波浪称为气压波;船航行作用产生的波浪称为船行波。按波形传播性质来分,有前进波(波形不断地向前传播)、驻波(波形不向前传播,只是波峰、波谷在固定点不断的升降交替着)。下面将对不同类型的波浪进行详细介绍。

(1)风浪、涌浪和混合浪。风作用下产生的波浪称为风浪,其剖面是不对称的。风停止后海面继续存在的波浪或离开风区传播至无风水域上的波浪称为涌浪。涌浪的外形近似于规则波,且表面光滑。风浪与涌浪叠加形成的波浪,称为混合浪。

(2)深水波和浅水波。在水深大于半波长的水域中传播的波浪称为深水前进波,简称深水波。深水波不受海底的影响,波动主要集中于海面以下一定深度的水层内,水质点运动轨迹近似圆形,常称短波。当深水波传至水深小于半波长的水域时,称为浅水前进波,简称浅水波。浅水波受海底摩擦的影响,水质点运动轨迹接近于椭圆,且水深相对于波长较小,又称长波。此外根据一个波浪周期内水质点的运动轨迹是否封闭,波浪可以分为振荡波和推移波;根据波形是否向前传播,波浪可分为前进波和驻波。

(3)表面张力波、重力波和长周期波。复原力以表面张力为主的波称为表面张力波或毛细波,如风力很小时海面上出现的微小皱曲的涟波就是毛细波,其周期常小于 1 s。当波浪尺度较大时,水质点恢复平衡位置的力主要是重力,这种波浪称为重力波,如风浪、涌浪、船行波以及地震波等。长周期波主要指日、月引力造成的潮波,还包括大洋涌浪、海湾风壅振荡等周期较长的波动,其复原力是重力和科氏力。

(4)不规则波和规则波。海面上的波浪是一种随机现象,起波浪要素是不断变化的,称为不规则波。为了研究波动规律,人们用一个理想的、各个波的波浪要素均相等的波浪系列来代替不规则波波浪系列,这种理想的波浪称为规则波,如实验室内用人工方法产生的波浪。

(5)二维波与三维波。在海面上,若波峰线是近乎平行的很长直线时,这种波浪称为二维波或长峰波,如涌浪。而在大风作用下,波浪难以辨认,波峰和波谷交替出现,这种波浪称为三维波或短峰波,如风浪。

2. 波浪的特点

海洋环境下较为常见的波浪通常指海面出现的风浪、涌浪和近岸浪,其特点较为明显,分别介绍如下。

(1)风浪。风浪的背风面较迎风面陡,两侧不对称,周期较小,波高和波长的大小参差不齐,波峰线短而尖削,且波顶上常有破碎的浪花。初视之下,似无规律可循。风浪的形成与衰减主要取决于对能量的摄取与消耗之间的平衡关系。风向海面传送能量能够引起海流,同时也能引起波动。一般认为,由于风对海面的扰动,首先引起毛细波,为风进一步向海面输送能量提供了必要的粗糙度,然后通过风对波面的压力,继续向波动提供能量,使其不断增长。与此同时,由于海水的内摩擦等使其能量耗散,当风浪传至浅水岸边时能量损失殆尽,风浪消失。

(2)涌浪。涌浪波面较平缓、光滑,两侧对称,波峰长,波顶上没有浪花,周期、波长较大,规律性显著。涌浪在传播过程中的显著特点是波高逐渐降低,波长、周期逐渐增大,从而波速变快。这一方面是由于内摩擦力作用使其能量逐渐消耗所致;另一方面是由于涌浪在传播过程中发生弥散和角散所致。由于涌浪传播速度很快,传播距离很远,常在风暴系统到来之前先行到达。如果开始观测到周期很大而波高极小甚至难以察觉的涌浪到来,继而周期逐渐变小,浪高逐渐增大,则意味着风暴可能向本地袭来。

(3)近岸浪。近岸浪随着海水深度变浅,波速和波长减小,致使波峰线转折,并逐渐和等深线平行,出现折射现象。由于能量集中,波高将增大,最后发生破碎。通过绕射,海浪可传入隐蔽水域,在直壁或陡壁面前,海浪又产生反射。近岸浪的波峰前侧陡,后侧平,波面随水深变浅而变得不对称,直到破碎。另外,在海洋上还经常遇到不同来源的波系,叠加而形成的海浪称混合浪。在海洋中,风浪和涌浪会单独存在,也会同时存在,它们的传播方向也往往不同。风暴海浪和风暴潮,两者皆由热带风暴和温带气旋或冷空气大风引起,从这一角度上讲,这两者可看作是一对孪生兄弟。风暴潮以其高水位在海岸带附近造成巨大灾难,而风暴海浪则以波形传播袭击船舶、建筑物等造成巨大灾难。风暴海浪在岸边也可伴随风暴潮而造成巨大灾难。

对于海上波浪的常用描述包含海况和浪级,海况是指风力作用下海面外貌特征,共分为10级,可参照表2.2。

表2.2 海况等级表

海况等级	海面征状
0	海面光滑如镜,或仅有涌浪存在
1	波纹,或涌浪和波纹同时存在
2	波浪很小,波峰开始破裂,浪花不呈白色而呈玻璃色
3	波浪不大,波峰破裂,其中有些形成白色浪花
4	波浪具有明显的形状,到处形成白浪
5	出现高大的波峰,浪花占了波峰上很大的面积,风开始削去波峰上的浪花
6	波峰上被风削去的浪花开始沿着波浪斜面伸长成带状,有时波峰出现风暴波的长波形状
7	风削去的浪花带布满波浪斜面,并且有地方达到波谷,波峰上布满了浪花层
8	稠密的浪花布满了波浪斜面,海面变成白色,只有波谷内某些地方没有浪花
9	整个海面布满了稠密的浪花,空气中布满了水滴和飞沫,能见度显著降低

波浪的能量十分巨大,是影响海洋工程装备使用寿命的最重要的环境因素,根据规范标准和工程经验,通常使用十年、五十年或是百年一遇的最大波浪作为海洋平台的设计标

准。世界各国根据各个海况的长期统计资料,给出了海上风浪的具体描述,用来指导海上生产作业。中国国家海洋局以波高为划分标准也将海浪分为十个等级,具体见表 2.3,其中 $\overline{H_{1/3}}$ 为有益波高。

表 2.3　中国国家海洋局浪级

浪级	名称	波高/m	浪级	名称	波高/m
0	无浪	0	5	大浪	$2.5 \leqslant \overline{H_{1/3}} < 4.0$
1	微浪	< 0.1	6	巨浪	$4.0 \leqslant \overline{H_{1/3}} < 6.0$
2	小浪	$0.1 \leqslant \overline{H_{1/3}} < 0.5$	7	狂浪	$6.0 \leqslant \overline{H_{1/3}} < 9.0$
3	轻浪	$0.5 \leqslant \overline{H_{1/3}} < 1.25$	8	狂浪	$9.0 \leqslant \overline{H_{1/3}} < 14.0$
4	中浪	$1.25 \leqslant \overline{H_{1/3}} < 2.5$	9	怒涛	$\overline{H_{1/3}} \geqslant 14.0$

　　风浪是海上分布最广,对于船舶或是海洋装备的生产作业影响最大的波浪。海洋工程水动力性能的研究中,需要对复杂的海洋波浪进行合乎实际的简化处理并做相应的理论描述。对于波浪的详细理论介绍和模型试验时的具体模拟方法会在以后的章节进行详细介绍。

2.2.4　海流

　　海流是海水在大范围内相对稳定的流动,所谓“大范围”是指它的空间尺度大,具有数百、数千千米甚至是全球范围的流动;“相对稳定”的含义是在较长的时间内,例如一个月、一季、一年或者多年,其流动方向、速率和流动路径大致相同。既有水平,又有铅直的三维流动,是海水运动的普遍形式之一。其两大要素为流向与流速,同时海流具有一定的流程、宽度、厚度。海流流速的单位按 SI 单位制是米每秒,记为 m/s,也常用 kn 为单位,1 kn = 1.852 km/h。流向以地理方位角表示,与风向正好相反,以度为单位,正北为零,按照顺时针计量。例如,海水以 0.10 m/s 的速度向北流去,则流向记为 0°(北),向东流动则记为 90°。海流像人体的血液循环一样,把整个世界大洋联系在一起,使整个世界大洋得以保持其各种水文、化学要素的长期相对稳定。海流直接作用于海工装备的水下部分,在海工装备的设计建造中一定要考虑海流的影响。

　　海洋里那些比较大的水流,多是由强劲而稳定的风吹刮起来的,这种由风直接引起的海流叫作风海流。风海流形成后,由于海水运动中黏滞性对动量的消耗,这种流动随深度的增大而减弱,直至小到可以忽略,其所涉及的深度通常只为几百米,相对于几千米深的大洋而言是一薄层。不同海域的海水温度和盐度的不同会使海水密度产生差异,从而引起海水水位的差异,在海水密度不同的两个海域之间便产生了海面的倾斜,造成海水的流动,这样形成的海流称为密度流。当某一海区的海水减少时,相邻海区的海水便来补充,这样形成的海流称为补偿流。实际发生的海流总是多种因素综合作用的结果。

　　作用在海水上的力有多种,归结起来可分为两大类:一类是引起海水运动的力,诸如重力、压强梯度力、风应力、引潮力等;另一类是由于海水运动后所派生的力,如地转偏向力、切应力和摩擦力等。

　　海流一般是三维的,即不但在水平方向流动,而且在铅直方向上也存在着流动。当然,由于海洋的水平尺度远远大于其铅直尺度,因此水平方向上的流动比铅直方向上的流动强得多。尽管后者相当微弱,但它在海洋中却有其特殊的重要性,习惯上把海流的水平运动分量狭义地称为海流,而其铅直分量单独命名为上升流和下降流。

描述海流的方法基本上有两种:

(1)拉格朗日法,即跟随着水质点运动,确定它的时空变化。如用漂流瓶、漂流浮标及中性浮子等跟踪流迹,可近似描述出流场的变化。

(2)欧拉方法,即用海洋中某些站点同时对海流进行观测,依据测量结果,用矢量表示海流的速度和方向,绘制流线图来描述流场中的速度分布。如果流场不随时间而变化,那么流线也就代表了水质点的运动轨迹。

出于安全考虑,要首先了解海洋平台或是其他类型的海洋工程装备作业海区内的海流,通常来讲,每个海区的海流数据是根据长期的观测、测量和统计数据得到的。在海工装备的设计之初,其流载荷以十年一遇、五十年一遇或是百年一遇的最大流速为设计分析基础。

2.2.5　环境条件的选取

为了确保平台在恶劣海况环境条件下的安全和满足业主提出的作业性能,设计者必须重点考虑环境和外载荷确定这两部分工作,在平台设计检验时,"环境条件资料"和"外载荷计算书"是必不可少的技术文件,其中平台的作业环境是一项非常重要的信息。

考虑环境条件时,将遇到下述几种情况:

(1)在作业海区内,根据实际测量结果与实船工作情况确定;

(2)根据规范确定;

(3)根据业主或用户提出的要求确定;

(4)根据海况与气象的实测资料推算得到的结果确定。

在这些状况中,最好是根据已有作业平台的实际工作状况,再按规范进行设计。应该指出,环境条件的确定必须得到船检部门或国家有关部门的认可,才能入级和通过法定检验。

在确定平台环境条件时,还应考虑到载荷的合理组合。对于某一种设计工况,不应简单地将各种载荷的最大值进行组合。如在考虑冰载荷的同时,再加上浪载荷,这显然是不合理的。而且,不应把意外载荷与极端环境载荷进行组合。在自存环境条件下便不用考虑地震载荷,因为二者同时出现的概率非常小。环境条件的确定对平台的安全性和经济性有很大影响,一定要反复考虑,根据可靠的资料来确定。

前面提到了海洋环境的几个基本特点,实际上海洋上的环境相当复杂,风、浪、流情况千变万化,各种组合形式难以预测,有时风平浪静,有时波涛汹涌、狂风怒号。有很多方法描述海洋中的海况,但熟知的蒲氏风级表和各个相关测量机构的测量数据只是海况的宏观体现,因此需定义不同的海况来形象具体地描述海上风浪信息。

工作在远洋上的海洋工程装备,有的具有自航能力,如工程作业船;但是有些却不具备自航能力,如大多数海洋平台,它们需要长期在某一特定海域进行油气的开采与生产。大的海上油井可开采 20~30 年,所以海洋平台也要长期在此区域进行作业,这就要求海洋平台必须要经受住最恶劣的海况,至少包括工作和极限海况,分别描述如下:

1. 工作海况

在一定的风、浪、流条件下,工作人员和机械设备等必须继续进行生产作业,我们将海工装备能够坚持正常作业时所对应的最恶劣的海况称为工作海况。虽然工作海况下的海上环境对海洋工程设备会造成一定的影响,但是此时人员、设备和各种仪表仪器等要仍然能够进行安全生产活动。这时候的海况大体上相当于 6 ~ 7 级海况。

2. 极限海况

对于本身不具备自航能力的海洋平台,在狂风巨浪的侵袭下,上面的工作人员可以撤离,但是平台本身和必要的设备无法被转移,这就要求有足够大的强度来抵挡环境载荷的作用,我们将这样的海况条件称为生存条件,生存条件所对应的海况称为极限海况。在经历极限海况后要保证海工装备整体的完整性和可靠性,即可以继续进行工作和生产。通常在设计分析阶段风、浪、流的重现期通常会取为一百年,随着安全性的提高甚至某些情况下会取一千年一遇的环境组合。

对于本身具有自航能力的海工装备,如起重船或风车安装船等,为了避免上述恶劣的海况,要根据气象预报驶离危险区域。另外值得注意的是,在陆地上建造各种海洋平台或是固定式海上装备的组件需要托运到指定海域,然后进行定位、安装并对系统进行检测和调试。出于对运输、安装和调试过程中的安全性考虑,都是在海上环境较好的情况下进行,此时的海况相当于 3 ~ 4 级海况。

海工装备的模型试验要模拟的海况通常为上述几种环境或是环境的组合,海工装备在实际情况下所受的载荷情况相当复杂,通常要预报风、浪、流作用下的运动、载荷和锚链线受力、立管受力等数据,作为海工装备特别是各种海洋平台的设计和分析依据。

2.3　世界著名的海洋工程模型试验水池

在海洋工程中,模型试验一般在海洋工程深水池中进行,有时也在耐波性水池或是风洞等设施中进行。一般而言,试验水池应具备以下能力:有制造"流"的设备;能模拟预定海区的水深、波浪、海流和海风等自然海况;水池的尺度应尽量大以减小池壁效应;能满足锚泊试验要求以及相应的试验测试、分析能力。近年来,各国海洋工程试验研究设施的建设进展很快,在试验水池方面,以前的老式试验水池主要是为了进行快速性试验,水池的形状一般都是狭长的,即使有造波机,也只能进行船与波浪传播方向一致的试验,或只能兼做横浪试验,不能满足海洋结构物和工程船舶试验的特殊需要。因此,近年来有不少国家特地兴建了专用的海洋结构物试验水池(或称海洋动力学试验室),或将原有的水池加以改造,使其适合于海洋工程试验。

2.3.1　国内外著名深水池简介

20 世纪 70 年代,国际海洋工程界开始在专用海洋工程水池及其试验技术方面开展探索。20 世纪 80 年代初,世界首个海洋工程水池在挪威海洋工程技术研究院建成。当前国外有代表性的海洋工程深水模拟试验装置包括挪威 MARINTEK 海洋深水试验池、荷兰 MARIN 海洋工程水池、美国 OTRC 海洋工程水池、巴西 LABOCEANO 海洋工程水池,以及日本国家海事研究所的深水海洋工程水池等。我国的海洋工程也正在逐步向深海进行战略转移,南海等深水油气探区的勘探开发已成为我国中长期能源发展计划的重点。为推进我国海洋工程走向深水,提高我国深海油气资源自主开发的能力,需要建设能够模拟更深水深、更复杂海洋环境的深水海洋工程水池。为此,国家在深水模型试验水池技术和装置领域做出了战略性的部署。目前国内较为知名的几个海洋工程深水池有中国船舶科学研究中心海洋工程水池、上海交通大学海洋深水试验水池和哈尔滨工程大学多功能深水池等。下面分别就上述海洋工程深水模型试验水池的特点进行介绍。

1. 挪威 MARINTEK 海洋深水试验水池

挪威 MARINTEK 海洋深水试验水池长 80 m,宽 50 m,最大工作水深 10 m,其底部为全面积可调的假底,特点是水池的主体尺度较大。图 2.4 展示了挪威 MARINTEK 海洋深水试验水池的全貌。

(a)　　　　　　　　　　　　　　　(b)

图 2.4　挪威 MARINTEK 海洋深水试验水池

(a)全貌图;(b)横桥

该水池主要装备如下。

(1)造波系统:MARINTEK 采用双侧造波系统,其中,水池短边布置大功率双摇板造波机,所造规则波最大波高可达 0.9 m,不规则波最大有义波高可达 0.5 m,具有模拟极恶劣海况的能力;水池长边布置 144 单元摇板造波机,可生成沿任意角度传播的长峰波及短峰波。

(2)消波系统:造波机对面安装有消波装置。

(3)造流系统:围绕假底循环的造流系统,可以模拟均匀流,最大流速为 0.2 m/s(5 m 水深)和 0.15 m/s(7.5 m 水深)。

(4)造风系统:可移动式造风系统。

(5)水深调节系统:可在 0~10 m 调整水池试验水深。

(6)拖车系统:XY 型拖车,最高速度达 5.0 m/s。

(7)光学六自由度运动测量系统。

2. 荷兰 MARIN 深水海洋工程水池

荷兰 MARIN 深水海洋工程水池于 2000 年建成,该水池装备有各种大型仪器设备,可开展各种深海海洋工程结构物的模拟试验研究工作。水池由水池主体和一个深井组成,其主要有效工作尺寸为长 45 m,宽 36 m,深 10.2 m,并配备大面积假底,试验水深在其范围内任意调节。水池中设有直径为 5 m,深 20 m 的圆形深井。图 2.5 为荷兰 MARIN 水池的全貌图。

该水池的主要装备如下。

（1）造波系统:在水池的长度和宽度方向都配置了多单元推板式蛇形造波机,能产生任意方向的长波峰或短波峰的波浪,最大有义波高为 0.4 m。

（2）消波系统:造波机对面安装有消波滩。

（3）造流系统:在水深方向设置了 6 层造流装置,属于外循环式造流系统,不仅可以调节流向、流速,而且能够分层造流。顶层最大造流速度为 0.5 m/s,底层最小流速为 0.1 m/s,造流深度为 0~10.5 m,可以模拟不同的流速剖面。

（4）造风系统:可移动式造风系统,风区宽度为 24 m。

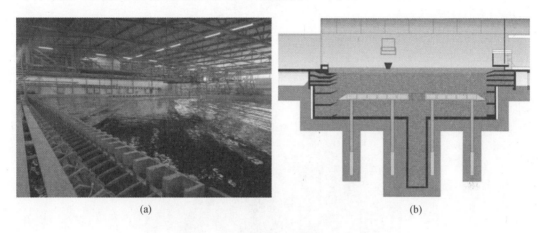

(a)　　　　　　　　　　　　　　(b)

图 2.5　荷兰 MARIN 深水海洋工程水池

(a)造波机;(b)侧视图

3. 巴西 LABOCEANO 海洋工程水池

巴西 LABOCEANO 海洋工程水池位于里约联邦大学,研究工作主要是针对深海区域。水池长 40 m,宽 30 m,水深 15 m,底部为全面积可调,并配备直径 5 m,深 10 m 的深井。巴西 LABOCEANO 水池的全貌如图 2.6 所示。

(a)　　　　　　　　　　　　　　(b)

图 2.6　巴西 LABOCEANO 海洋工程水池

(a)造波机;(b)全貌图

该水池的主要装备如下。

（1）造波系统:在水池长边设有 75 单元摇板造波单元。规则波造波能力为最大波高 0.52 m,周期 0.5~5 s,最大波向角为 60°;不规则波造波能力为最大有义波高 0.3 m,最大峰值周期 3.0 s;短峰波有效区域为直径 15 m 的圆域。

(2)消波系统:造波机对面安装有消波装置。

(3)造流系统:建有造流深度为 0～5 m 的外循环式造流系统。

(4)造风系统:8 个直径 0.5 m 的风扇,最大风速为 12 m/s。

(5)水深调节系统:浮动假底可在 2.4～14.85 m 范围调整水池试验水深,深井水深可在 15～24.65 m 间调节。

(6)六自由度运动测量系统。

4. 美国 OTRC 水池

美国 OTRC(Offshore Technology Research Center) 水池主要用于研究针对墨西哥湾等海域的 SPAR、TLP 等深海平台,据不完全统计,在墨西哥湾工作的大多数深海平台均在 OTRC 进行过研究。水池长 45.7 m,宽 30.5 m,最大工作水深 5.8 m,水池中央设置的方形深井长 9.1 m,宽 4.6 m,最大工作水深 16.8 m。图 2.7 给出了该水池的照片。

图 2.7　美国 OTRC 水池

该水池的主要设备如下。

(1)造波系统:水池一边配置了 48 单元单推板蛇形造波机,可制造规则波和长波峰或短峰波的不规则波,最大波高可达 0.9 m。可模拟各种风浪和涌,最大波高为 0.9 m。

(2)消波系统:造波机对面安装有消波装置。

(3)造流系统:采用复合的可移动式局部造流系统,可以模拟不同深度和方向的流速,可在模型试验范围形成稳定的局部流场,并可以产生与波浪成任意方向的水流。最大流速为 0.6 m/s。

(4)造风系统:造风系统由 16 个风扇组成,可模拟各个方向的风,最大风速为 12 m/s。

(5)拖车系统:拖车最高速度达 0.6 m/s。

(6)光学六自由度运动测量系统。

5. 日本国家海事研究所的深水海洋工程水池

日本国家海事研究所于 2001 年建成的深海海洋工程水池是圆形水池,形状和配置比较奇特,与通常的海洋工程水池不同。该水池的最大水深为 35 m,可模拟海上水深为 3 500 m 时的波浪和水流,用以研究和发展深海工程技术。水池直径 14 m,水深 5 m,中间深井直径 6 m,深 30 m。图 2.8 为该水池的全貌图片。

该水池的主要装备如下。

图 2.8　日本国家海事研究所的深水海洋工程水池

（1）造波、消波系统：其造波装置沿水池周向呈圆环形布置，共由 128 块摇板组成，摇板单元宽 0.33 m，高 2.7 m，能产生规则波和不规则波，规则波最大波高可达 0.5 m。与该深水池形式类似的还有日本大阪大学船舶与海洋工程学部直径 1.6 m 的圆形波浪水槽 AMOEBA（Advanced Multiple Organized Elemental Basin），这种圆环形水池（槽）的造波系统具有先进的主动吸收造波功能，可以在水池内模拟出类似字符的波面与强非线性波。

（2）造流系统：配有局部造流系统，在水池中央 1 m 范围内最大的流速为 0.2 m/s。

（3）水深调节系统：在深井部分设置了可移动的假底，依靠假底的调节，可使试验水深在 5~35 m 之间变化。

6. 中国船舶科学研究中心海洋工程水池

中国船舶科学研究中心（又称中国船舶重工集团公司第七〇二研究所）海洋工程水池位于无锡市。水池长 69 m，宽 46 m，深 4 m，是国内现有的较为先进的海工装备试验深水池之一，拖车最大速度可达 4 m/s。图 2.9 展示了该水池的布置全貌。

（a）　　　　　　　　　　　　　　　　　　（b）

图 2.9　中国船舶科学研究中心海洋工程水池
（a）造波机；（b）全貌图

该水池主要装备如下。

（1）多单元蛇形造波机：在水池的长度和宽度方向都配置了多单元推板式蛇形造波机，能制造规则波、不规则波和短峰波。规则波的最大波高可达 0.5 m，波浪周期的范围为 0.5~5 s；不规则波的有义波高也可达 0.5 m，最大波高可达 1 m，能产生 0°~180°任意方向的波浪。

（2）拖车系统：拖车最大速度可达 4 m/s。

7. 上海交通大学海洋深水试验水池

上海交通大学的海洋工程水池是专门从事海洋工程模型试验的大型研究设施，主要尺寸为长 50 m，宽 30 m，深 6 m。它装备有模拟风、浪、流等各种复杂海洋环境的设备，能模拟我国南海等大部分深海海域的海况。水池拥有各种海洋工程试验研究所需的测试手段和仪器设备，可以对不同深度环境下的海洋工程结构物的运动、载荷等进行各种测量、分析和研究。图 2.10（a）为其全貌图片。

该水池主要装备如下。

（1）造波系统：该水池相邻两边安装有两组垂直布置的多单元造波机，可产生长峰波或短峰波，最大有义波高可达 0.3 m。

（2）消波系统：在两组造波机的对岸都设有消波滩，借以吸收波能而防止产生反射波。

（3）造流系统：外循环式造流系统，可在整个水池中产生所需剖面的水流，造流深度为 0～10 m，水池整体最大均匀流速为 0.1 m/s。

（4）造风系统：配备移动式造风系统，可产生任意方向的定常风或风谱（非定常风），最大风速可达 10 m/s，最大风区宽度为 24 m。

（5）水深调节系统：大面积可升降假底能使整个水池水深在 0～6 m 按需要任意调节。

（6）拖车系统：横跨整个水池配有大跨度 XY 型拖车，最高速度为 1.5 m/s。

（7）非接触式六自由度运动测量系统。

（8）实时测量风、浪、流等海洋环境的仪器设备。

（9）实时测量各种运动和载荷等物理量的仪器设备。

除此之外上海交通大学还有另一座海洋深水试验池，如图 2.10（b）所示。该试验池由国家发改委、上海市发改委、上海交通大学、中国海洋石油总公司联合投资建设，2008 年投入试运行，是我国首座海洋深水试验池。该海洋深水试验池由水池主体和一个深井组成，可以模拟风、浪、流等各种海洋环境。试验池装备有造波系统、消波系统、造流系统、造风系统、水深调节系统、拖车系统及深水海洋工程实验研究的各种仪器设备。海洋深水试验池具备再现大范围飓风、三维不规则波、各种奇异波浪、典型垂向流速剖面深水流等深海复杂环境的能力；具备模拟船舶及海洋工程结构物在深海环境中出现的各种力学特性和工程现象的能力；具备测量分析试验对象在深海环境条件作用下载荷、运动、结构动力响应等的能力。

(a) (b)

图 2.10 上海交通大学的两座水池

（a）海洋工程水池；（b）海洋深水试验池

8.哈尔滨工程大学多功能深水池

哈尔滨工程大学多功能深水池试验室平面为矩形,平面尺寸 81 m×46 m,总高度为 26.3 m。该建筑物为局部二层钢筋混凝土框架结构,一层为试验模型准备区,二层为水池试验区。水池在试验室内呈对称布置,长 50 m,宽 30 m,深 10 m。水池东端有一船坞,长 12 m,宽 3.6 m,深 3 m,可对模型进行浮态调整。该水池具有 75 单位的摇板式多单元造波系统。波浪形式有纵向长峰波、斜向长峰波和短峰波(二维规则波、二维不规则波、二维方向波、三维不规则波);规则波周期为 0.5~4.0 s;规则波最大波高为 0.4 m(周期 1.4~2.0 s);不规则波最大有义波高为 0.3 m(周期 1.5~2.0 s)。该水池及造波机全貌如图 2.11 所示。

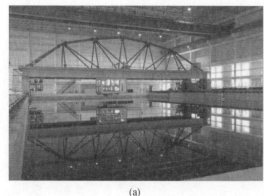 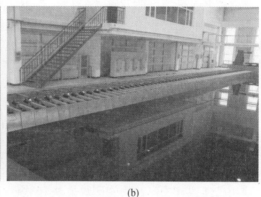

(a)   (b)

图 2.11 哈尔滨工程大学多功能深水池及造波机
(a)哈尔滨工程大学多功能深水池;(b)摇板式多单元造波机

哈尔滨工程大学多功能深水池主要承担的试验任务包括:开展船舶及海洋工程结构物在深海环境中的试验研究,完成相关新装备的研发设计和性能验证工作;开展石油、天然气、多金属结核等深海资源开发工程的模拟试验,为深海资源的开发利用提供技术保障;开展深海潜水器、水下管线埋设与检修等技术的研发,为深海物理研究、深海环境保护等方面提供技术支持。

2.3.2 深水试验水池的发展方向

近年来,世界各个国家建成和在建的可开展海洋工程模型试验研究的试验装置正逐步增加。随着海洋工程试验需求的增加和试验设施的逐步兴建,海洋工程试验研究技术也日益发展起来。然而海洋深水油气开发工程的工作水深越来越大,而对应的海洋工程深水试验池的尺度有限,要把海洋深水作业平台及其系泊系统和立管系统等试验模型按常规方法进行模拟和布置已几乎不可能。因此,深水模拟试验技术除了常规的模型试验技术之外,还有许多特殊的问题需要探索和解决,主要包括以下几个方面:

(1)深海环境模拟技术;

(2)深海平台的混合试验方法、理论和技术;

(3)深海平台模型制作与物理特性模拟技术;

(4)深水系泊系统、立管系统的模型制作与物理特性模拟及测试技术;

(5)深吃水立柱式平台涡激运动;

(6)深海柔性构件涡激振动模型实验技术；

(7)甲板上浪、气隙、砰击、波浪爬升模型试验技术；

(8)动力定位系统模型试验技术；

(9)模型试验中的数值模拟分析技术等。

随着上述问题得到逐步解决，海洋工程深水模拟试验技术和试验装置必将获得突破性的发展和提高。

2.4　海工模型试验的重要意义

海洋开发同原子能开发、宇宙开发一样，作为一门重大学科技术为世界各国所重视。从20世纪60年代开始，世界上一些技术先进的国家相继加速了对海洋科学的研究，投入了大量的人力和物力，建立了各种实验室并研究了各种海洋平台、工作船、支援母船及潜水艇等。若要谈起模型试验，其历史非常悠久，利用模型试验对船舶航行性能的研究已有150多年的历史，对海洋平台在风、浪、流联合作用下的运动及载荷等问题的研究也有近50年的历史。

物理模型试验一直是海洋工程领域不可或缺和相对可靠的研究手段，也是检验理论和数值预报有效性的重要手段。对于海洋深水工程，尤其是非线性问题、黏性问题和极端海况模拟等许多机理性问题更加突出，许多理论和数值预报手段还处在发展和完善之中，即使使用已经比较成熟的数值计算方法和软件也会由于海洋深水环境的复杂性而暴露出种种局限性。因而，在海洋深水结构物的性能预报与设计优化、安全性评估、事故再现与验证方面，深水模拟试验技术具有不可代替的重要意义。

海洋工程装备水动力模型试验的目的是利用模型模拟各种海工装备在海洋中的受力和真实运动情况，所以试验要根据实际数据进行风、浪、流的制造来模拟真实海况。不同的试验测量的侧重点有所不同，但通常包含模型六个自由度的幅值响应算子、稳定性、附加质量力、阻尼力和锚泊系统的受力等的测量。

模型试验的重要意义可以归结为以下三点：

(1)为海洋工程装备在实际海况下的运动和载荷情况做出相应的预报，同时检验数值计算的结果，对设计方案的技术可靠性进行认证；

(2)对于数值理论无法做出计算的浮体非线性水动力特性项，通过模型试验便可获得其结果，并发现不可预测的动力行为、运动、载荷以及其他的未知的物理现象；

(3)可以直观地观测海洋工程装备在运输、安装和生产作业过程中运动特性的动态变化特性。

理论和试验总是相辅相成的，理论指导试验，同样试验检验理论，它们共同推进了海洋工程的发展，为解决工程实际问题提供更正确、更完善的科学依据。海洋平台的模型试验研究从20世纪60年代起不断发展到今天，一方面对理论的研究更加成熟，另一方面试验条件越来越好，水池的环境模拟更加真实，对模型的控制和检测手段更加精密，可以解决海工装备面临的很多问题，但是仍需要付出更多的努力去探索更多的难题。进入21世纪，石油开采迅速向深海发展，深海平台安装和生产技术成为国际海洋工程界的热点。对于超过3 000 m的深海平台进行合理的模型试验就成了备受关注的问题，这就要求更先进的试验技术，这也是未来海洋工程装备模型试验要研究的重点问题。

第3章 模型试验的理论基础

3.1 相 似 准 则

海洋工程模型试验研究的最终问题是海洋工程中所涉及的各种力学问题,其中以流体力学为主。目前研究流体力学问题主要有两种不同的途径,一是利用数学分析方法寻求流体运动规律,建立基本方程并设法求解这些方程,二是通过试验研究的方法寻求流体运动各物理量之间的规律性关系。而基于相似原理的模型试验研究方法已经被证明在相似条件下具有推广意义,模型和实际物体两个系统应该满足以下相似条件。

(1)几何相似:两流场中对应长度成同一比例,即模型和实体虽然大小不同,但其形状完全相似。

(2)运动相似:两流场中对应点上速度成同一比例,方向相同,即模型在运动过程中,要保证其上任一点的瞬间同类物理量与实体上相同点的物理量比例相同。

(3)动力相似:两流场中对应点上各同名力对应相似,即模型与实体所受重力、惯性力、表面张力等要相互成比例。

但是想要完全满足上述的相似条件是不可能的。所以通常根据具体的研究问题,选择合适的相似准则,来保证其主要作用的力和特性相似,保证部分相似即可。

3.1.1 量纲分析及 π 定理

自然现象和工程问题都可以用一系列的物理量来进行描述。研究现象或问题的目的是寻求规律。首先,需要把问题所涉及的物理量按属性进行分类;其次,需要找出不同类物理量之间具有什么样的相互联系;最后,进一步找出某些物理量与另外一些物理量之间所存在的因果关系。

特别是在研究新现象或新问题的时候,需要对现象和问题中蕴涵的物理环节、关系和过程进行初步分析。运用物理学中的基本规律,明确有哪些参数对现象或问题起到控制作用,分析这些参数的作用孰轻孰重,并注意到只有同类的物理量才能比较大小。在上述前提下,进一步分析讨论和确定因果关系,从而在数学上给出尽量明确的函数关系。应该指出,运用量纲分析方法必须结合对问题的基本物理内涵的深入分析,分析越深入,结论越有用。这就需要研究者具有较为丰富的经验以及适当的机敏,当然,也需要进行多次试探和修正,最终得到符合实际的满意结果。

在介绍 π 定理之前,应该先了解一些关于量纲和 π 定理的几个基本概念。

1.有量纲量和无量纲量

为了辨识某类物理量和区分不同类物理量的方便起见,人们采用"量纲"这个术语来表示物理量的基本属性。例如,长度、时间、质量显然具有不同的属性,因此它们具有不同的量纲。物理量总可以按照其属性分为两类。一类物理量的大小与度量和所选用的单位有关,称之为有量纲量,如长度、时间、质量、速度、加速度、力、动能、功等就是常见的有量纲量;另一类物理量的大小与度量与所选用的单位无关,则称之为无量纲量,如角度、两个长度之比、两个时间之比、两个力之比、两个能量之比等。有量纲的方程也可以用无量纲的形式表示。对于任何一个物理问题来说,出现在其中的各个物理量的量纲或者是由定义给出,或者是由定律给出。

2. 基本量和导出量

在一个物理问题中,总可以把与问题有关的物理量分成基本量和导出量两类。基本量是指具有独立量纲的那些物理量,它的量纲不能表示为其他物理量的量纲的组合;导出量则是指其量纲可以表示为基本量量纲组合的物理量。

3. π 定理

可以将某物理现象的有量纲参数转化为无量纲参数。设某个物理现象与 n 个物理量 $\alpha_1, \alpha_2, \cdots, \alpha_n$ 有关,可以由函数关系式 $f(\alpha_1, \alpha_2, \cdots, \alpha_n) = 0$ 表示。如果 n 个物理量中有 p 个基本量纲,则可以将 n 个物理量组合成 $n-p$ 个独立的无量纲数 $\pi_1, \pi_2, \cdots, \pi_{n-p}$,因而该物理现象可以由无量纲关系式 $F(\pi_1, \pi_2, \cdots, \pi_{n-p}) = 0$ 所描述。

由 π 定理可知,描述某物理现象的各种变量可以用数目较少的无量纲关系式进行表示,各无量纲数具有各种不同的相似准则,它们之间的函数关系式亦称为准则方程式。彼此相似的现象,它们的准则方程式也相同。因此,试验结果应当整理成相似准则之间的关系式,便可推广应用到原型中去。

但运用 π 定理时应该注意以下几个方面:

(1)在表示物理量规律的因果关系时,有

$$a = f(a_1, a_2, \cdots, a_n) \tag{3-1}$$

其中,$a_1, a_2, \cdots, a_n$ 必须是自变量,而不能混入因变量,也不要加入与问题无关的量,这就要求估计和比较各个自变量对因变量所起的作用,合理取舍。

(2)分析无量纲自变量 π_i 的物理意义和量级很有实际价值。如物体上受到 3 个具有同样量纲因素的作用,可记为 F_1, F_2 和 F_3。若取 F_1 为单位,从而组成两个无量纲自变量 F_2/F_1 和 F_3/F_1。若 $F_3/F_2 \ll 1$,则可略去 F_3 的作用,那么在无量纲自变量的表示中,只要保留 F_2/F_1,而可以略去 F_3/F_1。

(3)如果能够深入知道问题的某些物理本质或其数学表述,则会对认识因果关系中函数的形式有所帮助。

3.1.2 几何相似

几何相似是指模型与其原型形状相同,但尺寸可以不同,而一切对应的线性尺寸成比例,这里的线性尺寸可以是直径、长度及粗糙度等。例如,假设 L_s, B_s, d_s 及 L_m, B_m, d_m 分别代表实体和模型的长度、宽度及吃水,根据几何相似的原则有如下关系:

$$\frac{L_s}{L_m} = \frac{B_s}{B_m} = \frac{d_s}{d_m} = \lambda \tag{3-2}$$

其中,λ 为缩尺比,同样面积和体积也满足几何相似:

$$\frac{A_s}{A_m} = \lambda^2, \quad \frac{\nabla_s}{\nabla_m} = \lambda^3 \tag{3-3}$$

在模型制作过程中,要完全按照统一的缩尺比进行制作,对涉及的所有尺寸参数和外形尺寸等进行换算,这些参数不仅包括长度、宽度和高度等,还包括重心坐标、结构的倒角半径、首尾端形状和相对位置等。另外在模型试验时,其试验水深 h_m、波高 H_m 和波长 λ_m 也要满足几何相似,即

$$\frac{h_s}{h_m} = \frac{H_s}{H_m} = \frac{\lambda_s}{\lambda_m} = \lambda \tag{3-4}$$

但是对于外部的边界条件有时候无法做到几何相似,尤其是无限海域的超深水的模型试验,一定会受到水池的尺寸的限制,导致模型的尺寸也受到限制。这也成为影响模型试验准确性的因素之一。

3.1.3　相似准则

1. 弗劳德相似

两相流流动现象相似的必要充分条件是:两力学现象应满足同一微分方程式,且具有相似的边界条件及初始条件。所以要保证实体与模型之间重力与惯性力的正确相似关系,即要满足弗劳德相似定律,即模型和实体的弗劳德数(Fr)相等。

$$\frac{V_m}{\sqrt{gL_m}} = \frac{V_s}{\sqrt{gL_s}} = Fr \tag{3-5}$$

式中　V_m, V_s——分别为模型和实体的特征速度;

L_m, L_s——分别为模型和实体的特征尺度;

g——重力加速度。

2. 雷诺相似

虽然弗劳德数相似保证了模型与实体之间的重力和惯性力的正确关系,但在模型水动力试验的某些方面,要求正确模拟黏性力的相似。黏性横摇阻尼力、低频慢漂阻尼力、立管与系泊缆等都会受到黏性作用力的影响,所以要保证模型与实体之间的黏性力与惯性力的相似关系,即雷诺数(Re)相似。

$$\frac{V_m L_m}{\nu_m} = \frac{V_s L_s}{\nu_s} = Re \tag{3-6}$$

式中　ν_m, ν_s——分别为模型和实体试验时流体的运动黏性系数。

但是,模型试验中,不可能做到模型和实体两者的雷诺数相等。通常情况下,模型的雷诺数较实体的雷诺数要小两个量级。因此,模型试验中所产生的黏性力系数、浮体的黏性横摇阻尼和低频慢漂阻尼、系泊缆的黏性阻尼等都大于实体所对应的值。也就是说,模型所经受的极值运动和受力按比例都将小于实体的情况,用模型试验的结果直接预报实体的情况将偏小,给实际应用带来一定的风险。为了减小这种误差,最好的办法通常是具体分析尺度作用并进行适当修正,借以保证不致由此而影响到实际系统的安全。

3. 斯特劳哈尔相似

斯特劳哈尔数(St)是在流体力学中讨论物理相似与模化时引入的相似准则,它是表征物体运动频率的主要参数之一。由于模型或实体在波浪上的运动是周期性变化的,实体与模型之间的运动频率也应该相等,所以斯特劳哈尔数也应相等。

$$\frac{V_m T_m}{L_m} = \frac{V_s T_s}{L_s} = St \tag{3-7}$$

式中　T_m, T_s——分别为模型和实体的周期(或时间)。

4. 其他物理量的转换

根据相似准则,模型与实体各种物理量之间的转换关系见表3.1。

表 3.1　模型与实体各种物理量之间的转换关系

项目	符号	转换系数	项目	符号	转换系数
线尺度	L_s/L_m	λ	周期	T_s/T_m	$\lambda^{1/2}$
面积	A_s/A_m	λ^2	频率	f_s/f_m	$\lambda^{-1/2}$
体积	∇_s/∇_m	λ^3	水的密度	ρ_s/ρ_m	γ
线速度	V_s/V_m	$\lambda^{1/2}$	质量(排水量)	Δ_s/Δ_m	$\gamma\lambda^3$
线加速度	a_s/a_m	1	力	F_s/F_m	$\gamma\lambda^3$
角度	φ_s/φ_m	1	力矩	M_s/M_m	$\gamma\lambda^4$
角速度	ψ_s/ψ_m	$\lambda^{-1/2}$	惯性矩	I_s/I_m	$\gamma\lambda^5$

注:γ 为海水和淡水密度的比,通常取为 1.025。

除了表3.1中所列的物理量之外,其他物理量,如刚度、弹性系数、阻尼系数、风力系数、流力系数等,根据相似准则其转换系数都可以利用质量、长度和时间等基本变量的转换关系计算得到。

3.2　浮体坐标系的定义

3.2.1　大地坐标系 XYZ

大地坐标系的坐标原点取在未扰动的静水面上,X 轴沿船长指向船首方向,Z 轴垂直向上,而 Y 轴与 X 轴和 Z 轴满足笛卡尔右手坐标系,该坐标系固定不动。

3.2.2　随船坐标系 $X_0Y_0Z_0$

同样在未扰动的静水面上取固定坐标系的原点,X_0 轴、Y_0 轴和 Z_0 轴的方向也与总体坐标系对应轴的方向一致,但该坐标系固定于船体上,不仅随船体做平动而且也随船体做摇荡运动。

船舶或浮式海洋平台在海上作业时遭受风、浪、流的作用,会产生相当复杂的运动。在水动力学研究中,除水弹性力学以外,通常都把船舶或浮式海洋平台看作是刚体。船舶可以被描述为具有六个自由度的刚体,船舶在波浪中摇荡运动定义如图3.1所示。坐标原点为船舶重心位置,船舶六自由度运动定义为:沿 X 轴方向运动为纵荡,沿 Y 轴方向运动为横荡,沿 Z 轴方向运动为垂荡,绕 X 轴方向运动为横摇,绕 Y 轴方向运动为纵摇,绕 Z 轴方向运动为艏摇。为了清楚地描述六个自由度的运动,右手坐标系中,一般规定 X 轴指向船首为正,Y 轴指向左舷为正,Z 轴垂直向上为正。对于运动方向正负的规定为:纵荡沿船首方向为正,横荡沿左舷方向为正,垂荡向上为正(即三个直线运动的正负方向与坐标轴一致)。横摇向右舷侧倾为正,纵摇向船首侧倾为正,艏摇以船首向左舷侧倾为正。

六个自由度的运动,可分为两类不同特征的运动。一类是垂荡、横摇和纵摇运动(统称

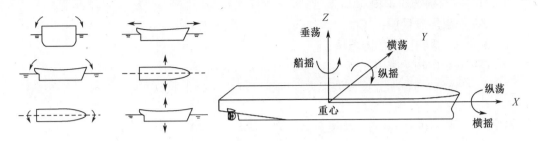

图 3.1　浮体六自由度运动的定义

为平面内运动),由于流体的静力作用,具有复原力或力矩,有稳定的静平衡位置,在外力作用下虽偏离原平衡位置,但当外力消除后能自动回复到原来的平衡位置。另一类是纵荡、横荡和艏摇运动(统称为平面外运动),自身没有复原的能力,在外力作用下偏离原来的平衡位置后,即使外力消失也不会回复到原来的平衡位置。因此对于浮式海洋平台,必须借助系泊系统或动力定位提供的回复力来保持其平衡位置。

　　海工装备在海上生产作业,受到最直接的载荷作用就是波浪,在第 2 章也介绍了关于波浪的知识,浮体与波浪的相互运动十分明显,所以除了定义浮体的六个自由度外还需介绍波浪的方向。波浪方向定义如图 3.2 所示,波浪传播方向和船前进方向相反时定义为顶浪 180°,相同时定义为 0°,右舷横浪为 90°,左舷横浪为 270°。

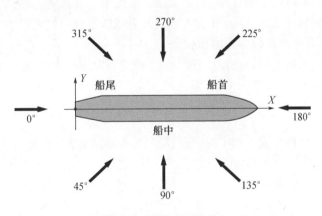

图 3.2　波浪方向的定义

　　其他环境载荷,如风和流的方向在没有特殊说明的情况下,同样按照波浪的方向进行定义,在设计分析时也要保证风、浪、流的方向一致。

3.3　水动力参数介绍

　　海洋平台在海上风、浪、流作用下受到各种外力作用,并产生六个自由度的运动。海洋平台的运动与受力之间的关系服从牛顿第二定律,即

$$F = M\ddot{X} \tag{3-8}$$

式中　M——海洋平台的质量矩阵;

　　　$\ddot{X}$——平台运动的加速度矩阵。

　　将海工装备所受到的总的外力 F 的各个分项代入式(3-8),经整理后可得到浮式海洋结构物的运动方程为

$$(M + \mu)\ddot{X} + \lambda\dot{X} + CX = F_W + F_C + F_{WD} + F_M \tag{3-9}$$

式中　　M——结构物质量项;

　　　　μ——附加质量项;

　　　　λ——结构物所受的阻尼项;

　　　　C——结构物的刚度;

　　　　F_W——波浪扰动力,简称波浪力;

　　　　F_C——海流作用力,简称流力;

　　　　F_{WD}——风的作用力,简称风力;

　　　　F_M——系泊系统作用力,简称系泊力。

这是描述浮式结构物运动与受力的一般表达式,式中各项都应理解为质量矩阵、阻尼矩阵、刚度矩阵、运动矩阵和受力矩阵等,因而是一个矩阵方程。该运动方程的优点是物理概念清楚,便于理解浮式结构物运动与受力之间的关系。

3.3.1　附加质量

当物体在流体中做加速运动时,它要引起周围流体做加速运动,由于流体有惯性,表现为对物体有一个反作用力。这时,推动物体运动的力将大于物体本身的惯性力,就好像物体质量增加了一样,所以这部分大于物体本身惯性力的力叫附加质量力,它与加速度成正比,其比例系数称为附加质量。

根据牛顿第二定律,可知力 f 使质量为 m 的物体在真空中做加速运动,则加速度 a 可以表示为

$$a = \frac{f}{m} \tag{3-10}$$

当物体置于水中时,假设用同样大小的力 f 使它做加速运动,那么物体在水中的加速度 a' 要比 a 小一些,此时加速度可以写成

$$a' = \frac{f}{m + m_a} \tag{3-11}$$

式中　　m_a——附加质量,它与物体本身的形状和运动特性,如幅值、周期等有关。

根据前面的介绍可知,海工装备在海上的所有运动都可以表示为六自由度运动或以上运动的叠加,因此对应的平动和转动形式,也分别有线加速度和角加速度。对于三个直线运动来说,惯性作用力以力的形式表现出来,所以物体本身的惯性用其质量(严谨地说应该是排水量)m 来衡量,三个方向附加质量分别用 m_x,m_y 和 m_z 来表示,对于绕 x,y 和 z 轴的转动,惯性力以力矩的形式表现出来,所以物体本身的惯性用质量惯性矩 I_{xx},I_{yy} 和 I_{zz} 来衡量。它们可以根据海工装备的质量分布进行计算,其表达式为

$$\left.\begin{array}{l} I_{xx} = \displaystyle\int_m (y^2 + z^2)\,\mathrm{d}m \\[2mm] I_{yy} = \displaystyle\int_m (z^2 + x^2)\,\mathrm{d}m \\[2mm] I_{zz} = \displaystyle\int_m (x^2 + y^2)\,\mathrm{d}m \end{array}\right\} \tag{3-12}$$

式中　　x,y,z——$\mathrm{d}m$ 在固定坐标系中的坐标位置。

而在实际工作中一般按离散的部件进行计算,例如绕 x 轴的惯性矩 I_{xx} 的计算式为

$$I_{xx} = \frac{1}{g}\Big[\sum p_i (y_i^2 + z_i^2) \Big] + I_{xi} \tag{3-13}$$

式中　p_i——某一部件的质量;

y_i,z_i——部件质量 p_i 的重心在固定坐标系中的坐标;

I_{xi}——质量 p_i 对通过其重心纵轴的自身惯性矩。

从式(3-13)可以看出,按实际部件质量的分布计算惯性矩 I_{xx},I_{yy} 和 I_{zz} 是很繁杂的工作。对于普通船型大多采用经验公式进行计算,对于特殊船舶或海洋平台等,则必须按部件进行计算。至于附加惯性矩,则分别以 J_{xx},J_{yy} 和 J_{zz} 来衡量。

通过以上描述可知,附加质量和附加惯性矩都是流体对浮体的相互作用,所以它们与浮体在水中的运动方向及水下形状有关,通常可以通过数值计算和模型试验的方法得到结果,也可以通过经验公式对它们的大致范围进行估算。值得注意的是,附加质量本身不是质量,而是力的一种概念,因此附加质量的数值既有正值也有负值,正值表示流体对物体做功,而负值表示物体对流体做功。

海洋结构物的运动相当复杂,浮体和流体之间相互耦合作用,六个自由度对浮体的综合作用等导致了附加质量和附加惯性矩的理论计算十分复杂。例如,浮体只存在横摇和纵摇运动,在考虑横摇运动时,纵摇对横摇的影响也必须考虑。所以导致在计算附加惯性矩 J_{xx} 外,还要考虑 J_{yy} 对横摇的影响 $[J_{yy}]_x$,同理在计算 J_{yy} 时,也要做相同的考虑。实际中的浮体六个自由度运动同时存在,所以每个自由度的附加质量一般是一个主量和五个分量共同作用的结果,因此附加质量和附加惯性矩实际上是一个具有36项的矩阵形式。在进行模型试验时,模型在工程试验水池的运动虽然同样复杂,但各自由度运动的附加质量和附加惯性矩之间的耦合作用实际上都已包括在试验的内涵之中,不需要专门考虑。

3.3.2　阻尼

阻尼是指任何振动系统在振动中,由于外界作用或系统本身固有的原因引起的振动幅度逐渐下降的特性。对于大多数海洋工程装备来说,阻尼包括浮体阻尼和系泊系统阻尼,而浮体阻尼又包括波浪辐射阻尼、表面摩擦阻尼、旋涡阻尼和波浪阻尼。

波浪辐射阻尼是有自由液面存在时所特有的现象,当浮体在自由液面上振荡时,会产生波浪并向四周辐射,辐射阻尼就相当于由于波浪传播消耗的能量。所以即使是理想的无黏性流体也存在波浪辐射阻尼,它是垂荡和纵摇运动阻尼的最主要部分。

表面摩擦阻尼和漩涡阻尼统称为黏性阻尼,它是由于实际流体具有黏性引起的,是浮体横摇阻尼的重要组成,特别是装有舭龙骨或具有矩形横截面的船舶,黏性阻尼占横摇总阻尼的50%以上。对于具有系泊的浮体而言,其大幅度低频水平面运动,是由于波浪慢漂力的频率与系泊浮体固有频率相近而形成共振作用所致,这种共振运动的振幅将主要取决于系统的低频慢漂阻尼。由于振荡频率很低,波浪辐射阻尼可以忽略,低频慢漂阻尼就主要包括黏性阻尼。黏性阻尼的理论求解较为复杂,通常是根据经验公式进行估算,在模型试验中可以通过模型的自由衰减试验并加以适当的修改得到。

浮体在波浪中所受到的阻尼一定比在静水中受到的阻尼大,通常我们把增加的这部分阻尼称为波浪阻尼,也称为波浪漂移阻尼。与波浪慢漂力类似,波浪阻尼也与波浪高度的平方成比例,波高较大的情况下波浪阻尼是低频慢漂阻尼的主要部分。波浪阻尼是由波浪引起的,与流体是否具有黏性没有关系,其结果可以通过经验公式或是通过比较系泊浮体在静水和规则波中的自由衰减模型试验结果两种方法得到。

除了浮体会受到阻尼之外,对于具有系泊系统的海洋平台,系泊系统也随着浮体一起运动,同样会受到阻尼作用。其中黏性阻尼是整个系泊系统的重要组成部分。作业水深越深,系泊锚链线的长度越长,黏性阻尼占整个系统总阻尼的比例也越来越显著,有些可以达到 80% 左右。同浮体一样系泊系统的黏性阻尼在理论上很难做出计算,通常都是通过模型试验后进行相应修正的方法进行预报。

由于实际上装备系统的运动十分复杂,系统六个自由度的运动均会产生相应的阻尼力,与分析附加质量力和附加质量惯性力的情况类似,每个自由度产生的阻尼力之间也会产生耦合作用,所以阻尼力实际上也是一个具有 36 项的矩阵。其中主对角线上对应每一运动的主项,其他是耦合影响项。

3.3.3 固有周期

固有周期是浮式结构物自身及其系泊系统的一种属性,在海洋平台的设计与分析中具有重要的意义。当平台固有周期与激励力的周期相接近时,会有共振发生,导致浮体有很大的运动、振荡幅值,对于海工装备来说是非常危险的状态。所以固有周期的测量是海工装备模型试验的主要内容之一。

根据浮体的运动方程 $(M + \mu)\ddot{X} + \lambda\dot{X} + CX = F_W + F_C + F_{WD} + F_M$,固有周期的表达式可以写成

$$T_i = 2\pi \sqrt{\frac{M_{ii} + \mu_{ii}}{C_{ii}}} \tag{3-14}$$

式中　T_i——结构的固有周期;

　　　M_{ii}——结构的质量;

　　　μ_{ii}——结构的附加质量;

　　　C_{ii}——结构的刚度。

平台的六个自由度运动中,横摇、纵摇和垂荡运动具有复原力和力矩,偏离平衡位置经过振荡运动后还可以回到原来的平衡位置。将式(3-14)的表达形式展开到具体横摇、纵摇和垂荡,其固有周期分别为

$$\left. \begin{aligned} T_\phi &= 2\pi \sqrt{\frac{I_{xx} + J_{xx}}{\Delta \cdot h_T}} \\ T_\theta &= 2\pi \sqrt{\frac{I_{yy} + J_{yy}}{\Delta \cdot h_L}} \\ T_z &= 2\pi \sqrt{\frac{\dfrac{\Delta}{g} + \mu_z}{\rho_W A_W}} \end{aligned} \right\} \tag{3-15}$$

式中　T_ϕ, T_θ, T_z——分别为横摇、纵摇和垂荡的固有周期;

　　　I_{xx}, I_{yy}——分别为结构横摇和纵摇的惯性矩;

　　　J_{xx}, J_{yy}——分别为结构横摇和纵摇的附加惯性矩;

　　　Δ——排水量;

　　　h_T——横稳心高;

　　　h_L——纵稳心高;

　　　g——重力加速度;

μ_z——由垂荡运动引起的附加质量;

ρ_W——液体的密度;

A_W——水线面面积。

对于船舶或是海洋平台在设计之初由于缺少相关的技术资料,通常使用经验公式对固有周期进行估算。对于船舶而言,可以根据下列公式进行大致的估算:

$$\text{横摇固有周期} \qquad T_\phi = \frac{0.8B}{\sqrt{h_T}}\left(\text{或 } T_\phi = 0.58\sqrt{\frac{B^2 + 4z_g}{h_T}}\right)$$

式中　z_g——重心高度,m。

$$\text{纵摇固有周期} \qquad T_\theta = 2.8\sqrt{C_{vp}d}\ (\text{或 } T_\theta = 2.4\sqrt{d})$$

式中　C_{vp}——垂向棱形系数;

d——吃水,m。

垂荡固有周期 $T_z \approx T_\theta$,即一般船型的垂荡固有周期与纵摇的固有周期大致相同。

在模型试验中,由于横摇、纵摇和垂荡是周期性的振荡,所以试验时只需要通过记录浮体在静水中振荡的次数和振荡时间,便可以测出横摇、纵摇和垂荡的固有周期。对于横荡、纵荡和艏摇,虽然本身不具有周期振荡的特性,但在加上系泊系统后,可以视为其具有静回复力,因此在模型试验中是以海工装备模型配置系泊系统后测量整个系统的纵荡、横荡及艏摇的固有周期。

3.3.4　幅值响应函数

绕射的影响一直存在于物体的运动过程中,由于绕射产生入射波浪力和绕射波浪力,它们对一阶波浪载荷的作用是无法忽略不计的。所以,在线性波浪中,物体的摇荡可以基于下列假设:在某一线性波浪环境下,在一阶波浪力变大的情况下,运动幅值也会相应地变大。正因为这种对应关系,所以可以使用频率响应函数描述一阶波浪力的数值。频率响应函数可以分解为两部分,分别为幅值响应算子(RAO)和相位响应算子,其中 RAO 可以很好地说明浮体在波浪中的运动状态,所以它是水动力分析中常用的分析因子之一。实际上,它表示外界激励力到物体之间的传递函数关系:

$$\text{RAO} = \frac{\eta_i}{\xi} \qquad\qquad (3-16)$$

式中　η_i——物体运动过程中第 i 个自由度的运动;

ξ——某一波浪条件下的波高。

某一海况下波浪的波高是一个随机过程,一般认同浮体的运动响应与波浪的幅值呈线性关系,而且不受其他的波浪幅值的影响。实际情况下浮体总是在许多不同频率的波浪共同作用下产生六个自由度的运动,所以浮体的总体运动响应 RAO 可以根据各个频率下浮体的运动响应叠加求得。

3.4 海洋环境理论研究方法

海工装备尤其对于浮式平台来说要长期在海上生产作业,其作业环境相当复杂,风、浪和流的组合形式各种各样。前文简单介绍了风、浪、流的形成原因和简单的特性参数,但是实际上的海洋环境还是相当复杂,各种各样的组合形式让理论研究变得很难进行,所以在海洋工程水动力学中,需要对复杂的海洋环境做出相应的理论描述并进行合理有效的简化处理。

3.4.1 风载荷

风作为重要的海洋环境条件之一,是模型试验中需要模拟的重要试验参数,在前面一章已经对海上的风做了简要的介绍,下面将主要介绍风的理论描述、设计风速及风载荷的计算。

1. 风速

在台风侵袭期间,海洋浮体设施例如单点系泊系统,在计算系泊动态响应特性时,风的影响远大于流和浪的影响。在研究风荷载效应的物理模型试验中,常将风分为定长风(稳态风)和非定长风(瞬态风),对应的风速分别为持续风速和阵风风速。持续风速是指较长一段时间内的平均值,多数国家规定用一小时平均风速作为代表;阵风风速是指数秒钟内的平均值,时间长短不同,所得平均风速也不同。

海工装备,尤其是各种海洋平台在海上长期位于风载荷作用之下,一次强大的风暴和它所引起的巨浪又往往是平台遭受破坏的主要原因之一,移动式平台的事故统计充分表明了这一事实。平台的稳性、强度和运动无一不与风载荷有关,在平台设计中一定要正确地确定设计风速及计算风载荷。对于海洋工程结构物水上部分来说,常不考虑风速随时间的变化以及空气的垂向运动,亦即只考虑空气在水平方向的等速二因次流动,将这样的风定义为定长风。国际上将海面上高 10 m 处的风速记为定长风的标准值,在国际船舶结构会议上定义了不同高度上的风速的计算方法:

$$\frac{V_z}{V_{10}} = \left(\frac{z}{10}\right)^{\alpha} \tag{3-17}$$

式中　V_{10}——海面上 10 m 高处的风速;

　　　V_z——海面上 z m 高处的风速;

　　　α——风速系数,可取 0.09 或 0.10。

通常在海工装备的设计分析中,根据海上的长期环境统计数据可以得到 10 m 处的风速,根据式(3-17)求得不同高度定长风的风速,这样就可以对海上结构物的风载荷进行大致的估算。

我国船级社规定,应根据平台的作业地区和作业方式确定设计风速。一般而言,设计风速在自然状态下应不小于 51.5 m/s(100 kn);在正常作业状态下不小于 36 m/s(70 kn);在遮蔽海区不小于 25.7 m/s(50 kn)。挪威船级社(DNV)关于设计风速的规定也具有相当的代表性,该船级社规定了两种设计风速标准,均考虑重现期。

一是选用静水面以上 10 m 高处的百年一遇持续风速为设计风速,在静水面以上 z m 高处的持续风速可用下式计算:

$$v_z = v_{10}(0.93 + 0.007z)^{\frac{1}{2}} \tag{3 - 18}$$

式中　v_{10}——静水面上 10 m 高处的稳态风速;

　　　v_z——静水面上 z m 高处的风速。

如缺乏有关风速数据时,DNV 规定可采用表 3.2 中给出的设计风速数值。表中分别给出四种海域类型和两种季节类型,即所有季节和夏季。其中夏季是指每年的 5 月 15 日至 9 月 15 日。

表 3.2　设计风速数值

海域类型	所有季节	夏季
遮蔽海域	40 m/s	
正常开阔海域	45 m/s	
暴风开阔海域	50 m/s	45 m/s
极端海域(涉及范围)	50 m/s	

二是采用 N 年一遇的瞬态风风速为设计风速,如果缺乏详细的数据,可用下式计算:

$$v_z' = v_{10}(1.53 + 0.03z)^{\frac{1}{2}} \tag{3 - 19}$$

式中　v_z'——静水面上 z m 高处的瞬态风速;

　　　v_{10}——静水面上 10 m 高处的稳态风速。

DNV 规定的两种设计风速标准,用于不同载荷组合,当与最大波浪力组合时,采用持续风速;当用阵风风速计算的风力比用持续风速与最大波浪力组合更为不利时,则采用阵风风速。DNV 定义的阵风风速是时距为 3 s 的平均风速,而持续风速是时距为 1 min 的平均风速,并给出了两者之间的换算公式:

$$v_g = 1.25v_s \tag{3 - 20}$$

式中　v_g——海面上 10 m 高处的瞬态风速;

　　　v_s——海面上 10 m 高处的稳态风速。

2. 风谱和脉动风压的动力效应

实际上,海上和陆上的风速总是变化的,平均风速在数值上上下脉动,方向也会有一定的变化,这就是常说的非定长风。非定长风的脉动频率和脉动的强弱更是随机变化很难预测,工程中经常使用风谱描述非定长风的性质,海洋工程界常用下列两种风谱来描述不规则风场的特性。

(1)API 风谱　美国石油研究所(API)给出的风谱是一种常用的描述瞬态风的风谱,较为简单也是我们常用的一种。其公式为

$$S(f) = \frac{\sigma^2(z)}{f} \cdot \frac{F}{(1 + 1.5F)^{5/3}} \tag{3 - 21}$$

$$F = \frac{f}{f_p}, f_p = 0.025V(z)/z;$$

$$\sigma(z) = 0.15(z/z_B)^{-0.125}$$

式中　F——随机风无量纲脉动频率;

　　　$\sigma(z)$——z m 高度处风速脉动的标准差;

$V(z)$——静水面以上高度为 z m 处 1 h 的平均风速,m/s;

z_B——表面层厚度,$z_B = 20$ m。

(2)NPD 风谱 这是挪威石油理事会(NPD)于 1992 年给出的风谱,公式为

$$S(f) = \frac{320\left(\frac{V_0(z)}{V_{10}}\right)^2\left(\frac{z}{10}\right)^{0.45}}{(1 + 1.5F)^{5/3n}} \tag{3-22}$$

$$F = 172f\frac{V_0(z)}{10}^{-3/4}\left(\frac{z}{10}\right)^{2/3}$$

$$n = 0.468$$

式中　$V_0(z)$——静水面以上高度为 z m 处 1 h 的平均风速,m/s;

z——海面以上的高度,一般取 10 m;

V_{10}——静水面以上 10 m 处 1 h 的平均风速,m/s。

海上移动平台上的井架等高耸结构,由于其刚度较低,自振周期长,在非定常的风载荷作用下具有明显的动力效应。风激振动的产生是由于结构的存在导致流线内的不稳定性、空气流动的自然周期性以及结构构件形状的影响。风激振动常会带来严重的后果,因此风对于高耸结构物的作用,除考虑平均风速产生的风压外,还应考虑脉动风压产生的脉动压力。当结构高度比宽度大 5 倍以上,自振周期大于 0.5 s,结构对动力效应比较敏感时,则应考虑动力放大系数的影响。设计风压要考虑风振系数 β,β 包含了非定常风的动力作用。对于一个简单的单自由度弹性系统,当其定长风压 P_C 和非定常风压 p 共同作用时,总风压 P 可用下式计算:

$$P = \beta P_C \tag{3-23}$$

考虑到非定常风的风力计算公式为

$$F = \beta \times P_C \times C_h \times C_s \times v^2 \times A \tag{3-24}$$

风振系数 β 可根据表 3.3 进行选取,在计算风振系数 β 时,应该计算高耸结构的自振周期,计算时可采用工程力学中所介绍的方法。

表 3.3　钢结构的风振系数

钢结构自振周期(T)/s	0.5	1.0	1.5	2.0	2.5	5
钢结构风振系数(β)	1.45	1.55	1.62	1.65	1.70	1.75

3.4.2　波浪

随着海洋工程向更加恶劣的海域发展,人类的安全意识越来越强。目前,不规则波产生的低频与高频波浪载荷、浮体运动后产生的扰动波浪场的载荷、波浪绕射可能引起的共振、二阶波浪力中高频部分引起的张力腿平台的弹振都已经引起人们的关注,并取得了一定的研究成果。除此以外,在恶劣海浪作用下,可能会产生严重的波浪爬升、相对运动和上浪等流体强非线性冲击现象,这些都会对海洋浮式结构产生很大的局部冲击破坏载荷。因此,分析极限波浪的产生机理、基本特性、演化过程,探索强非线性波浪与海洋浮式结构物的相互作用,发展稳定高效的数值预报方法,不仅对海洋水动力学的发展具有重要的理论意义,而且对海洋船舶、钻井平台等海洋工程结构物的设计和防护具有不可或缺的实际

意义。

1. 研究方法

经过长期的研究和实践,人们对于波浪的研究方法主要有以下四种。

(1)解析法。这种方法是利用解析方法求解有关波浪问题的基本方程,能得到一些特殊问题的精确解答,但对于复杂的工程结构则很难直接应用。

(2)现场观测法。现场观测海上环境是获得原始资料最有效、最直接的手段,但是由于自然条件恶劣,观测成本高,各种因素的相互影响难以分离,因而实施过程存在很大的难度。

(3)物理试验法。此方法是以自然现象为原型,依据相似准则,在实验室的波浪水池中搭建物理模型,进行试验研究。物理试验可以模拟的范围较为广泛,一些复杂的波浪现象也可以实现,并且非常直观,在研究波浪与结构物的相互作用问题中有举足轻重的作用。然而,物理试验消耗的人力、物力较高,需要造价昂贵的物理水池、造波系统以及各种测量设备。

(4)数值模拟法。基于一定的波浪理论建立数值模型,结合相关的数值计算方法在计算机上进行数值模拟研究。数值模拟具有灵活性强、费用低、无尺度限制等优点,但是它是一种近似的计算方法,计算精度容易受数值计算方法的影响,其结果需要进行相关验证。

目前解析法和现场观测法由于需要大量的人力和物力,使用很少,相比之下,物理试验和数值模拟的方法能够更好地反映出实际波浪的一些性质和特点,对于研究具有重大意义。

2. 理论基础

(1)规则波理论。假定海底平坦且自由液面沿水平面无限扩展,可以推导出行波的线性波理论(Airy 理论)。前进中的长波峰规则波的表面波形,在理论上可视为二因次的余弦或正弦曲线(二者形状相同,仅相位差 π/2)。设波幅为 A 的余弦波沿 x 方向传播,则其波面方程可表示为

$$\zeta(x,t) = A\cos(kx - \omega t) \tag{3-25}$$

图 3.3 所示为余弦波的波形曲线,其中图(a)表示某一固定时间(设 $t=0$)波形沿 x 方向的情况,图(b)为某一固定地点(设 $x=0$)波形通过该点随时间的变化情况。从图中可以清楚地看到有关波浪的各要素。

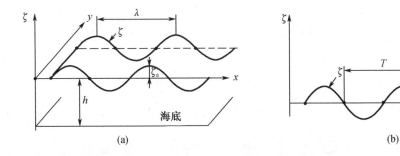

图 3.3 余弦波的波形曲线

(a)波面图;(b)波形曲线

①波幅 A:波形离静水面最大抬高(称为波峰)或最大下陷(称为波谷)的距离。

②波高 H:波峰与波谷之间的垂向距离,且 $H = 2A$。

③波长 λ:相邻两个波峰或波谷之间的水平距离,从式(3-25)或图3.3(a)中可以看出 $k\lambda = 2\pi$ 或波长 $\lambda = 2\pi/k$,因此 k 的物理意义为在 2π 距离内波的数目,称为波数。

④波浪周期 T:波形每前进一个波长所需的时间,或两相邻的波峰或波谷经过同一固定点的时间间隔。从式(3-25)或图3.3(b)中可以看出,$\omega T = 2\pi$,或周期 $T = 2\pi/\omega$,ω 的物理意义为波浪的圆频率。

⑤波速 c:波形向前推进(或传播)的速度,波形前进一个波长 λ 所需的时间为 T,故 $c = \lambda/T$。

⑥水质点轨迹圆运动半径 r:由实际观察和波浪理论可知,波形向前传播时,水质点并不随波形一起前进,而是就地以半径 $r = Ae^{kz}$ 做轨迹圆运动。在自由表面上 $z = 0$,水质点运动的轨迹圆半径即为波幅 A,在自由表面以下的波动面称为次波面。在水面以下 h 处的轨迹圆半径 $r_h = Ae^{-kh}$,其轨迹圆半径 r_h 随深度 h 的增加而迅速衰减。在工程实用中,当水深为波长一半(即 $h = \dfrac{\lambda}{2}$)时,轨迹圆半径 $r_h = Ae^{-k\lambda/2} = Ae^{-\pi}$ 可忽略不计,即可认为是深水波。

根据波浪理论可知,规则波的波速 c 与圆频率 ω 的关系为 $c = g/\omega$。

综合上述各关系式,可以得出波长 λ、波速 c、周期 T 之间比较直观实用的关系式:

$$\left.\begin{array}{c} c = \sqrt{\dfrac{g\lambda}{2\pi}} \approx 1.25\sqrt{\lambda} \\[3mm] T = \dfrac{2\pi}{\omega} = \sqrt{\dfrac{2\pi\lambda}{g}} \approx 0.8\sqrt{\lambda} \end{array}\right\} \tag{3-26}$$

由此可见,波长越大,传播的速度越快,周期越长。

另外,根据波长 λ 与波数 k 的关系,波速 c 可表示为

$$c = \omega/k = \sqrt{g/k} \quad \text{或} \quad k = \omega^2/g = g/c^2 \tag{3-27}$$

式(3-27)称为"色散"关系式,表示不同波数或波频的二因次前进波在水中传播时,存在传播速度不同的"色散"现象。

当水面至海底的水深 h 小于波长 λ 的一半时,波浪运动受到海底的影响,成为浅水波,水质点的轨迹圆运动变为椭圆运动。根据有限水深线性波理论,波速 c 与波长 λ 及波数 k 的关系式为

$$\left.\begin{array}{c} c = \sqrt{\dfrac{g\lambda}{2\pi}}\sqrt{\tanh\dfrac{2\pi h}{\lambda}} \\[3mm] c = \sqrt{\dfrac{g}{k}\tanh kh} \end{array}\right\} \tag{3-28}$$

由此可见,有限水深时波的传播速度不仅与波长 λ 有关,还与水深 h 有关。

根据正切双曲函数 $\tanh\dfrac{2\pi h}{\lambda}$ 的性质可知,当 $h > \dfrac{\lambda}{2}$ 时,$\tanh\dfrac{2\pi h}{\lambda} \approx 1.0$,式(3-28)表示的波速变为 $c = \sqrt{\dfrac{gh}{2\pi}}$,成为深水波的波速。当水深 h 极浅时($h < \dfrac{\lambda}{20}$),$\tanh\dfrac{2\pi h}{\lambda} \approx \dfrac{2\pi h}{\lambda}$,式(3-28)表示的波速变为 $c \approx \sqrt{gh}$,表明在极浅水域波浪的传播速度与波长 λ 无关,而只与水深 h 有关。

设有两组同方向前进的长峰规则波,则其混合的波面方程为

$$\zeta(x,t) = A\cos(k_1 x - \omega_1 t) + A\cos(k_2 x - \omega_2 t) \qquad (3-29)$$

如果两者频率(或周期)十分接近,设 $\omega_1 < \omega_2$,则前一组波浪的周期 T_1 较后一组波浪的周期 T_2 略大,波速也略快。于是两组规则波混合的波面成为图 3.4 所示的长波峰前进波群。

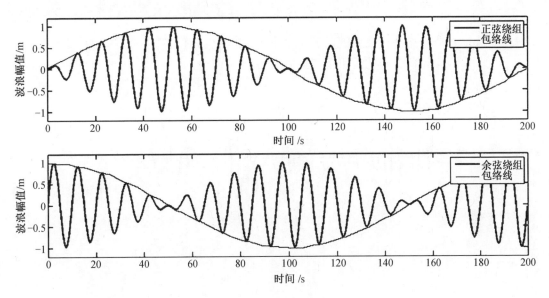

图 3.4　波群示意图

波群中最大波幅为 $2A$,表示两组波浪的波峰相重合。最小波幅为 0,表示一组波浪的波峰恰与另一组波浪的波谷相重合。波浪在前进时,波群亦向前推进。如果用包络线连接波群中的各波浪的"峰""谷",则包络线向前移动的速度称为波群速度 c_g,而包络线中各波浪的前进速度为 c。根据规则波的线性理论,波群速 c_g 与波速 c 的关系为

①深水波($h \geqslant \dfrac{\lambda}{2}$)

$$c_g = \frac{1}{2}c \qquad (3-30)$$

②浅水波($\dfrac{\lambda}{20} < h < \dfrac{\lambda}{2}$)

$$c_g = \frac{1}{2}c\left[1 + \frac{4\pi h/\lambda}{\sinh(4\pi h/\lambda)}\right] \qquad (3-31)$$

③极浅水波($h \leqslant \dfrac{\lambda}{20}$)

$$c_g = c = \sqrt{gh} \qquad (3-32)$$

上面简略介绍的是波群和波群速度的基本物理概念。根据波浪的理论分析,前进规则波的波能是以波群速度传播的,即波能的传播速度等于波群速度。

(2)不规则波理论。海面上的风浪时大时小,参差不齐地围绕着平均水面上下起伏,成为不规则的波浪。图 3.5(a)是实测的不规则波浪的时间历程曲线,纵坐标代表波面高度 $\xi(t)$,波面高度跨过平均水面(称为零点)正负变化。每两个相邻上下跨零点之间的峰谷距

离即为波高,每一个波的波高、波长和周期都是随机变化的,因此不能像规则波那样用固定的表达式来描述海上的不规则波。根据波浪的线性叠加原理,认为不规则波是由无数不同波长、不同波幅和随机相位的单元规则波叠加而成的,如图 3.5(b)所示。因而不规则波的波面可以表示为

$$\xi(t) = \sum_{n=1}^{\infty} a_n \cos(\omega_n t + \varepsilon_n) \qquad (3-33)$$

式中 $a_n, \omega_n, \varepsilon_n$——第 n 个余弦波的波幅、圆频率和随机相位,其中 ε_n 是在 $0 \sim 2\pi$ 之间均匀分布的随机量,称为相位角。

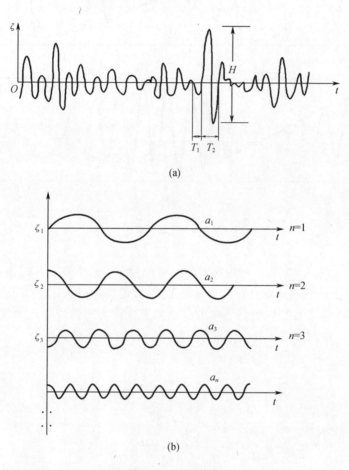

图 3.5 不规则波
(a)不规则波波面;(b)不规则波的示意图

线性叠加理论是处理不规则波的基本思想。如果组成不规则波的各单元波都是同一方向前进,则不规则波必然也是同一方向传播,这便是通常所说的二因次不规则波或长波峰不规则波。在自然界中虽然没有真正的长波峰不规则波,但通常海浪存在主要的传播方向,用长波峰不规则波的概念来处理海上的实际风浪,能够得到工程上相当满意的结果。当不规则波浪由不同传播方向的单元波叠加而成时,便成为三因次不规则波或称为短波峰不规则波。

大量的海上实测资料表明,海面波动可以看作是平稳的,各态历经的,具有高斯正态分

布特征的随机过程,因而船舶和海洋工程界通常都是以各态历经的平稳随机过程作为海上风浪以及船舶与海洋工程结构物的运动与受力等统计分析的基础,这样可使随机过程的统计特性分析计算大为简化。例如,对某一海区风浪的特性分析,只要在该海区某一点用一个浪高仪,以足够长的时间纪录波浪数据,对其进行分析所得的统计特性就能表征整个海区的统计特性。

在船舶和海洋工程界,广泛应用不规则波的谱密度分析方法来描述不规则波。这是由于谱密度函数表示了不规则波内各单元谐波的能量分布情况,显示出不规则波的组成中哪些频率的单元波起主要作用,哪些频率的单元波起次要作用,因而清楚地说明了不规则波的特性和内部结构。图 3.6 为海浪谱的示意图,纵坐标 $S(\omega)$ 为谱密度,单位是 $(m/s^2)/rad$,横坐标 ω 为圆频率,单位是 rad/s。

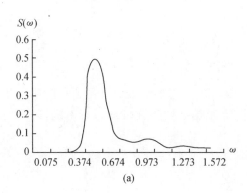
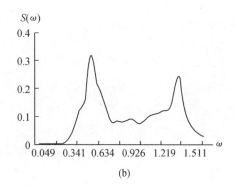

(a)　　　　　　　　　　　　　　(b)

图 3.6　海浪谱示意图

(a)涌浪谱;(b)混合浪谱

谱密度曲线下的面积是单位波面内波浪总能量的量度,是衡量海况恶劣程度的主要指标,与均方差 σ 的关系如下式:

$$\sigma^2 = \int_0^\infty S(\omega)\,d\omega \qquad (3-34)$$

不规则波的重要统计特征之一是波高,其中工程界通常所关心的包括十一波高 $H_{1/10}$、三一波高 $H_{1/3}$ 和平均波高 $\overline{H}$。由于测量海浪的波高与三一波高相当接近,因而 $H_{1/3}$ 被认为是有代表性和有意义的,通常又称为有义波高或三一有义波高,以 H_s 表示。$H_{1/3}$ 的物理意义是把所有测得不规则波的波高按大小依次排列,将最大的 1/3 个波高平均所得之值。同理,$H_{1/10}$ 为最大的 1/10 个波高平均所得之值,$\overline{H}$ 为所有波高的平均值。谱分析的相关理论证明,$H_{1/3}$ 与 σ 的关系近似为 $H_{1/3} = 4\sigma$。

波浪谱密度的公式可从海上大量的实测数据分析得到,也可根据理论和经验关系导出。现时发表的各种海浪谱的表达式众多,这里介绍几种常用的长波峰不规则波的波谱公式以供参考。

①P - M 谱。这是皮尔逊和莫斯科维奇根据北大西洋测得的大量数据而提出的公式:

$$S(\omega) = \frac{A}{\omega^5}\exp\left(-\frac{B}{\omega^4}\right) \qquad (3-35)$$

$$A = 0.008\,1g^2$$

$$B = 0.74(g/U)^2$$

式中 ω——波浪的频率；

g——重力加速度，m/s^2；

U——离海面 19.5 m 处的风速。

目前采用的大多数标准波谱主要是根据 P－M 谱的形式而建立的。

②ITTC 单参数波谱。鉴于海浪的严重程度直接与波高有关，用有义波高来描述波谱更为合适，ITTC 将 P－M 波谱中的 B 以有义波高 $H_{1/3}$ 来表示，并得出 $B = 3.11/H_{1/3}^2$，同时式 （3－35）中 $A = 0.008\ 1g^2 \approx 0.78$，$\omega$ 为波浪谱峰频率。于是 P－M 谱便成为

$$S(\omega) = \frac{0.78}{\omega^5}\exp\left(-\frac{3.11}{H_{1/3}^2\omega^4}\right) \tag{3－36}$$

式（3－36）便是 1966 年 ITTC 建议的单参数波谱，简称 ITTC 单参数波谱。P－M 谱和 ITTC 单参数波谱的谱峰频率为 $\omega_p = (0.74B)/4$。

③ITTC(ISSC)双参数波谱。第十二届（1969 年）ITTC 建议采用的双参数波谱的形式为

$$S(\omega) = \frac{173H_{1/3}^2}{T_1^4}\omega^{-5}\exp\left(-\frac{691}{T_1^4}\omega^{-4}\right) \tag{3－37}$$

其中，参数 T_1 为特征周期，根据实测资料，ITTC 建议 T_1 可近似地取为目测所得的平均周期；$H_{1/3}$ 为波浪的有义波高。式（3－37）与第二届国际船舶结构会议（ISSC）确定的标准波谱的形式是一致的。对应的谱峰频率 $\omega_p = 4.85/T_1$。

④JONSWAP 谱。这是 1973 年由欧美等国家对"北海海浪联合计划"测量海浪分析整理得出的波谱，目前应用最为普遍，公式为

$$S(f) = \alpha H_s^2 T_p^{-4} f^{-5}\exp\left[-1.25(T_pf)^{-4}\right]\gamma^{\exp[-(T_pf-1)^2/2\sigma^2]} \tag{3－38}$$

式中 f——波浪频率，Hz；

γ——形状参数；

σ——峰形参数，$\sigma = 0.09$。

对于 $f \geqslant f_p$，$\sigma = 0.07$；对于 $f < f_p$，$\sigma = \dfrac{0.062\ 4}{0.230 + 0.033\ 6\gamma - 0.185/(1.9 + \gamma)}$。

第十五届 ITTC(1978)建议采用 JONSWAP 的平均波谱（$\gamma = 3.3$）作为有限风区的波谱，当 $\gamma = 1.0$ 时，JONSWAP 谱又被称为双参数 P－M 谱。

在波谱的表达式中，除谱峰周期 T_p 外，有时还考虑其他的周期定义，常用的有：

a. 有效波周期 T_s 表示不规则波中波高最大的 1/3 个波浪的周期平均值；

b. 最大波高周期 T_{max} 表示不规则波中最大波高的周期值；

c. 特征周期 T_1，也称为谱形心周期；

d. 过零周期 T_2 或 T_z，表示不规则波中波面通过零点的平均周期。

上述各种周期之间的关系一般由实测资料的统计分析确定。对于无限风区的实测海浪，统计关系为

$$\left.\begin{array}{l} T_s/T_p \approx 0.93 \\ T_1/T_p \approx 0.78 \\ T_2/T_p \approx 0.76 \\ T_{max}/T_s \approx 1.0 \end{array}\right\} \tag{3－39}$$

⑤方向波谱。自然界的海浪往往不是沿一个固定的方向传播的，它有一个主要的传播方向及其他不同方向传来的波浪。代表多方向组成的不规则波结构的波谱称为方向波谱

或短波峰不规则波波谱或三因次波谱。由于观测手段、资料采集和分析处理等方面的困难，至今可供工程界应用的方向波谱不多。

方向波谱的表达式通常表示为

$$S(\omega,\theta) = S(\omega)D(\omega,\theta) \tag{3-40}$$

式中　$S(\omega)$——主要传播方向长波峰不规则波的波谱；

θ——组成波与主浪向的夹角；

$D(\omega,\theta)$——方向扩展函数或方向分布函数，工程界常用的一般形式为

$$D(\omega,\theta) = k_n \cos^n \theta, \text{且} |\theta| \leqslant \frac{\pi}{2} \tag{3-41}$$

ITTC 建议取 $n=2, k_n = k_2 = \pi/2$；ISSC 则建议取 $n=4, k_n = k_4 = 8/(3\pi)$。

3.4.3　海流

在某一给定的近海位置，流是洋流、潮流和风共同作用下表面水团驱动的叠加效果。作为海面下海洋环境中的重要自然现象，海流对海工装备的水下部分如海洋平台的系泊系统、立管系统等产生的作业影响不可忽略，其产生的拖曳力和对于细长杆的涡激振动是各种海洋平台在设计分析阶段要考虑的重点问题。

实际中的海流和空气中的风有类似之处，都是大范围的以一定速度在水平或是垂直方向上的连续流动，在理论研究时，通常不考虑水流随时间的变化以及水流的垂向运动，亦即只考虑水流在水平方向的二因次流动。有时也考虑深水对流速的影响，即常说的剖面流。

1. 潮汐流

第十届 ISSC 给出了从设计观点出发得到的当今海洋流的信息。表面流速度 U 可以分为以下几部分：

$$U = U_t + U_w + U_s + U_m + U_{set-up} + U_d \tag{3-42}$$

式中　U_t——潮汐流分量；

U_w——当地风生成的流的分量；

U_s——由 Stokes 漂移运动生成的流的分量；

U_m——海洋环流分量，如果有的话与地理位置有关；

U_{set-up}——由上涌现象及狂风巨浪生成的流的分量；

U_d——海洋上部强烈的水密度跃动主宰的当地水密度驱动流。

潮汐流分量与当地风生成的流的分量与水深有关：

$$U_t(z) = \begin{bmatrix} U_t(0) & -(h-10) \leqslant z \leqslant 0 \\ U_t(0)\log\left(1 + \dfrac{9z}{10-h}\right) & -h < z < -(h-10) \end{bmatrix} \tag{3-43}$$

$$U_w(z) = \begin{bmatrix} U_w(0)\dfrac{(h_0+z)}{h_0} & -h_0 \leqslant z \leqslant 0 \\ 0 & z < -h_0 \end{bmatrix} \tag{3-44}$$

其中，h 为水深，m；h_0 可选择 50 m。在初步估算时令 $U_w(0) = 0.02U_{10}$，U_{10} 为海平面 10 m 处的风速。但是在公式里包含 Stokes 漂移，该项可能显著，如要获得空间某点的流速不应包含此项。

2. 剖面流

流的强度和方向在不同深度的水层中会发生变化,深海海洋环境在水深方向上会形成垂直方向不同的流速分布,简称垂向剖面流,其剖面包括均匀垂向流速剖面以及各种变截面的垂向流速剖面。通常假定水流不随深度变化,取一个平均的水流速度,如图3.7(a)所示;对于水深较浅的海域,海流速度由于底部的摩擦或是流体黏性的作用,会随深度的增加而衰减,形成梯度流(分层流),以直线规律或是某一条简单的曲线来表示,如图3.7(b)和图3.7(c)所示;在近岸浅水区域,会存在波浪破碎现象,此时下层流体存在回流的现象,水流沿深度的变化如图3.7(d)所示。

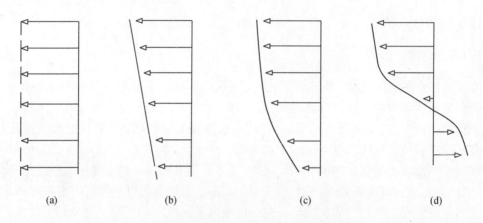

(a)　　　　　　　　(b)　　　　　　　　(c)　　　　　　　　(d)

图3.7　水平方向平均流速随水深的变化
(a)假定情况;(b)(c)梯度流;(d)回流现象

3.5　浮体在环境载荷下的受力

浮式海洋平台在海上定位作业时产生六自由度运动,必然受到各种外力的作用。对于海洋工程水动力学研究而言,一般应考虑的外力作用包括风、浪、流等海洋环境所产生海洋环境载荷,周围海水的流体反作用力,定位系统所产生的系泊力等。

设浮式海洋平台在海上受到总的外力为 F,则可将 F 分解为

$$F = F_w + F_c + F_{WD} + F_s + F_R + F_M \qquad (3-45)$$

式中　F_w——波浪作用力,简称波浪力;

　　　F_c——海流的作用力,简称流力;

　　　F_{WD}——风的作用力,简称风力;

　　　F_s——流体静力,或称水静力、静回复力;

　　　F_R——由于平台运动引起的流体反作用力,或称流体动力;

　　　F_M——定位系统的作用力,简称系泊力。

式(3-45)中,F_w,F_c,F_{WD} 一般统称为海洋环境载荷,F_s 和 F_R 统称为流体作用力。下面将主要介绍上述力产生的原因和对海上结构物的作用。

3.5.1　波浪作用力

波浪载荷是波动的海水作用于物体上的力,是海洋工程结构物受到的最为主要的外载

荷之一,一般可以分为以下五个主要的部分:

(1)阻力。阻力是与稳定流动条件下的阻力相类似的力,是流体动能的函数。

(2)惯性力。惯性力是水下结构物排开的流体的质量与流体的质点的加速度乘积的函数。

(3)撞击力。撞击力是物体撞击所产生的力。当波峰穿过空气打击在结构物上,发生冲击或波浪破碎时引起的突然冲击载荷,这时由于空气被波浪所包围,不断压缩常使之爆炸,发出轰鸣声。撞击力一般可按总阻力在波峰部的惯性力的几分之几来计算,有时采用五分之一。

(4)压差力。压差力是由海水通过沉没于水中物体的压力差所造成的。对于沉没于水中的物体,这是一种很重要的力,经验表明压差力等于压力差的一半与投影面积的乘积。

(5)动量反射力。当波浪作用在沉没于水中的大型物体时,将出现一个反动量,这一能量反射将在大型结构上作用一个相当的力,即称为动量反射力。一般对于高度较大的大型沉没物必须要考虑此力。

对于海洋工程装备,尤其是深海采油平台长期在海上工作,为了保证安全性、经济性,首先要计算风、浪、流等环境载荷。这些环境力直接关系到平台的选型、设计、施工,关系到平台的稳定性、动力分析及疲劳估计等。风和流根据统计资料有一些经验公式可循,而波浪作用力比较复杂,因此海洋结构物的波浪载荷以及波流场与结构物的相互作用,已成为研究人员关注的重要问题。

波浪作用力,顾名思义就是由于波浪作用而产生的载荷,只不过此时假设浮体固定不动,是波浪流经浮体时作用在浮体上的外力。它由波浪引起浮体湿表面上的压力变化以及浮体对波浪的绕射和反射所决定,根据小参数摄动理论,浮体在波浪中所受的波浪扰动力大体上可以分解为一阶波浪力和二阶波浪力。

1. 一阶波浪力

根据伯努利方程可预测动态压力的分布满足:

$$P = \rho \frac{\partial \Phi}{\partial t} - \rho U_0 \frac{\partial \Phi}{\partial x} - \rho \left(i\omega\Phi + U_0 \frac{\partial \Phi}{\partial x} \right) \tag{3-46}$$

之后将物体上的波浪力求解可得

$$F_j = -\iint_S Pn_j \mathrm{d}s = Re(f_j^k \mathrm{e}^{-i\omega t}) \tag{3-47}$$

线性速度势由两部分组成,即入射波势和绕射波势:

$$F_j = F_j^k + F_j^d = Re\{ (f_j^k + f_j^d) \mathrm{e}^{-i\omega t} \} \tag{3-48}$$

两者之和即为一阶波浪载荷。

一阶波浪力是浮体在波浪中最直接感受到的波浪作用力,变化的幅值相对较大,与波浪具有相同的频率。对于浮式海洋平台而言,其结构特征尺度与波长比一般较大,属于所谓的"大型结构物"或"大尺度结构物"范畴,必须考虑物体存在对波浪场的影响。基于线性势流理论的假定,一阶波浪力的大小与波幅成正比,其比例关系定义为波浪力的幅值响应函数(RAO)。

2. 二阶波浪力

二阶力是与一阶力相对的提法。船舶和海洋结构物在波浪中将感受到很大的,与波高呈线性关系的力,从而产生与波浪同频率的运动,这就是前面已经讨论过的一阶力。许多观察表明,当船舶或海洋工程结构物锚泊在波浪中时,如果波浪单纯是规则波,则物体除了产生与波浪频率一致的摇荡运动外,还伴有平均位置的漂移;如果波浪是不规则的,还伴有长周期的漂移运动,这一运动的频率远低于不规则波的特征频率,而且振荡运动平均位置亦不再在原来的平衡位置上,产生了漂移。这些现象说明,物体在波浪中必然受到定常的或缓变的(低频的)波浪漂移力作用,通常把这种力称为二阶力。对于规则波而言,二阶波浪力包括平均波浪漂移力和频率为规则波二倍的倍频波浪力,对于不规则波而言,则除了包含平均波浪漂移力、倍频波浪力外,还包括各成分波的频率之差所产生的低频波浪力(即波浪慢漂力),以及各成分波频率之和的高频(和频)波浪力。

在规则波中的周期平均值称为平均波浪力或稳态力;而在不规则波中,二阶力与波群的频差相联系,则称为二阶低频慢漂力。鉴于二阶平均力是二阶慢漂力计算的基础,所以这里主要讨论二阶平均力的问题。通常使用下面方程描述二阶波浪载荷的近似解:

$$
\begin{aligned}
F_{\text{strc}}^{(2)} = & \sum_{i=1}^{N}\sum_{j=1}^{N}\left\{P_{ij}^{-}\cos\left[-(\omega_i-\omega_j)t+(\varepsilon_i-\varepsilon_j)\right]+P_{ij}^{+}\cos\left[-(\omega_i+\omega_j)t+(\varepsilon_i+\varepsilon_j)\right]\right\}+ \\
& \sum_{i=1}^{N}\sum_{j=1}^{N}\left\{Q_{ij}^{-}\sin\left[-(\omega_i-\omega_j)t+(\varepsilon_i-\varepsilon_j)\right]+Q_{ij}^{+}\sin\left[-(\omega_i+\omega_j)t+(\varepsilon_i+\varepsilon_j)\right]\right\}
\end{aligned}
$$

$$
(3-49)
$$

式中　$F_{\text{strc}}^{(2)}$——结构物受到的二阶波浪载荷;

　　　P——压力,分布于自由表面;

　　　Q——波浪产生的能量;

　　　ω——波浪的频率;

　　　ε——波浪的相位;

　　　P 和 Q 的上角标" $+$ "" $-$ "分别为和频项与差频项。

式(3-49)中和频项可以被省略,则

$$
\begin{aligned}
F_{\text{strc}}^{(2)} = & \sum_{i=1}^{N}\sum_{j=1}^{N}\left\{P_{ij}^{-}\cos\left[-(\omega_i-\omega_j)t+(\varepsilon_i-\varepsilon_j)\right]\right\}+ \\
& \sum_{i=1}^{N}\sum_{j=1}^{N}\left\{Q_{ij}^{-}\sin\left[-(\omega_i-\omega_j)t+(\varepsilon_i-\varepsilon_j)\right]\right\}
\end{aligned} \quad (3-50)
$$

根据纽曼近似公式可以将式(3-50)简化为

$$
F(t) = \sum_{i=1}^{N}\sum_{j=1}^{N}\left\{P_{ij}^{-}\cos\left[-(\omega_i-\omega_j)t+(\varepsilon_i-\varepsilon_j)\right]\right\} \quad (3-51)
$$

式中的符号意义同上。

二阶波浪力通常比一阶波浪力小很多,大小通常相差一到两个量级,是小量。但是二阶波浪力对于海工装备和海洋结构物来说确实是非常关键的一部分,尤其是平均波浪力和波浪慢漂力,它们是结构物推进器系统的选型和设计,浮体系泊系统的影响评估,拖航系统设计和拖航组立的预估,浮体在波浪中运动阻力增值的计算,潜器在近水面时的性能以及大体积小水线面浮体的缓慢垂荡、艏摇和横摇运动等的分析和计算的主要影响因素。

二阶波浪力理论近年来被广泛重视和深入研究,其中一个主要的原因是,船舶和大尺度海洋工程结构物在波浪中的许多重要的非线性力学现象,如慢漂运动、低频共振、结构弹振、波浪中的阻力增值和单点系泊时的运动稳定性等,在一定程度上都可以用二阶波浪力理论来解释或预估。特别是二阶慢漂力作用下锚泊结构物的慢漂运动和低频共振,是当今国际上相关学术界和工程界极为重视的前沿领域之一,还有很多难点没有解决。例如,大幅度慢漂运动方程的建立,方程中系数和激振力的确定等。特别值得一提的是慢漂运动阻尼的估算,由于其中可能主要是黏性影响,理论上预估相当困难,在波浪中进行的阻尼测定试验结果也相当分散,有些结论甚至截然相反。这中间存在着波浪中阻尼的定义和如何与运动方程匹配的问题,当然也有试验方法和技术的开发问题。

3. 波浪漂移力

在线性波浪理论(一阶波理论)中,已知深水波的水质点做封闭的轨圆运动,有限水深波的水质点做封闭的椭圆运动,并且水质点仅在原地运动并不随波浪前进。实际波浪中的水质点基本上是轨圆运动但并不完全封闭,水质点会沿波浪前进方向十分缓慢地移动。因此,浮式结构物在波浪的作用下会沿着波浪传播方向产生缓慢的漂移,波浪的作用时间越长,漂移的距离越大。

使浮式结构物在波浪中产生漂移的作用力称为波浪漂移力(Wave Drift Force),是一种非线性的二阶波浪力,其成分包括:

(1)平均(Mean)波浪漂移力,或称定常(Steady)波浪漂移力、平均波浪力。与波浪传播方向一致,使无航速的船舶和浮式海洋平台等浮式结构物产生平均漂移,使航行中的船舶产生阻力增加。

(2)缓变(Slow Varying,或称低频、慢漂)的波浪漂移力,或简称为波浪慢漂力。这是波浪作用在浮式结构物上随时间呈缓慢周期性变化的力,虽然量级不大,但是由于系泊船舶或浮式海洋平台水平面运动的自然频率通常很低,波浪慢漂力的频率与之相接近,所以容易导致产生长周期、大幅度的低频共振水平面运动,在系泊系统中引起相当大的受力响应,极大地影响系泊系统的安全。

(3)高频(Sum Frequency,或称和频、倍频)波浪力。这是波浪作用在浮式结构物上随时间呈高频率(高于波浪频率)周期性变化的力,会使浮式结构物产生高频弹振(Springing),引起结构的疲劳破坏。特别是对于固有频率相对较高的张力腿平台,和频率可以激发垂荡、艏摇和横摇运动的共振响应,导致张紧拉索的疲劳损伤。

平均波浪力和波浪慢漂力的大小与入射波波幅的平方成正比,其比例关系定义为二阶波浪力的二次传递函数(Quadratic Transfer Function,QTF)。

4. 波浪作用力的计算方法

波浪力计算中常根据结构物的尺度与波长的比值分成小尺度波浪力计算和大尺度波浪力计算。当比值 $D/L < 0.2$ 时,称为小尺度物体(其中 D 是物体的特征长度,对于圆柱体 D 为直径,L 是波长);当 $D/L > 0.2$ 时,称为大尺度物体,它必须考虑物体的自由表面效应和相对尺度效应,校合起来称为绕射效应。分别介绍如下。

(1)当比值 $D/L < 0.2$ 时。对于相对尺度较小的细长柱体的波浪力计算,在工程设计中仍广泛采用著名的 Morison 方程,如下式:

$$f_{wy} = \frac{1}{2}C_D\rho_w D\left(u - \frac{\partial \gamma}{\partial t}\right)\left|\left(u - \frac{\partial \gamma}{\partial t}\right)\right| + C_M\rho_w \frac{\pi D^2}{4}\left(\frac{\partial u}{\partial t} - \frac{\partial^2 \gamma}{\partial t^2}\right) \qquad (3-52)$$

式中　f_{wy}——垂直作用于管柱上的单位长度的波浪力,kN/m;

ρ_w——海水的密度,kg/m³;

D——管柱直径,m;

u——管柱轴线处水质点的水平方向速度,m/s;

C_D——阻力系数;

C_M——惯性力系数。

若用 Morison 方程计算相应的波浪力,关键在于选定一种适宜的波浪理论、相应的拖曳力系数和惯性力系数。要得到公式中流体质点的速度和加速度等量可采用不同的波浪理论,目前主要有线性理论和非线性理论,线性波浪理论是假定波浪振幅足够小,这样就可以基本忽略非线性项而得到速度势的近似解。非线性波浪理论主要有 Stokes 波理论、椭圆余弦波理论、驻波理论、流函数波理论等。

现有的波浪力计算大多是采用线性波理论,其形式比较简单,使用方便。但线性波理论有其局限性,它只是在假设波幅足够小条件下的非线性波浪运动问题的近似解,如果是在考虑海洋结构物的生存条件时,线性波浪理论常不适用。由于 Stokes 波浪理论可以更准确地描述实际波浪的运动,目前对其研究逐渐受到重视,有些国家的海洋平台入级规范也建议用 Stokes 三阶波理论或 Stokes 五阶波理论进行海洋结构物有关强度校核和结构设计。

在运用 Morison 方程求解波浪力时的另一个关键问题是如何针对具体问题确定阻力系数 C_D 和惯性力系数 C_M。多年来,大量研究表明系数 C_D,C_M 与雷诺数 Re,$K-C$ 数及表面粗糙度有关。因为水质点的速度和加速度与所选的波浪理论有关,所以选用的系数应与所选用的波浪理论一致。对于一般形状的结构物,为确定 C_D,C_M 必须进行广泛的试验和分析。为了使用方便,各国船级社和有关部门对 C_D,C_M 值的选取范围做出了建议,详见表 3.4。

表 3.4   阻力系数和惯性力系数

公司	C_D	C_M	备注
壳牌公司 I	0.4,0.5	1.2	波高大于 5 m
壳牌公司 II	0.88	1.184 ~ 2.470	波高大于 3 m
壳牌公司	0.578	平均数 1.628	波高大于 8 m

(2)当比值 $D/L > 0.2$ 时。目前采用两种方法进行分析:第一种方法,考虑绕射效应的理论分析,即绕射理论。它由马哥卡姆和富克等在 1954 年提出,认为结构物的存在将改变结构附近的波浪场。第二种方法,采用弗汝德－克雷洛夫假定,利用入射波压力在结构表面受压面积上积分计算波浪力。

随着物体大小相对于波长的比值增大,入射波在物体表面的散射效应增强,散射的波和入射的波相互干扰改变了物体周围的流场。同时,沉垫等水下结构可能入水不深,物体的存在对自由内表面的影响,即所谓的自由表面效应也可能是重要的原因。因此,对于大尺度物体,前面给出的 Morison 公式不再适用,必须将物体的自由表面效应和相对尺度效应也考虑在内,这样的分析通常称为"绕射理论"。在这一分析中的黏滞效应,即波浪对物体的拖曳力和惯性力可略去不计,于是问题就归结为寻求物体在波浪中的反射波速度势。一旦找到了反射波的速度势,将其和入射波的速度势叠加求出总的速度势后,即可利用柯西积分公式确定物体表面上动压强的分布,从而计算出作用在物体上的波浪载荷。

关于黏滞效应,亦即拖曳力的取舍问题,主要取决于流体质点运动轨道的大小与物体大小的比值。当波长和水深一定时,这一参数即反映为 H/D 这一比值(H 表示波高,D 表示物体的特征值,例如圆柱体的直径)。在 H/D 值很小的区域($H/D < 1$),黏滞效应可略去不计。绕射理论一般适用于全部的 $\pi D/L$ 值。此外,如前所述,当相对尺度 $\pi D/L$ 很小时($D/L < 0.2$),绕射效应微不足道,Morison 公式适用于全部的 H/D 值。当 $\pi D/L$ 和 H/D 都

很小时,则为两种理论都适用的区域。

对于大尺度物体上的波浪力的理论分析和试验研究,近年来已逐步开展。一般采用两种方法来分析:其一是将大尺度物体作为波动着的流体边界的一部分,先找出大尺度物体边界所散射的波浪的势函数,再与入射波浪的势函数叠加后,利用线性化的柯西积分公式推求出大尺度物体周界上的压强分布,从而求出所需要的波浪力。这一方法由于数学上的困难,至今只在直立圆柱等少数几种情况下取得了精确的解答,对任意形状的大尺度物体上的波浪力,只能用电子计算机求得其数值解。另一种方法是采用弗劳德 - 克雷洛夫假定,即假定波浪原有的压强分布不因物体的存在而改变,算出未扰动的入射波在大尺度物体上的作用力,即弗劳德 - 克雷洛夫力(F - K 力),再乘以一系数进行修正。这种方法需要通过模型试验以确定附加的质量效应和绕射效应。

关于大尺度的物体波浪力的理论解和数值解,在流体力学中有详细的叙述。下面介绍用弗劳德 - 克雷洛夫法计算水下相对尺度较大潜没物体上的波浪力,以解决平台设计中关于沉垫、下体的波浪载荷计算问题。

根据弗劳德 - 克雷洛夫方法,大尺度物体上的波浪力可表示为

$$F = CF_k = C\rho V\dot{U} \tag{3-53}$$

式中　ρ——海水密度;

V——物体的排水体积;

$\dot{U}$——结构不存在时,体积 V 内未扰动流体的平均加速度;

C——绕射系数,它反映了波浪力的绕射效应和附加质量效应,分为垂直绕射系数 C_V 和水平绕射系数 C_H。

在大多数海洋平台设计过程中,为了校核稳性和强度,往往要找出最大波浪载荷。波浪载荷不但与波浪要素有关,而且还与波浪相对于平台的方向和位置有关,并且计算工程量相当大,一般使用计算机程序来完成这一工作。

3.5.2　风的作用力

海洋平台的上部模块兼具生活和油气生产等多种功能,设施非常复杂、庞大,受风面积也较大,因此由风引起的动态载荷也是海洋环境载荷中的主要成分,对浮式海洋平台的运动性能和结构响应有着重要的影响。确定风载荷最好的方法是在风洞中进行模型试验,其结果精度高,最为可靠。如果没有风洞试验资料,对风载荷的计算则一般采用经验公式和经验数据进行。

风作用在船舶或海洋平台水上部分的力通常包括三个分量,即纵向力 F_{WDx}、横向力 F_{WDy} 和绕垂向轴的艏摇力矩 F_{WDM},计算公式可表示为

$$
\left.
\begin{aligned}
F_{WDx} &= \frac{1}{2}\rho_a V_W^2 C_{Wx}\alpha_W A_L \\
F_{WDy} &= \frac{1}{2}\rho_a V_W^2 C_{Wy}\alpha_W A_T \\
F_{WDM} &= \frac{1}{2}\rho_a V_W^2 C_{WM}\alpha_W A_T L
\end{aligned}
\right\}
\tag{3-54}
$$

式中　ρ_a——空气密度;

V_W——海平面上方 10 m 处平均风速;

C_{Wx}, C_{Wy}, C_{WM}——分别为与风向角有关的纵向风力、横向风力和艏摇风力矩系数;

α_W——风向与船舶或海洋平台艏向角之间的夹角,简称风向角;

A_L, A_T——分别为纵向和横向的受风面积;

L——特征长度。

风力系数和流力系数有许多相似之处,可从相关的参考资料查得。有些国家的船舶及海洋平台检验机构对于风力和流力的计算有相应的规定,可供参考使用。

在实际分析中,可以根据规范对风载荷的规定来计算风压 P:

$$P = 0.613v^2 \quad (\text{Pa}) \tag{3-55}$$

式中 v——设计风速,m/s。

作用在构件上的风力 F 按下式进行计算,并应确定其合理作用点的垂直高度:

$$F = C_h \times C_s \times S \times P \quad (\text{N}) \tag{3-56}$$

式中 P——风压,Pa;

S——平台在平复或倾斜状态时,受风构件的正投影面积,m^2;

C_h——暴露在风中构件的高度系数,其值可根据构件高度(即构件中心至设计水面的垂直距离)由表3.5选取;

C_s——暴露在风中构件的形状系数,其值可根据构件形状由表3.6选取,也可根据风洞试验决定。

表 3.5 高度系数 C_h

构件高度 h/m (距海面距离)	C_h	构件高度 h/m (距海面距离)	C_h
0~15.3	1.00	137.0~152.5	1.60
15.3~30.5	1.10	152.5~167.5	1.63
30.5~46.0	1.20	167.5~183.0	1.67
46.0~61.0	1.30	183.0~198.0	1.70
61.0~76.0	1.37	198.0~213.5	1.72
76.0~91.5	1.43	213.5~228.5	1.75
91.5~106.5	1.48	225.5~244.0	1.77
106.5~122.0	1.52	244.0~256.0	1.79
122.0~137.0	1.56	256.0 以上	1.80

表 3.6 形状系数 C_s

构件形状	C_s	构件形状	C_s
球形	0.4	钢索	1.2
圆柱形	0.5	井架	1.25
大的平面(船体、甲板室、甲板下的平滑表面)	1.0	甲板下裸露的梁和桁架	1.30
甲板室群或类似结构	1.1	独立的结构形状(起重机、梁等)	1.50

受风构件垂直于风向的正投影面积是根据结构实际挡风面积计算的,对通常用于井

架、起重机的构件及其他空心构架,可取其前后侧满实投影面积的 30%,或取前侧满实投影面积的 60%,形状系数可按表 3.7 选取。

表 3.7　形状系数

剖面形状及风向	C_L	C_D
	2.03	0
	1.96 2.01	0
	1.81	0
	2.0	0.3
	1.83	2.07
	1.99	-0.09
	1.62	-0.48
	2.01	0
	1.99	-1.19
	2.19	0

实际上风力可以分为与风速方向一致的拖曳力和垂直于风向的升力,对于较大的平面

结构,如半潜式平台的上部甲板底面、直升机平台底面有时会产生较大的升力,而这种升力往往会使平台进一步倾斜。美国土木工程师协会给出了较实用的风载荷公式和系数:

$$F_D = C_D \times 0.5 \frac{\gamma}{g} v^2 S \quad （N） \tag{3-57}$$

$$F_L = C_L \times 0.5 \frac{\gamma}{g} v^2 S \quad （N） \tag{3-58}$$

式中　C_D——受风构件的阻力系数(根据表3.7选取);

C_L——受风面积的升力系数(根据表3.7选取);

γ——空气密度,N/m³;

g——重力加速度,m/s²;

其他符号意义同前。

3.5.3　流的作用力

由于海流可近似看作一种稳定的平面流动,因此海流与圆柱形结构物的相互作用可用平面流与铅直圆柱载荷公式来表示。

1. 单位长度上的海流力

单位长度上的海流力可用式(3-59)来表示:

$$F_C = \frac{1}{2} \rho_w C_D D v_c^2 \tag{3-59}$$

式中　F_C——圆柱体单位长度上的海流载荷;

ρ_w——海水密度;

C_D——阻力系数;

D——圆柱体直径;

v_c——海流速度。

2. 流力的分量形式

水流速度变化相对来说比较缓慢,在计算中常将水流看作是稳定的流动。流作用在船舶或海洋平台水下部分的力通常也包括三个分量,即纵向力 F_{Cx}、横向力 F_{Cy} 和绕垂向轴的艏摇力矩 F_{CM}。对类似于船舶形状的物体而言,流力的计算公式可表示为

$$\left. \begin{array}{l} F_{Cx} = \dfrac{1}{2} \rho_w V_C^2 C_{Cx} \alpha_C TB \\[2mm] F_{Cy} = \dfrac{1}{2} \rho_w V_C^2 C_{Cy} \alpha_C TL \\[2mm] F_{CM} = \dfrac{1}{2} \rho_w V_C^2 C_{CM} \alpha_C TL^2 \end{array} \right\} \tag{3-60}$$

式中　V_C——水流速度,m/s;

ρ_w——海水密度,kg/m³;

C_{Cx}, C_{Cy}, C_{CM}——分别为与流向角有关的纵向流力、横向流力和艏摇流力矩系数;

α_C——水流方向与船舶或海洋平台艏向角之间的夹角,简称流向角;

T, B, L——分别为船舶或平台的吃水、宽度及长度,m。

3. 海流速度随深度变化值的计算

为了计算海洋结构物水下部分所承受海流力的大小,需要知道海流流速随水深的变化规律。在无实测资料的情况下,对海平面以下某深度的海流速度,可采用美国船舶检验局使用的公式计算:

$$v_{Ch} = v_m \left(\frac{h}{H} \right) + v_T \left(\frac{h}{H} \right)^{\frac{1}{7}} \tag{3-61}$$

式中　v_{Ch}——距海底 h 处的海流速度,m/s;

　　　v_m——海面的风流速度,m/s;

　　　H——水深,m;

　　　h——计算深度处距海底的距离,m。

4. 阻力系数的合理确定

在计算海洋环境载荷时,一定会遇到确定阻力系数及惯性力系数的问题,而这两个系数的大小又直接关系到作用力的大小,因此必须合理确定。阻力系数 C_D 与下列一些因素有关。

(1)雷诺数。雷诺数已在前文进行介绍,在此便不再赘述,其定义为

$$Re = \frac{vD}{\gamma} \tag{3-62}$$

式中　γ——海水的运动黏度,一般取 1.0×10^6 m²/s。

当海流速度 v 数值不同时,计算的雷诺数也不同,所对应的阻力系数也不同,雷诺数与阻力系数选取的关系可见表3.8。

表 3.8　雷诺数与阻力系数的对应关系

区间	雷诺数(Re)	阻力系数
亚临界区	$Re < 2 \times 10^5$	≈1.2
临界区	$2 \times 10^5 < Re < 5 \times 10^5$	≈1.3
超临界区	$5 \times 10^5 < Re < 5 \times 10^6$	0.6 ~ 0.7
极临界区	$Re > 5 \times 10^6$	0.6 ~ 0.7

(2)相对粗糙度。相对粗糙度的概念是专门针对具有圆柱体的结构来说的,它指的是柱体上不规则粗糙面沿径向的厚度与柱体内径的比值,即 K/D。一般海上结构的相对粗糙度在 0.001 ~ 0.1 范围内。表面粗糙度增大了柱体的直径,也使海流力增大,故考虑粗糙度这个因素的影响时,必须考虑它对阻力系数的影响,又要考虑它对桩柱直径的影响。一般当相对粗糙度使阻力系数增加 100% 时,它使直径 D 大约增加 20%。

流力系数通常采用经验公式进行估算,也可用模型拖曳试验或风洞试验获得。对于许多不同形状(如圆柱、平板、立柱等)构件的流力系数可从相关的参考资料查得。

3.5.4　系泊系统作用力

浮式海洋平台在水平方向上由于自身没有回复力,所以要在特定海域进行海上油气生产作业,就必须依靠定位系统提供回复力,系泊力 F_m 就是定位系统对船舶或浮式海洋平台

等浮式结构物的作用力。目前,海上的定位系统应用最为普遍的是系泊系统,对于钻井平台等对定位能力要求比较高的浮式海洋平台,还常常应用动力定位系统。

浮式海洋平台与定位系统是一个整体,因此除了分析浮式海洋平台本身在海上风、浪、流作用下的受力情况以外,还必须分析定位系统的动力性能以及所提供的系泊力特性。这里主要针对最为常见的系泊系统进行讨论。

考虑平台的六个自由度的刚体运动,即纵荡、横荡、垂荡、纵摇、横摇以及艏摇。通常采用三个坐标系描述海上浮式结构物的运动,其六自由度动态方程如下:

$$(M + \Delta M)\ddot{X} + C\dot{X} + KX = F(t) + F_m(t) \tag{3-63}$$

式中　M——平台质量矩阵;

　　　ΔM——平台附加质量矩阵;

　　　C——阻尼矩阵;

　　　K——静水回复力矩阵;

　　　$F(t)$——波浪力向量;

　　　$F_m(t)$——系泊力向量;

　　　X——平台位移向量。

常见的平台回复力由两部分组成:静水回复力和系泊回复力。静水回复力主要是由垂荡、纵摇以及横摇之间的耦合所提供。对于系泊力而言,一般的系泊系统都是由多根锚泊线,即锚链、缆索或钢丝绳组成的,主要有以下几种方法进行求解。

1. 静力分析

系泊系统具有一定刚度,因此可将其视为弹簧系统,通过力的平衡来计算。将系泊力作为静回复力考虑来进行静力特性分析,以解出系泊浮体各个运动方向上的刚度系数或是回复力系数。

对于静水回复力的计算,假设平台在水中的坐标与前面建立平台运动方程中的相同,随体坐标系的原点位于平台重心。当平台在静水中处于静平衡状态时,可采用悬链线理论进行分析。

单段悬链线如图 3.8(a)所示。图中坐标系设在静水面处,X 轴水平向右,Z 轴垂直向上,h 是水深,s 是锚链线任意点距触地点的锚链线长度,T 是锚链线任意点轴向拉力,φ 是锚链线在任意点与水平面的夹角,T_H 是

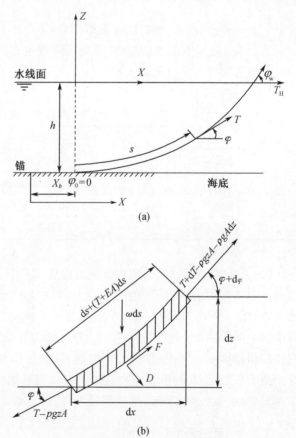

图 3.8　单段悬链线的受力情况

(a)单段悬链线;(b)锚链线单元

锚链线水线面处轴向拉力的水平分量,φ_w是锚链线在水线面处与水平面的夹角。

　　假设海底为水平,锚链线在垂直面内与 X–Z 平面重合。忽略锚链线的弯曲刚度,这样可以近似为链(这对有大半径斜率的缆也适用),同时忽略锚链线自身的动力响应。一个锚链线单元如图 3.8(b)所示,作用在单元上的力分别是单位长度上垂向和切向上的平均水动力。由于 ω 是在水中所受重力,在单元的两端引入修正力 $-\rho gAz$ 和 $-\rho gA(z+dz)$。通过这种方法,可以计算出作用在单元上的静水力。

　　从图 3.8(b)可以看出,沿线单元切向和垂向的静力平衡表达式如下:

$$dT - \rho gAdz = \left[\omega\sin\varphi - F\left(1 + \frac{T}{EA}\right)\right]ds \tag{3-64}$$

$$Td\varphi - \rho gAzd\varphi = \left[\omega\cos\varphi + D\left(1 + \frac{T}{EA}\right)ds\right] \tag{3-65}$$

式中　T——锚链线的张力;

　　　E——锚链线的弹性模量;

　　　A——锚链线的横截面积;

　　　ω——锚链线单位长度在水中所受重力;

　　　φ——锚链线在任意点与水平面的夹角;

　　　F,D——分别为锚链线的切向和垂向静力;

　　　ρ,g——分别为流体的密度和重力加速度;

　　　s——锚链线单元的长度。

　　由于式(3–64)和式(3–65)是非线性的,通常很难求出显式解。然而,对于很多情况下,可以近似忽略流力 D 和 F 的影响。设 $T' = T - pgAz$,T'可以假设为作用在缆绳截面上的等效轴向张力,对于锚链线弹性可以做近似处理。假设锚链线线单元未拉伸前的缆线长度为 ds,水中单位所受重力为 ω,拉伸后的缆线长度为 dl,水中单位所受重力为 q。由 Hooke 定理得

$$dl = \left(1 + \frac{T}{EA}\right)ds \approx \left(1 + \frac{T'}{EA}\right)ds \tag{3-66}$$

再由质量守恒定理可知,受力前后锚链线质量不变得

$$qdl = \omega ds \quad \text{或} \quad q = \omega\Big/\left(1 + \frac{T'}{EA}\right) \tag{3-67}$$

所以式(3–64)和式(3–65)可简化为

$$dT' = \omega\sin\varphi ds = q\sin\varphi dl \tag{3-68}$$

$$T'd\varphi = \omega\cos\varphi ds = q\cos\varphi dl \tag{3-69}$$

　　式(3–68)和式(3–69)中未知量较少,计算得到很大的简化,是计算锚链线静力特性时常用的求解方程,根据该方程式便可得到锚链线的静力特性曲线。静力特性曲线也称为静回复力曲线,或位移–受力曲线,直接反映了系泊系统与系泊力之间的关系,是系泊系统最为重要的属性,在工程计算和设计中都有重要的意义,在模型试验中都要进行相关的试验和校核。

　　2. 准静力分析

　　在静力分析的基础上,通过系泊系统的静力特性分析,可以求解系泊浮体在各个方向

上的位移－受力曲线,此时可以将锚链线视为一个没有质量非线性的弹簧,忽略系泊锚链上的惯性、流载荷和阻尼等动态特性对系统的影响,从而根据浮体的运动和位移来确定浮体所受到的系泊力。计算得到浮体的运动结果后,一些链接装置(如锚链线绳和立管)的动力特性再进行独立的计算。

3. 动力分析

动力分析是全面考虑系泊系统上所有的外力,包括惯性力、重力、张力、流体动力以及海底土壤与锚链线的摩擦力等。进行动力分析时,要将浮体的运动受力与系泊系统的运动受力进行耦合分析。

之前有许多专家学者对锚泊系统的动力分析做了大量的研究,结果表明,在水深超过一定深度后,锚泊系统和立管的动态特性对浮式海洋平台的影响非常巨大,而且水深越大则越显著。如果这时仍然采用非耦合的准静力计算,而忽略锚链线和立管的动态耦合影响,那么数值预报浮式平台的运动范围和系泊缆绳的受力结果将会显著增加。所以,非耦合的准静力分析方法的可靠性和准确性随水深增加而降低,必须考虑采用完全耦合的水动力计算分析方法。目前国际上最先进的数值预报方法和软件都已经采用了耦合水动力计算分析方法。

3.5.5　流体与浮体之间的相互作用

海工装备尤其是海上的浮式生产平台,在海上除了要受到环境载荷的作用和影响外,还会受到由于自身的运动偏离平衡位置而产生的静回复力或力臂,以及因为自身运动而受到周围流体的反作用力,即所谓的流体反作用力或称为辐射力。

1. 辐射力(也称流体动力或流体反作用力,Reaction Force)

浮式结构物在非定常的运动过程中,由于物体运动作用于周围的水而使之得到速度和加速度,因而水对物体产生反作用力 F_R。F_R 包括与运动加速度成正比的附加惯性力和与运动速度成正比的阻尼力,其比例系数分别称为附加质量系数和阻尼系数。

按照线性势流理论,辐射力 F_R 的表达式为

$$F_R = -\mu\ddot{X} - \lambda\dot{X} \qquad (3-70)$$

式中　μ——附加质量矩阵;

λ——阻尼系数矩阵。

2. 静回复力(又称流体静力)

船舶在波浪中做摇荡运动,除受到波浪主干扰力、波浪绕射力和船舶运动引起的流体辐射力外,还受到由于重力和静水压力变化引起的回复力作用。流体静力与浮动的幅度有关,一般可写为

$$F_S = -C_{ij}X \qquad (3-71)$$

式中　X——运动的幅度矩阵;

C_{ij}——刚度矩阵或称静回复力矩阵。

对于具有对称面的船舶或浮式海洋平台,静回复力矩阵可写为

$$C_{ij} = \begin{bmatrix} 0 & 0 & 0 & 0 & 0 & 0 \\ 0 & 0 & 0 & 0 & 0 & 0 \\ 0 & 0 & \rho g A_{\mathrm{w}} & 0 & \rho g A_{\mathrm{w}} \bar{x}_{\mathrm{f}} & 0 \\ 0 & 0 & 0 & \rho g \nabla \overline{G}\,\overline{M}_{\mathrm{T}} & 0 & 0 \\ 0 & 0 & \rho g A_{\mathrm{w}} \bar{x}_{\mathrm{f}} & 0 & \rho g \nabla \overline{G}\,\overline{M}_{\mathrm{L}} & 0 \\ 0 & 0 & 0 & 0 & 0 & 0 \end{bmatrix} \qquad (3-72)$$

式中　A_{w}——水线面面积；

　　　$\bar{x}_{\mathrm{f}}$——水线面漂心坐标；

　　　∇——排水体积；

　　　$\overline{G}\,\overline{M}_{\mathrm{T}}, \overline{G}\,\overline{M}_{\mathrm{L}}$——分别代表横稳心高和纵稳心高。

可见,对于船舶或浮式海洋平台,只有垂荡、横摇和纵摇运动具有静回复力,而纵荡、横荡和艏摇运动没有静回复力,其相应的回复力系数都为零。

对于静水回复力的计算,假设平台在水中的坐标与前面建立平台运动方程中的同向,随体坐标系的原点位于平台重心。当平台在静水中处于静平衡状态时,平台在各个自由度上的回复刚度如下所示:

$$\left.\begin{aligned} K_1 &= K_2 = K_3 = 0 \\ K_4 &= \rho g A_{\mathrm{w}} \\ K_5 &= \rho g \nabla \times GM_4 \\ K_6 &= \rho g \nabla \times GM_5 \end{aligned}\right\} \qquad (3-73)$$

式中　$K_1, K_2, K_3, K_4, K_5, K_6$——分别为纵荡、横荡、垂荡、横摇、纵摇和艏摇的刚度；

　　　A_{w}——平台的水线面面积；

　　　∇——结构的排水体积；

　　　GM_4, GM_5——分别代表横摇初稳心高和纵摇初稳心高,对于具有对称结构的平台或是海工装备,两者大小相同,可以用 GM 统一表示。

当考虑平台发生垂荡、横摇和纵摇运动时,相应的自由度会有各自的回复力矩,这里只针对垂荡进行说明,可表示为

$$\begin{aligned} F_{\mathrm{Heave}} = {} & \rho g A_{\mathrm{w}} H_{\mathrm{G}} \sqrt{1 + \tan x_4(t)^2 + \tan x_5(t)^2 - 1} + (\varphi(t) - x_3(t)) \cdot \\ & \rho g A_{\mathrm{w}} \sqrt{1 + \tan x_4(t)^2 + \tan x_5(t)^2} \end{aligned} \qquad (3-74)$$

式中　ρ——海水密度；

　　　A_{w}——平台的水线面面积；

　　　$x_3(t)$——垂荡位移；

　　　$x_4(t)^2$——横摇角；

　　　$x_5(t)^2$——纵摇角；

　　　$\varphi_{(t)}$——波面升高；

　　　H_{G}——静水面到重心的距离。

上面介绍的各种理论问题不论是水动力参数、环境载荷的理论描述和浮体的受力等都

是相对简单的,但是实际上浮体与流体之间的耦合问题相当复杂,也是目前较为流行的研究热点,其中要考虑的问题相当之多。如果想要详细地学习流固耦合或是海上结构物在环境载荷下的受力情况还需要专门进行有关资料的查找,由于本书的重点内容不在此处,所以只对相关理论进行简要介绍。

第4章　模型试验的种类

海洋工程深水模型试验的内容可划分为17种主要类型的试验,包括环境条件模拟、静水自由衰减试验、系泊系统刚度试验、动力定位系统性能试验、风流载荷试验、响应幅值算子(RAO)试验、风浪流联合作用下的运动及系泊载荷试验、全动力定位系统试验与辅助动力定位的系泊系统试验、多浮体系泊作业试验、甲板上浪和气隙及波浪砰击试验、立管的涡激振动试验、涡激运动试验、自航或拖航过程的耐波性试验、安装就位试验、解脱与再连接试验、倾覆试验、内波试验等。但是目前主流的海工装备和一些常规的试验不可能面面俱到,不会涉及深水模型试验的所有内容,所以本章主要针对现在主流的几种海工装备来介绍一些模型试验中常见的内容。

4.1　静水自由衰减试验

静水自由衰减试验作为模型试验第一个开展的试验,具有十分重要而且关键的作用,不仅可以校核模型的制作是否满足要求,还会对后续的各项试验起到一定的影响。模型的静水自由衰减试验可以得到相应运动的固有周期、阻尼等参数。

在进行模型的单自由度自由衰减试验之前,需要观测模型在静水中的浮态。将模型的质量、重心位置和转动惯量调节完成后,放在试验水池中,在静水中观察模型的平衡浮态(平衡状态),观察模型外表面做的标记是否与静水面相平齐,一般情况下目测即可,有时可以使用探针进行测量。如果两舷的吃水标记与静水面不一致,需要将重心位置调节到模型的中纵剖面上;如果艏艉的吃水标记与静水面不一致,需要将重心纵向坐标调整到正确位置。在做实际的模型试验时,质量、重心位置要经过多次调节才能达到规范要求的误差之内。

将模型的位置调节正确后,就可以开展静水中模型的单自由度自由衰减试验了。六个自由度中的三个平面外运动(横摇、纵摇和垂荡),有静回复力和力矩,在外力作用下偏离平衡位置之后,当外力消失后还可以在回复力的作用下恢复到平衡位置。为了获得模型的固有周期、临界阻尼等属性,需要对模型的三个平面外运动进行静水中的自由衰减试验。

为了方便理解,以静水中的横摇自由衰减试验为例,在理论上进行简单的描述,纵摇及垂荡的自由衰减试验也遵循相似的规律。

模型在静水中处于平衡状态时,使其横倾至某一角度 φ_{A0},然后突然放开,模型便会在静水中绕平衡位置做自由横摇衰减运动,直至最后静止并稳定于原来的平衡位置。

浮体(设为船模)在静水中自由横摇的运动方程为

$$I'_{xx}\varphi + 2N\dot{\varphi} + Dh_{\mathrm{T}}\varphi = 0 \tag{4-1}$$

式中　I_{xx}——浮体的横摇总惯性矩(包括附加惯性矩);

　　　N——横摇阻尼力矩系数;

　　　D——排水所受重力;

　　　h_{T}——横稳心高。

令 $2v = \dfrac{2N}{I'_{xx}}$，$\omega_\varphi^2 = \dfrac{Dh_{\mathrm{T}}}{I'_{xx}}$，则运动方程式可写为

$$\varphi + 2v\ddot\varphi + \omega^2\dot\varphi = 0 \qquad (4-2)$$

其通解为

$$\varphi = \mathrm{e}^{-vt}(C_1\cos\omega'_\varphi t + C_2\sin\omega'_\varphi t) \qquad (4-3)$$

其中，$\omega'_\varphi = \sqrt{\omega_\varphi^2 - v^2}$，积分常数 C_1，C_2 可由初始条件确定。

假定在 $t=0$ 时的初始条件为 $\varphi = \varphi_{\mathrm{A0}}$，则 $C_1 = \varphi_{\mathrm{A0}}$，$C_2 = \dfrac{\varphi_{\mathrm{A0}}D}{\omega'_\varphi}$。因此式（4-3）可写成

$$\varphi = \varphi_{\mathrm{A0}}\mathrm{e}^{-vt}\left(C_1\cos\omega'_\varphi t + \frac{v}{\omega'_\varphi}\sin\omega'_\varphi t\right)$$

式中　v——横摇衰减系数，$v = \dfrac{N}{I'_{xx}}$；

ω_φ——横摇的固有频率，$\omega_\varphi = \sqrt{\dfrac{Dh_{\mathrm{T}}}{I'_{xx}}}$。

ω'_φ 是考虑到液体阻尼后的横摇固有频率，由于 v 在数值上较小，所以 ω'_φ 和横摇的固有频率几乎相等。令 $u = \dfrac{v}{I'_{xx}} \approx \dfrac{v}{\omega_\varphi}$，$u$ 称为横摇的无因次衰减系数。

上述推导的结果，是分析自由横摇衰减试验的理论依据。通过模型在静水中的自由横摇衰减试验，测量并记录得到模型的横摇衰减时历曲线，如图 4.1 所示。从图中横摇衰减曲线可以看出，横摇幅值是按指数规律随时间而衰减的，相邻两个横摇峰值或谷值之间的时间间隔即为横摇的固有周期 T_φ，横摇幅值绝对值的变化为

$$\left|\frac{\phi_{\mathrm{A2}}}{\phi_{\mathrm{A1}}}\right| = \mathrm{e}^{-v\frac{T_\varphi}{2}} = \mathrm{e}^{-\mu\pi} \qquad (4-4)$$

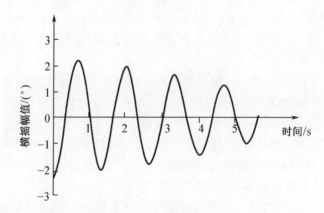

图 4.1　静水横摇衰减时历曲线

可以得到无因次衰减系数为

$$\mu = \frac{1}{\pi}\ln\left|\frac{\phi_{\mathrm{A1}}}{\phi_{\mathrm{A2}}}\right| \qquad (4-5)$$

更为普遍的表达式为

$$\mu = \frac{1}{\pi}\ln\left|\frac{\phi_{An}}{\phi_{A(n+1)}}\right| \quad (\phi_{An} > \phi_{A(n+1)}) \tag{4-6}$$

式中　$\phi_{An}, \phi_{A(n+1)}$ ——分别是第 n 个和第 $n+1$ 个的峰值或谷值。

由此可知,根据模型在静水中的自由横摇衰减试验测量得到的衰减曲线,便可分析得到横摇的固有周期 T_0 和无因次阻尼系数。

上面所讨论的自由横摇问题,其理论依据和分析方法同样适用于其他形式的单自由度振荡运动,如纵摇和垂荡。对于模型在静水中的自由纵摇衰减试验,一般在模型艏部使之纵倾某一角度后突然放开,便可测量并记录得到自由纵摇衰减的时历曲线。至于垂荡试验,则应在模型重心位置的上方,将模型下压使之平行下沉至某一距离后突然放开,然后测量并记录自由垂荡衰减的时历曲线。其相应的固有周期和无因次阻尼系数的确定方法与自由横摇衰减试验相类似,不再重复介绍。作为示例,图 4.2 给出了静水中自由纵摇衰减试验的时历曲线。需要说明的是,由于纵摇和垂荡的阻尼较大,因此平台的纵摇和垂荡自由衰减试验效果不如横摇自由衰减试验明显,并且在测量时很容易与其他自由度的运动相耦合,如横摇等。

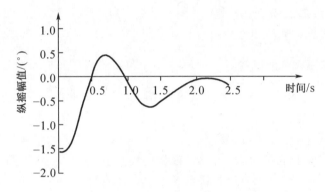

图 4.2　静水纵摇衰减时历曲线

在试验任务书中,一方面委托方通常会根据数值计算的结果给出模型试验的固有周期理论值,另一方面试验方会通过真实的试验获得模型实际的固有周期的测量值。试验值要与计算的理论值相一致,才能继续后续的试验;如果实验值与理论值不相符的话,则需要寻找原因,甚至重新调整重心、惯量等参数,最终达到正确模拟的目的。静水自由衰减试验结束后,需要记录总结静水自由衰减试验的结果,包括模型的固有周期、衰减时历曲线、无因次阻尼系数,以及与理论值的对比情况的分析,最终写入实验报告。

4.2　RAO 运动响应试验

RAO 运动响应试验主要是得到模型在波浪中的运动特点,以此来验证数值计算的结果或是预报真实的海洋装备在海上波浪中的运动状况。RAO 运动响应试验主要是指模型在规则波中的试验响应,在试验技术发展迅速的今天,不规则波中的白噪声试验可以高效地模拟多次规则波中的试验,本章主要针对以上两种试验进行介绍。

4.2.1 模型在规则波中的试验

模型在规则波中的试验是为了计算模型在规则波中的运动特点及运动的频率响应函数,包括幅值响应算子以及相应的相位响应。模型的规则波试验还可以确定波浪的慢漂力和力矩参数,同时通过模型在规则波中的试验结果,经过计算,在线性波浪理论的前提下便可以预报任何海况下海工装备的水动力性能。

对于一般的浮式海洋平台来说,规则波中的模型试验要将经过校正的平台模型连同其系泊系统一起安装到试验水池中。但此时所谓的系泊系统通常指的是水平顺应式系泊,一般由几根水平布置的弹簧或缆绳组成的系泊线构成。它们既可以提供足够大的纵荡、横荡和艏摇周期,还可以把浮式平台模型限制在特定的范围内运动,不会影响模型的波频运动。

规则波中的模型试验,由于波浪对平台的作用是主要的研究对象,这时并不需要考虑风和流的影响,所以在规则波试验时也不需要制造风和流。在试验时可以直接进行多个不同周期(频率)的规则波试验,每项试验中需要测量浮体的六自由度运动和有关的载荷数据,具体的测量设备会在后面的章节进行说明。

试验后针对波浪参数和测量所得到的测量数据,可以得到模型在波浪中运动的时历曲线,通过计算最终得到运动传递响应函数 RAO。

4.2.2 白噪声不规则波试验

海工装备模型在一系列规则波中的试验虽然可以得到各频率下的幅值响应算子,但是每一个频率下的规则波都要进行一次单项试验,这样进行试验过程过于烦琐,耗时较多。不规则波虽然可以很好地得到不同频率下的 RAO,但是由于实际中海上的波浪谱是窄带谱,在短波和长波波段的能量值较小,导致模型的运动相应也很小,用两个较小的数据相比,得到的 RAO 误差便会很大,准确性很低。为了弥补前两者的不足之处,研究者们提出了利用白噪声波不规则波进行 RAO 测试的试验方法。

模型在白噪声不规则波中试验的目的与规则波中的试验相同,主要是获得浮式海洋平台在波浪作用下运动和受力的频率响应函数,包括幅值响应算子(RAO)及相位响应函数。但白噪声不规则波试验的一次试验可以等效为规则波中的多次试验,通常可等效为 8~12次,试验结果也满足要求。

在做白噪声波的不规则波试验时,造波机要根据白噪声波谱制造白噪声波。通常所说的白噪声波谱是一种较为特殊的不规则波,在实际海况中是不存在的,其波谱范围可以人为规定,一般波谱的频率是在试验研究有关的频率范围内,波浪谱曲线基本上是平直的,所以模型试验中得到的幅值响应算子在该平直频率范围内都是准确可信的。在进行白噪声不规则波的模拟时,需要给出要求的有义波高参数和波浪的频率范围。但是有义波高不能过大,否则造波机模拟的准确性很差。图 4.3 给出某试验中白噪声波谱的目标谱与实际测量谱的结果。

为了试验数据的准确起见,在任务书中有时既会要求规则波的模型试验,也会要求白噪声不规则波的模型试验。海工装备种类繁多,浮式平台的性能各异,但是对于大多数的装备进行规则波和白噪声波试验是模型试验的基础,也是必不可少的试验过程。

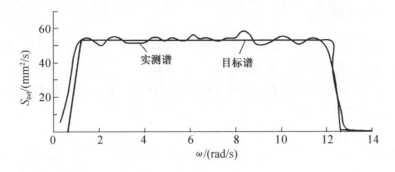

图4.3　白噪声波模拟结果

4.3　系　泊　试　验

锚泊系统是海上浮动结构物不可缺少的组成部分,该系统的可靠性极为重要,图4.4 显示了FPSO 在锚泊系统的作用下定位于指定的工作位置。对于大多数在海上长期作业的工程装备,不管是移动式平台还是 FPSO 储油轮,作为长期工作中的漂浮式载体,需要长期系泊于特定的海域中作业并要抵御狂风、巨浪、暴潮的袭击,不能像一般船舶那样,在遇到恶劣风浪时可以避航。为了保证浮式海洋平台在大多数海况下可以正常工作和恶劣海况下的安全,海洋工程装备系泊系统的设计就尤为重要。作为衡量和检验锚泊设计是否合理正确的主要手段,进行系泊状态下各种浮式装备的模型试验是系泊和系泊系统设计中必不可少的环节之一。

图4.4　布置在 FPSO 上的系泊系统

目前系泊试验主要有两种方式,即浅水全水深系泊试验和深水中的混合模型试验,两者的主要的区别是实际工作水深的不同。由于受到试验水池水深限制,对于较浅(1 000 m以下)的水深,使用较大的缩尺比(即1:100)时,需要 10 m 深的试验水池,对于一般的海洋工程试验水池来说可以满足。但是如果实际工作水深继续增加,在满足适合的缩尺比前提下,试验水池无法满足水深的要求,这就需要进行混合模型试验。

4.3.1 浅水系泊试验

由于目前多数海洋工程的试验水池的水深都在 10 m 左右,而且假底可以根据试验条件进行升降,所以在适当的缩尺比前提下,浅水全水深系泊试验适合于实际工作水深在 1 000 m 以内的模型试验,其精度和准确性相对于全水深截断模型试验要高许多,并且操作简单,不需要过多的计算分析。浅水系泊试验的主要目的如下:

(1)检验锚泊系统包括锚链线的水平刚度、预张力设计的合理性及可靠性;

(2)校核平台在锚泊系统的作用下所产生的运动和位移是否满足设计和规范要求。

在试验时,弹簧的张力调节和系泊系统布置位置的精度很大程度上直接影响系泊试验和其他相关试验,如在系泊状态下的甲板上浪、波浪水平慢漂力的测量等。虽然系泊试验只是模型试验的一种简单的形式,但是在进行浅水系泊试验时一定要注意以下的问题:

(1)实际的工作水深是进行系泊试验的主要决定因素,但选用适合的缩尺比也同样重要(注意:不可为了进行浅水系泊试验而选用非常大的缩尺比,从而影响试验的整体精度);

(2)试验时模型的系泊情况一定要保证和实际装备的系泊情况按照缩尺比保持一致,包括导缆孔的位置、系泊缆绳的刚度、长度、预张力和锚点的位置等;

(3)浅水系泊试验中锚链线的布置形式和刚度尽量与实际相符,可以使用弹簧 – 质量块系统来进行调节;

(4)在进行完每一次系泊试验后,都要检查锚点在试验水池中的位置,防止锚点位置发生变化,对后续试验产生影响。

4.3.2 混合模型试验

由于目前浮式生产储油平台的实际工作海域通常为深水和超深水范围,所以浅水系泊试验已经不是目前主流的试验项目,下面将主要针对目前通常进行的深水混合模型试验进行介绍。

随着人类对油气资源需求的不断增大,各类海洋平台作业水深日益增加,甚至可达 3 000 m,如挪威海域、墨西哥湾、巴西海域、西非海域、中国南海等。然而目前海洋工程水池的尺寸有限,无法对整个平台及其系泊、立管系统进行模型试验。

为解决这一问题,在工程研究中,有学者提出采用理论计算和模型试验相结合的方法,两者互为补充,相互支持,这种方法便是混合模型试验技术。混合模型试验技术得名于其进行模型试验的方法,即将数值计算与模型试验相结合。在一定的试验水深,将平台的系泊、立管系统,按照一定的设计准则进行截断处理,截断后的系统可以按照常规缩尺比在模型水池内布置,进行常规的模型水池试验。混合模型试验技术的设计思路如下。

(1)截断系泊系统设计:按照静力动力相似准则,设计等效水深截断系泊系统来代替全水深系泊系统。

(2)水池模型试验:在相同的海洋环境下,用平台模型和等效水深截断系泊系统来进行风、浪、流模型试验,测得相应的运动和受力响应。

(3)数值重构:参照模型试验结果,利用数值软件对截断水深模型试验进行"复制式"模拟。对平台模型和系泊缆的参数进行校核,采用试验前校核得到的环境载荷,进行时域数值模拟,与模型试验结果进行比较。调整经验性的水动力参数,如平台慢漂力系数、风力和流力系数、阻尼系数,以及系泊缆、立管的阻尼系数等,使得数值计算所得到结果与模型试验的结果基本一致。

（4）数值外推：利用上一步所确定的相关水动力参数，对全水深模型系统进行时域耦合计算，充分考虑全水深系泊系统的动力响应，以及与平台之间的耦合作用，从而得到平台及其全水深系泊系统的预报结果。

图 4.5 展示了混合模型试验的主要流程。

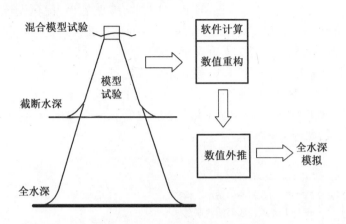

图 4.5　混合模型试验方法流程

混合模型试验技术解决了深海平台系泊试验由于尺寸过大而无法开展的问题。混合模型试验中的前两部分在试验水池开展，这两部分一般被称为截断模型试验，主要是对系泊系统进行截断设计，然后开展相应的系泊试验。

在进行系泊系统的截断设计时，以系泊系统的静力动力特性相似为依据准则，在常规缩尺比下，以试验水池可以达到的水深作为截断水深，设计一套等效深水截断系泊系统，从而代替全水深系泊系统来进行水池模型试验。由于系泊缆的动力特性十分复杂，在静力相似准则下，不可能保证截断系泊系统在六个自由度上的静力动力特性同时与全水深系统一致。因此，需要优先考虑保证系泊系统关键的力学特性在截断前后一致。

通常，在保证平台吃水和排水量与全水深时一致的基础上，等效水深截断系统设计应遵循以下原则：

（1）保证系泊线的数目、材料组成、布置情况与全水深时一致；

（2）保证系泊系统对浮式结构的静回复力特性与全水深时一致；

（3）保证有代表性的单根系泊线张力特性与全水深时一致；

（4）保证浮式结构运动响应间的准静定耦合与全水深时一致；

（5）保证系泊线在波浪和海流中的惯性力、阻尼力等流体动力一致。

以上前四条主要是保证截断前后系泊系统的静态特性相似，第五条是要保证截断前后系泊线的动力特性一致，但是这一条目前还是很难做到。

目前对系泊线的截断主要采取三种方法：试凑法，编写优化程序，用弹簧、阻尼器等辅助装置代替被截断系泊线。

试凑法是采取"人工试凑"的办法手动选择并调整截断系泊系统相关参数，包括系泊线长度、直径、刚度、单位长度、水中质量、浮筒/重块体积及质量等，需要设计者有着丰富的设计经验和分析能力，否则会很费时费力。但是当系泊系统比较复杂时，需要"试凑"的参数很多,则很难获得满意的结果。因此,该方法只适合于简单的截断系泊系统设计。

　　通过计算机辅助设计,编写优化程序是目前应用较多、设计效率较高的一种截断设计方法,MARINTEK 水池编写了优化设计程序 MOOROPT,哈尔滨工程大学也根据多目标优化原理编写了自己的优化程序,大大提高了系泊系统截断设计的效率。但是,合理、全面、准确的优化程序的编写十分困难,而且优化设计后的截断方案通常不止一种,仍然需要设计者有着丰富的经验,然后进行比较分析确定最终方案。实践证明,优化设计后的截断系泊系统的静态特性都能与全水深吻合较好,但截断系统的动态特性还是很难保证与全水深时一致,尤其是截断程度较大时,具有一定的难度。

　　用弹簧、阻尼器等辅助装置来代替被截断系泊线也是一种试验方法。英国的 Pierre - Yves Couliard 曾提出将被截断的系泊线简化成一等效的轴向弹簧,其刚度等于截断点处系泊线的刚度,而系泊线沿侧向的动态特性由一个阻尼器和一个侧向弹簧来模拟,阻尼器用来模拟系泊线的阻尼,如图 4.6 所示。

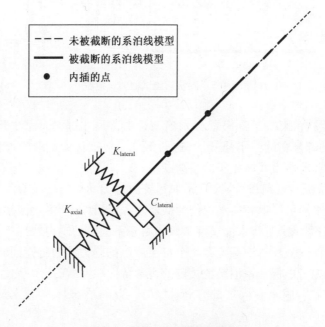

图 4.6　弹簧、阻尼器截断模型

　　在进行截断模型试验时,计算的准确性和锚点布置的位置精度也非常关键。根据任务书上的要求,要尽量根据上面所说的理论,将截断后锚链线的长度和布置角度等计算准确。在设计水深截断系泊系统时,一般采用和全水深缆相同的预张力和布置形式,水深截断系泊缆接近水面的部分应尽可能与全水深系泊缆保持一致。另外由于水池的水深问题,锚点在水下的布置要求也非常高,应尽量使用还原计算出的截断后的锚点位置来进行模型试验。

　　对系泊系统的截断设计完成后便可以开展相应的截断模型试验,具体的试验方法要点与普通的系泊试验相同。对于系泊模型试验来说,由于海工装备种类繁多,每种装备各自都具有相应的特点,导致在系泊试验中每种装备的试验内容会有差异。除了模拟海工装备在系泊条件下的水动力性能以外,有时还需要测量波浪抨击次数、抨击压力、甲板上浪次数、上层建筑受上浪的冲击力等,这些试验的不同之处只是在于试验的简易、复杂程度和测量数据的要求等。

4.4　动力定位试验

传统锚泊系统随作业水深的增加,锚链质量与成本会大幅增加,而动力定位系统定位成本与水深关系不大,易于更换作业地点,在近几年得到快速发展,被广泛应用于钻井船、半潜式平台与海洋工程船。基于 PID(Proportional,integral,derivative)控制的动力定位系统在 20 世纪 60 年代首次被用于船舶定位,之后有很多的学者对动力定位进行了较为详细的研究,并在原来基础上进行了改进,形成现在较为成熟的一套理论。其中以动力定位的控制理论、滤波方法、推力分配解决方法和运动方程的求解为主,下面对这四个方面进行简要介绍。

第一,PID 控制论。PID 控制理论是控制领域的经典理论,自 20 世纪 60 年代第一次应用于动力定位系统以来不断发展,并被广泛应用于船舶与海洋平台的定位控制中。PID 理论的主要控制方程如下:

$$F_{T0}(t) = K_D \dot{\varepsilon}(t) + K_P \varepsilon(t) + K_1 \int_0^1 \varepsilon(\tau) d\tau \qquad (4-7)$$

$$\varepsilon(t) = x_0 - x(t) \qquad (4-8)$$

$$\dot{\varepsilon}(t) = \dot{x}_0 - \dot{x}(t) \qquad (4-9)$$

式中　$x(t)$——滤波位置;
　　　$\varepsilon(t)$——位置误差;
　　　F_{T0}——推进器作用力;
　　　K_D——微分增益系数;
　　　K_P——比例增益系数;
　　　K_1——积分增益系数。

第二,滤波方法。动力定位的滤波方法有很多种,本节只简单介绍其中一种较为成熟的 Kalman 滤波。首先对平台进行状态预测,然后得到预测误差,再将测得的平台状态信息进行滤波,最后得到一个平台状态的最佳估计值,同时给出滤波误差。

第三,推力分配法。该方法将推力分配视为最优化问题,每个推进器需要求解如下参数:x,y 为推进器坐标;W_i 为推力分配系数;F_{max} 为最大推力;F_x,F_y 为 x,y 方向最大需求推力;M 为需求力矩;θ_i,θ_j 为推进器与 x,y 方向夹角。目标函数为

$$\min Q = \min \left[\sum_i \left(\frac{F_i \cos \theta_i}{F_{max,i} W_{x,i}} \right)^2 + \sum_i \left(\frac{F_i \sin \theta_i}{F_{max,i} W_{y,i}} \right)^2 + \sum_i \left(\frac{F_i \sin \theta_i}{F_{max,i} W_i} \right)^2 \right] \qquad (4-10)$$

$$\alpha = \arctan \frac{F_x}{F_y} \qquad (4-11)$$

$$W_{x,i} = W_i \max[\,|\sin \alpha|,\sqrt{0.1}\,] \qquad (4-12)$$

$$W_{y,i} = W_i \max[\,|\cos \alpha|,\sqrt{0.1}\,] \qquad (4-13)$$

$$F_x = \sum_i F_i \cos \theta_i + \sum_j F_j \cos \theta_j \qquad (4-14)$$

$$F_y = \sum_i F_i \sin \theta_i + \sum_j F_j \sin \theta_j \qquad (4-15)$$

其中,0.1 是为保证数值计算稳定所选的系数,其限制条件为最大推力,推进器方向改变角

速度,推力角度。对于最优化问题,有多种方法可解,常用的为拉格朗日乘数法。

第四,运动方程。平台的时域运动方程如下:

$$M\ddot{x} + C\dot{x} + Kx = q(t, x, \dot{x}) \tag{4-16}$$

$$M = m + A(\omega) \tag{4-17}$$

式中　M, m, A——分别为总质量矩阵、平台质量矩阵、附加质量矩阵;

　　　C——阻尼矩阵;

　　　K——刚度矩阵。

$q(t, x, \dot{x})$ 可表示为

$$q(t, x, \dot{x}) = q_{wind} + q_{wave}^{(1)} + q_{wave}^{(2)} + q_{current} + q_{dp} \tag{4-18}$$

方程右边从左至右依次为风拖曳力、一阶波浪力、二阶波浪力、流载荷、动力定位推动力。动力定位推动力根据参考位置与现位置由 PID 算法得出,并输出给推力分配单元得到各推进器分配力。

4.4.1　试验目的

动力定位的模型试验目的包含以下几个方面:

(1)确定海工装备在动力定位下的运动状态和最大位移,预报定位系统的定位能力,研究模型在环境载荷联合作用下保持固定位置和方位角的能力,同时计算模型在不同方向上所能承受的最大稳定风速和流速,为实际的分析提供一定的指导和依据;

(2)在动力定位试验中检验每个单项试验工况,模型的六个自由度的位移运动是否在控制范围内;

(3)对辅助动力定位下的系泊系统进行试验研究,确定定位精度,验证定位的稳定性和可靠性。

动力定位装置模型试验是验证数值计算和理论研究最为可靠的手段。实际中的海工装备有的是全动力定位,但是在十分恶劣的海况下,全动力定位无法满足平台的安全要求,所以还有以锚泊定位为主,动力定位为辅的混合定位方法。所以在试验时有全动力定位系统试验,也有混合定位系统试验。

4.4.2　全动力定位系统试验

进行全动力定位模型试验时,主要对整套定位控制系统进行研究、分析和完善,确定每个单项试验和每个工况的定位精度来预报实船定位能力和定位精度。全动力定位系统试验首先需要安装动力定位系统,大体上包括动力系统、推力器系统和动力定位控制系统,并进行联合调试。图 4.7 为动力系统中的螺旋桨。

根据试验任务书的要求,要采用或设计控制策略及控制方法,并在模型中不断改变各个参数,使得模型的动力定位精度得到优化。全动力定位的模型试验的过程基本上与模型在波浪中的模型试验相仿,只不过系泊系统由动力定位系统代替。动力定位系统试验进行是否成功的另一个决定性因素就是动力定位螺旋桨是否满足缩尺比,实际平台的动力定位螺旋桨主要尺度在一定的缩尺比缩小后,模型螺旋桨的主要参数如桨的形状(包括导边和随边的形状)、攻角大小和螺旋桨产生的升力一定要符合缩尺比的要求。试验中有时需要根据任务书上的内容进行破损状态下的动力定位试验,即模拟一个或多个推力螺旋桨失效时,继续开展动力定位试验,测量系统的可靠性与定位精度。

图 4.7　动力定位螺旋桨

4.4.3　混合定位系统试验

在某些恶劣海况下,单纯应用动力定位系统并不能达到比较理想的定位要求,并且无法实现推进器的功率消耗最优化。针对这一问题,海洋工程界提出了一种新的定位方式,即"锚泊＋动力定位"的混合定位,这一技术问题已经成为当前研究和应用的热点。混合定位是结合锚泊定位系统和动力定位系统的一种新型位置控制系统,主要包含推进装置和锚泊设备两部分。推进器的作用是控制海洋结构物的艏向,减少锚链受力以及海洋结构物的偏移量,阻止海洋结构物的动态运动,并且对可能存在的任意锚链断裂情况进行补偿。在深水情况下,尤其是 1 000 ~ 1 500 m 的深水海域,采用混合定位系统,既能满足平台在较恶劣海况下的定位精度需求,又能较大限度地降低动力定位系统的燃油消耗。在恶劣海况条件下,混合定位系统可以有效地防止锚链超过断裂强度极限,此外加装动力定位系统后,在设计锚链系统时,可以根据实际情况通过减轻锚泊系统质量或者减少锚链数量以节省成本,同时可以增大平台可变载荷,优化平台结构设计。

混合定位系统模型较为复杂,既要有动力装置还要安装锚泊系统,系泊系统的动力试验要单独调试,根据刚度曲线调试好系泊系统。在试验研究时数据的观测和记录也比其他试验多一些,但是试验过程基本上就是在系泊试验的基础上加上动力定位装置。

4.5　浮体的安装与解脱试验

工程实际中的海工装备,尤其是各种各样的浮式海洋平台的安装和解脱往往是一个大重量载荷的转移工程,如 Spar 平台上部模块的分段或是整体吊装,或是单点系泊浮力筒的快速解脱,都伴随着原有基础上载荷的突然增加或是减小。在这种情况下,对于海工装备往往是结构中应力集中产生破坏最关键的时刻,所以检验海洋结构物在安装就位或是解脱、再连接等关键时刻是否安全、可靠成为工程设计和研究的重点。

浮体的安装与解脱试验的目的在于验证海洋结构物在安装就位过程中是否实际可行和安全,确定能够安全进行安装与解脱作业的极限海况,并且测量海工结构物在安装和解脱过程中的动力响应。

4.5.1 安装就位试验

海工装备安装就位试验的试验环境同样需要模拟实际中的海况,包括不规则波、风和流,有时需要模拟不同方向的不规则波,这就要求试验水池要能够模拟该复杂的环境。试验时要模拟最恶劣的作业极限海况,并且还要保证在这种海况条件下作业的安全性,安全系数要达到规范的要求。

对于在海上分步完成安装的海工装备,一般是张力腿平台、Spar 平台、导管架平台等在浅水或是深水中作业的海洋平台,是由半潜驳船将平台的部分结构拖到指定的海域后进行安装。图 4.8 展示了一座浮式平台海上吊装的现场画面,这类装备的安装就位试验需要模拟的过程具体如下:

(1)进行平台分段在半潜驳船上的滑行阶段试验;

(2)进行平台分段在半潜驳船上的纵向转动(驳船的纵倾发生变化)同时滑行的试验,此时平台将绕驳船上的支点进入水中;

(3)进行平台分段在水中的平衡试验,这时分段完全脱离半潜驳船进入水中,既有纵向运动也有上下的升沉运动,但是经过多次振动(摆动)后,达到平衡状态;

(4)进行吊机的起吊试验,检验每根吊绳的拉力均在可以承受的范围内,并观测在将分段吊起的过程中,在环境风载荷的作用下分段的运动情况;

(5)进行吊机下放平台分段的试验,在分段接触到平台主体时,尤其要注意,这时吊机上分段的质量逐渐转移到平台主体上,对接触点(面)来说,此时的局部应力较大,是一个危险状态。

图 4.8　浮式平台的海上吊装

在模型的安装就位试验过程中,要对试验过程进行全程的记录和监测,对于不同种类的浮式平台,需要设计相应的检测装置来测量驳船或是平台主体上的支撑结构受力。

对于半潜式平台、FPSO 等无须在海上完成最终组装的平台而言,它一般由拖轮直接拖到指定海域后进行锚泊和立管系统等其他设备的安装。对于 FPSO,安装就位试验要包括以下过程:

(1)锚泊系统的安装;

(2)FPSO 与系泊系统的连接。

这里值得注意的是,如果其安装过程进行到一半时,出现较为恶劣的风浪环境使得安装无法继续进行下去,这时没有安装完成的系泊系统或是锚泊系统要能够抵抗住风暴的袭击并能够完好地保存下来。

4.5.2　解脱与再连接试验

对于大多数的海洋平台来说,各种连接设备非常多,如平台上的各种数据传输设备、平台与立管的连接、平台与锚泊系统的连接、立管与井口的连接、水下采油树中的各种管路等,工程系统庞杂,只有每个连接设备协调工作才能保证整个系统的安全作业与生产。为了减少操作时间和安全操作、及时避免台风等极端环境的损害,设计开发部门结合海洋工程实际需要,设计了各种各样的快速连接/解脱装置,其目的有以下几点:

(1)检验连接/解脱装置在复杂海洋环境下的可靠性;

(2)测量解脱与再连接过程中各个浮体的运动状态;

(3)测量解脱与再连接过程中各个浮体所受载荷的变化及极限载荷情况;

(4)评估解脱与再连接过程中是否发生碰撞等不安全的情况;

(5)确定可以进行安全连接/解脱作业的极限海况。

快速连接/解脱装置虽然高效、方便地解决了各个系统之间的连接关系,但是其安全性和可靠性还需要试验来验证。海洋油气资源开发企业和工程设计公司在工程设计阶段均要开展相应的系统解脱与再连接试验,检验连接系统的有效性以及在实际作业中可能出现的问题,从而改进工程设计和操作规程。目前主要开展的解脱与再连接试验主要以下面两类试验为主。

1.浮式平台系统与系泊系统的解脱与再连接

一般的浮式钻井平台在钻井作业时,通过系泊系统将平台主体限制在一定的运动范围内,钻井作业的周期与油气的开采作业周期相比显得十分短暂,一般一个油田的钻井周期维持在几个月左右,钻探完成后便撤离该油田,系统的快速解脱/再连接装置的应用将极大提高工作和生产效率。但因为钻井平台的体积巨大、作业海况复杂、连接设备繁多,所以如何实现快速、安全的连接和在作业后如何高效、可靠、迅速的解脱成为平台试验的核心内容。

2.浮式生产系统与穿梭油轮等的解脱与再连接

对于在远海作业的海洋平台,如果不能通过海底管道将原油输往陆地,这时便需要通过外输手段将原油运往陆地处理,目前常用的手段就是使用穿梭油轮。将浮式生产平台与穿梭油轮等外输系统通过缆绳串联或是并联在一起以保证油轮和平台之间不会发生碰撞,在卸油完成之后进行解脱。图 4.9 展示了穿梭油轮与外输浮筒相连进行原油外输的现场情况。

进行解脱与再连接试验通常是在生存环境或是作业环境下进行,根据试验结果确定系统解脱与再连接试验的具体海洋环境情况。其基本原理和使用的相似定律等与模型在规则波或是不规则波中相同,不同的是要确定试验过程中的解脱与再连接可能发生的海况,如正常作业海况、安全操作要求限制的海况等,要考虑不同解脱与再连接作业情况下的典型设计工况。

试验的测试内容主要包括以下方面:

(1)环境条件载荷,包括每个单项试验过程中的风、浪和流;

图 4.9　单点系泊的储油浮筒和穿梭油轮

(2)多个浮体之间的相对运动,包括浮筒、转塔、平台和油轮;

(3)在解脱和再连接时连接处的应力变化情况。

在试验中的一些值得特殊注意的问题有:

(1)解脱与再连接试验的数据分析应注意操作动作与载荷和运动分析的相互对应,只有这样才能正确分析解脱与再连接操作可能带来的各种影响;

(2)试验录像是分析解脱与再连接试验结果的重要工具,除了浮体运动需要监视外,还必须对解脱与再连接处的连接装置工作情况进行密切关注,才能获得有价值的信息;

(3)解脱与再连接试验结果受操作熟练性和重复性的影响,试验前试验人员应对操作过程反复演习,提高熟练程度。

由于试验均是在相对不稳定的海况下进行的,试验结果容易受到环境和操作过程中随机因素的影响。所以试验时每次单项试验应进行多次,对结果做出分析和比较,最终得出试验结论。

4.6　多浮体系泊联合试验

多浮体系泊通常指的是两个或两个以上的浮体通过某些特殊的连接装置柔性系泊在海上,协同作业,因此浮体在波浪中的运动以及多个浮体之间可能发生的碰撞等现象需要特别关注。一般研究的多浮体指的是 FPSO 与之相连的外输浮筒,或者是 FPSO 与之串联或是旁靠的穿梭油轮组成的多浮体系统等,如图 4.10 所示。

这类试验的试验目的如下:

(1)校核多个浮体之间的相对运动、系泊情况和浮体之间是否会发生碰撞等,并验证多浮体系泊的可靠性和安全性;

(2)在确保浮体之间不会发生碰撞的前提下,通过试验找到能够进行多浮体系泊作业最恶劣的海况;

(3)通过试验找到某些方法来限制浮体之间的相对运动,减小碰撞发生的概率。

试验主要开展环境载荷作用下多浮体系统的运动测试,试验的过程基本与不规则波中试验一致。但是多浮体系泊联合试验对于海洋环境条件的选取要集中在限制其作业的临

图 4.10　FPSO 与之相连的油轮组成的多浮体系统

界条件,特别是风、浪、流不同方向时的环境条件。试验中需要对以下内容进行测量:

(1)环境载荷的大小及方向,包括风、浪、流速、波高等物理量;

(2)多浮体六个自由度运动以及它们之间的相对运动和最小距离;

(3)系泊系统的受力情况,包括锚链线的受力;

(4)多个浮体之间连接设备的受力情况;

(5)多个浮体之间的相互碰撞力。

试验前,需要把多个浮体按照安装试验任务书的要求进行连接,并将系泊系统安装在一起。如果要考虑其他装置对系统整体的影响,如输油软管、穿梭油轮的推进器或是 FPSO 的动力定位等,则试验时还要在模型中加入输油软管模型,并对穿梭油轮的推进系统或是 FPSO 的动力定位系统进行模拟,以达到与实际情况相似的目的,这样试验结果才有较高的精确性和可信度。

4.7　甲板上浪和波浪抨击试验

4.7.1　甲板上浪试验

甲板上浪主要是两种机制共同作用的结果,即陡峭而活力的波浪或波群和海上建筑物的低头运动,图 4.11 展示了激烈的甲板上浪过程。甲板上浪发生过程大致可分为以下四个阶段:波浪爬高、甲板进水、甲板上水体流动和水体冲击甲板或甲板室,这些阶段互相连接,并不能严格区分。影响上浪的参数,从重要性角度来区分,依次为垂向相对运动、波陡、干舷、甲板内外流体的祸合、船首处的局部流动、三维效应、甲板室的局部设计、艏柱外飘、船体纵倾、冲击水弹性等。

目前任何求解上浪问题的数值方法,都没有能力对海上实际的上浪过程进行全程有效的数值模拟,因此很多研究采用模型试验的方式进行,计算结果通常也需要试验验证才能应用到工程当中。

甲板上浪试验的主要目的如下:

(1)确定甲板上浪的频率,测量甲板上浪时波浪对浮体或是甲板结构的抨击载荷;

(2)计算甲板上浪对甲板设备或是其他设备的影响;

图 4.11　甲板上浪

（3）通过试验结果的分析比较，可以对海工结构或是其他浮体的设计进行优化或改进，减小甲板上浪对整个浮体系统的损害，并降低结构失效的风险。

在进行甲板上浪试验时，模型的制作和测量仪器的使用较为复杂，在模型的首部要划有标记，一般为方格状，便于观察甲板上浪形成的飞溅和上浪后波浪越过甲板时所达到的高度，另外一些测量波高的仪器和观测设备也必不可少。在试验模型首部甲板要安装多个波浪测量装置来测量波高，通常使用电阻式浪高仪监测发生甲板上浪的次数和频率，并测量甲板上浪时首部不同位置的浪高分布。另外要保证试验模型的上部或侧面有摄像机进行实时拍摄，以验证或修正浪高仪的测量结果。

4.7.2　波浪抨击试验

下甲板受波浪载荷抨击时的强度分析，是海洋平台的基本结构设计与分析以及总体运动分析时的一项重要内容，在结构设计过程中需要考虑波浪载荷冲击力对下甲板的作用。实际情况下甲板上浪往往伴随着波浪抨击，若是波浪爬升高度足够，便会发生甲板上浪。

抨击试验的主要目的如下：

（1）通过测量底部甲板或是立柱抨击载荷的大小，研究波浪抨击现象对海洋平台结构可能产生的危害；

（2）通过试验结果的分析比较，可以对海工结构或是其他浮体的设计进行优化或改进，以减小波浪抨击对整个浮体系统的损害，并降低主要结构失效的风险。

同甲板上浪试验相同，在进行抨击试验时测量和观测仪器的布置要合理、有效。需要在模型的首部或是立柱等会发生波浪抨击的结构处安装压力传感器，一般需布置多个应变片，以测量不同位置处发生波浪抨击时平台结构受到的载荷大小和载荷分布情况。同时，在发生抨击的关键部位要布置摄像机，以记录发生抨击的全过程，以便可以通过录像来观察抨击现象。在进行抨击试验结果的后处理时，要特别关注抨击载荷的峰值及此时波浪的频率、波高等，因为这些信息将直接影响抨击是否会损害平台首部和底部立柱结构的评估。

4.8　倾　覆　试　验

海工装备在暴风中倾覆是十分危险的现象,图 4.12 为在风暴中倾覆的海洋平台,在倾覆过程中外载荷随机加载在浮体上,并且载荷大,作用时间短,另外由于大幅度横摇的非线性的特点,使得倾覆现象研究起来十分复杂。目前海洋工程结构物倾覆现象的理论还不成熟,倾覆机理还未全部解决,所以模型试验是验证和研究倾覆的有效手段之一。

图 4.12　海洋平台倾覆

就目前的研究而言,海工装备在横浪情况下的大幅度横摇,以及在随机波浪状态下产生倾覆的最主要原因是周期性变化的倾覆力矩引起的参数共振,所以倾覆试验主要研究的内容就是海洋结构物在载荷作用下的最小倾覆力矩和横倾角。在试验中值得注意的是,由于试验过程中将研究风倾力矩、回复力矩、惯性力矩和阻尼力矩的共同作用,所以在试验时除了要满足模型与实体的几何相似、运动相似等之外,还应保证阻尼力矩相似、风压力矩相似等条件。

倾覆试验的目的主要是考察海上结构物在丧失主动能力情况下,即丧失机动控制能力或是复原力矩情况下的倾覆,此时认为结构物既无航速亦无法控制其航向,且将处于危险浪向位置,因此试验中模型无需机动能力。为了使模型在水池中试验时不致漂走,要对模型进行一定的系泊或是安装能够保持其位置不变的装置,使模型在各个在最危险浪向作用下绕某一固定位置运动,同时不产生附加的力和力矩。由于海工装备发生倾覆时的浪向和具体时间难以预测,所以在进行倾覆试验时要全面考虑试验条件,尤其是浪向角度,需要包含迎浪、横浪和随机浪向等各种浪向。另外试验持续的时间尽量长,以找到并记录发生倾覆的时间。

通常情况下倾覆试验共进行如下三组内容:

(1)规则波下横浪摇摆试验。主要目的是测量船舶的基本运动性能,作为结果分析时的参考。

(2)正浮状态下的横浪摇摆试验。在多个变相位角的随机波列上的模型横浪试验。在生成波浪信号时,改变初始相位角,使每次产生的不规则波在时域上有所不同,即波幅大小沿时间的分布将不同,验证在此时模型是否发生倾覆,并记录模型最大的横倾角度。

(3)具有某一横倾角状态下的横浪摇摆试验。模型的排水量和装载情况基本同前,但移动压载使船模发生一定的横倾角,然后开展倾覆试验。记录发生倾覆的情况以及在倾覆发生前横摇运动的统计值。为了进一步考察发生倾覆的情况,还需观察记录在一个波列上倾覆发生的时间。

在试验过程中,要对海洋浮式结构物的六个自由度运动进行数据记录,其中特别是浮体横摇运动、系泊缆绳的受力的记录尤其关键,将直接影响到试验的结果。最后获得倾覆时横摇角的动力响应数据,进而得到浮体在倾覆时的最小倾覆力矩、横摇运动的稳定区域和临界状态等参数。

4.9　涡激振动试验

对于海洋工程上普遍采用的圆柱形断面结构物,海流流过后会产生交替发放的泻涡,因此会在柱体上生成顺流向及横流向周期性变化的脉动压力。如果此时柱体是弹性支撑,或者管体允许发生弹性变形,那么脉动流体力将引发柱体(管体)的周期性振动,而规律性的柱状体振动反过来又会改变其尾流的泻涡发放形态,这种流体 – 结构物相互作用的现象被称作"涡激振动"。在海工设备中,对于外形如圆柱形的细长杆或圆柱的结构来说,由于涡激振动引起的管体的疲劳损伤尤为重要,比如立管的疲劳损伤是海洋油气开发中不得不面对的一个非常重要的问题。涡激振动试验主要针对的就是立管涡激振动的特性,并对其抑制装置进行测试。图 4.13 为深海立管涡激振动示意图。

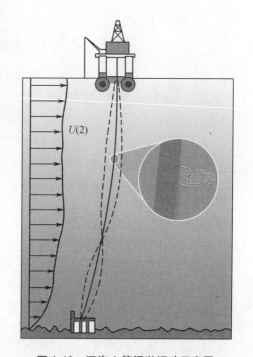

图 4.13　深海立管涡激振动示意图

海洋立管内部流体和外部环境载荷的产生的疲劳损伤通常是立管失效的主要原因,现在工程和研究人员已经充分意识到立管的涡激振动是造成立管疲劳损伤的最主要因素。在海流的作用下,立管发生涡激振动,导致在垂直于流向上产生强烈的振动;与此同时,浮式结构物的升沉运动,也会造成立管轴向的强烈振动,同时诱发涡激振动。剧烈的周期性振动引发立管的疲劳损伤,增加了海洋油气资源开发的成本。一方面,为了避免立管疲劳失效,通常要选用较大的安全系数来保证立管的工作寿命;另一方面,对立管的维护和修理工作成本巨大。因此如何有效预报和抑制立管涡激振动是当前深水立管研究的核心问题。

当前进行涡激振动研究的主要手段包括数值方法和模型试验方法。数值方法中包括CFD 方法以及经验模型方法。CFD 方法对于涡激振动的预测不尽如人意,而经验模型方法选用的水动力系数依赖于模型试验,因此模型试验的方法对于理解涡激振动的机理,形成经验模型有着很重要的贡献。

在实际海洋环境中,立管的长度与作业的海洋深度相关联,其细长比 L/D(L 为立管的长度,D 为立管的截面直径)通常在 100 以上,甚至可达几千。如何确定不同来流条件下,立管的涡激振动响应成为研究的最终目标。水池试验是研究立管涡激振动响应最直观的手段,研究人员通常根据试验条件设计全尺度试验或缩尺试验。

涡激振动模型试验与系泊试验等有比较大的区别,涡激振动试验环境条件的模拟主要是流的模拟,试验场所可以为试验水槽、配备造流装置的海洋工程试验水池或者船模拖曳试验水池。全尺度试验研究通常是在实际海域条件下对立管的涡激振动响应数据进行测量和采集,它需要较高的试验条件,其中包括沿立管轴向布置的众多的数据测量系统以及精密的数据采集系统,这导致全尺度试验具有较高的实施成本。同时考虑到实际海域海流的随机特性对立管涡激振动响应特性的影响,导致试验结果较难解读,难以形成普适性的结论。

缩尺模型试验研究是细长结构物涡激振动响应的另一有效途径。缩尺模型试验将细长立管按细长比例进行缩小,并施加等同的约束条件来模拟立管的实际作业环境。由于缩尺模型试验操纵性良好,来流速度易于控制,随机性因素的影响降低明显,数据采集具有更高的可靠性,因此许多研究者更倾向于缩尺模型试验。

一般情况下,各国的试验人员根据相似原理对深海立管进行缩尺试验,目前国内外做了大量立管涡激振动模型试验研究。在进行立管涡激振动试验时,试验装备设计是否合理是试验成功与否的关键,它要能够为柔性构件提供支撑,便于安装测试,还要与拖车紧密相连。设计这样一个试验装置相对来说较为复杂,目前国内外有关涡激振动的试验大部分都是在大长度的拖曳水池进行,有拖车拖动,以获得较大的流速。图 4.14 为英国 BMT/DERA 水动力试验中心的涡激振动试验装置,该装置便是利用拖曳水池完成试验的。

(a)　　　　　　　　　　　　　　　　(b)

图 4.14　英国 BMT/DERA 水动力试验中心涡激振动试验装置

(a)实物图片;(b)三维模拟图

第5章 海洋工程模型试验主要设备

物理模型试验一直是海洋工程领域不可或缺和相对可靠的研究手段,也是检验理论和数值预报有效性和完善数值计算方法的重要手段。对于海洋深水工程,由于其非线性问题、黏性问题和极端海况模拟等许多机理性问题更加突出,许多理论和数值预报手段还处在发展和完善之中,即使使用已经比较成熟的数值计算方法和软件也会由于海洋深水环境的复杂而暴露出种种局限性。因而,在海洋深水结构物的性能预测与设计优化、安全性评价、事故再现与验证等方面,模型试验技术具有不可替代的重要意义。实际海洋平台定位于某一特定水深海域进行生产作业,在风、浪、流的联合作用下,浮式平台产生六自由度的运动并且受到海洋环境的动力荷载,海洋工程水池是海洋平台模型水动力试验研究的主要设施。功能比较完备的海洋工程水池必须能够模拟复杂的海洋环境,涉及水深、风、浪、流等环境要素,而且产生风、浪、流的能力要足以模拟海洋平台生存条件(百年一遇或以上条件)的海况。海洋工程水池是迄今为止技术最复杂、功能最齐全、造价最昂贵的水池之一。

海洋工程模型试验是海洋工程研究的重要组成部分,它包含了一系列复杂的过程,所以在试验的过程中需要大量的设备仪器为试验提供支持。海洋工程模型试验的主要设备仪器包括海洋环境的模拟系统、测试系统、采集系统、航车系统以及起重系统等,其中非常重要的海洋环境模拟系统又涵盖了水深调节系统、造波系统、消波系统、造流系统、造风系统等,测试系统主要是相关测试仪器,例如风速仪、浪高仪、流速仪、六自由度运动测量仪、加速度传感器等精密仪器。本章将对海洋工程模型试验的各个主要设备仪器进行介绍。

5.1 海洋环境的模拟系统

海洋工程环境条件模拟技术是研究新的海洋结构物在真实海洋环境下结构物的性能、受力等的基本要求和手段。为了进行海洋工程结构物的模型试验,首先必须有能模拟海上环境条件的水池。最基本的海洋环境条件为水深及风、浪、流,一个海洋工程实验室是否具有良好的模拟风、浪、流的条件,标志着该实验室从事海洋工程结构物模型试验的能力和基本水平。一个理想的海洋工程水池,所要求模拟的环境条件大致为:能模拟规则波以及足够长时间的(相当于现实的3 h)海洋随机波,最好还具备三维波的模拟能力;水池的长和宽能满足锚泊系统的水平布置要求;能模拟均匀流场及梯度控制流场;能模拟风,并满足有关阵风特性的特定要求;水深可以改变。对于这些基本海洋环境条件的模拟,需要试验水池配备相应的海洋环境模拟系统设备,这些模拟系统包括水深调节系统、造波系统、消波系统、造流系统、造风系统等。在模型试验中需要这些模拟系统协调配合,共同模拟平台所在的海洋环境,保证试验的基本条件,以便于各个类型的海洋工程模型试验的顺利开展。本节将结合目前国内外的海洋工程模型试验水池的海洋环境模拟设施设备,对上述各个环境模拟系统进行介绍,以便于进一步了解海洋工程模型试验的开展过程。

5.1.1　水深调节系统

海洋工程的发展从浅水逐步迈向深水,为了满足在不同水深条件下开展海洋工程模型试验的要求,国内外大部分海洋工程试验水池借助于大面积可升降假底来模拟水深变化。目前安装假底的试验水池中,其假底一般由几十到上百块的箱形单元组成。箱形单元本身具有一定的浮力,整个假底由多根钢索及气泵制动装置控制其整体平稳沉浮或锁制,可以使假底固定于任何位置以满足试验要求的水深。因此,水深的模拟范围可在一定范围内无级变化。对于一些无升降假底的海洋工程水池,要在试验中改变水深,只有放水或在局部铺设临时假底。但是放水方案所要放的水量很大,费用很高,并且放水以后由于水位的变化,使造波机工作产生一定的问题以至不能造出满意的波。局部铺设假底从表面上看虽然可解决试验段内的水深满足试验的要求,但是采用多大面积的临时铺设假底才能不影响试验的精度以及工作量的大小等都是需解决的问题。因此,对海洋工程水池而言,一个可升降的假底是海洋工程水池的一个重要的硬件。

由于海底具有一定的地貌特征,对于一些特定的试验还须模拟海底的地貌特征,例如海底的坡度等。海洋工程水池的假底一般可在一定范围深度内变化,因此可利用这一特点,当假底露出水面时,可在假底上模拟任意的海底坡度。其坡度可由高质量、平整度高的水泥板搭建而成。除此以外,有些试验对底部整体平整度要求较高(例如超浅吃水操纵试验),可用平整的水泥板在原假底上铺设平整度误差在 ±0.3 mm 以内的轻型假底。

近年来,海洋油气开发由近海向深海和超深海发展已成为必然趋势,相应的深水试验技术也需要不断发展,深水试验技术的关键在于能够成功地在试验水池中模拟深水环境条件。此外,对于 TLP 类浮式平台,水深的调节与模拟尤其重要。例如,在进行 TLP 平台系泊系统的模型试验时,即使水深波动 0.1 mm,也对试验结果有很大的影响。针对这种情况,目前国内外的一些海洋工程试验水池设置有深井,以这种被动式的水深调节方式来增大试验水深以满足 TLP 平台模型试验的水深要求。试验水池的深井一般布置在水池的中央位置,其深度一般会超过 10 m,例如荷兰 MARIN 海洋工程试验水池在其中央布置有直径为 5 m,深 20 m 的圆形深井;日本国家海事研究所的深水海洋工程水池更是在水池中央布置有直径 6 m,深 30 m 的圆形深井;国内的上海交通大学海洋工程试验水池也设置有 40 m 深的深井。

图 5.1 为荷兰 MARIN 深水海洋工程试验水池的深井与假底水深调节系统的示意图。

此外,假底系统的另一个重要作用是对系泊系统的锚点位置进行精确定位。由于海上浮体多采用系泊系统进行定位,对锚点位置进行精确定位将直接影响到试验结果的准确性。如果没有可升降的假底系统,在 10 m 水深的条件下进行锚点的定位与系泊线模型的安装将十分困难。拥有了假底系统后,可将假底升降至合适的水深,如 1 m 以内,在此水深条件下进行锚点的精确定位和系泊线模型的安装将十分易于实现。

5.1.2　造波系统

海洋工程水池波浪的模拟,主要是通过造波系统来实现。众所周知,只要对水面进行扰动,水面就会有波浪产生。这种扰动如果是周期性的,则在水面上产生规则的、具有和扰动相同周期的波浪(如正弦波);如果是非周期性的,则产生不规则的波浪。水池中安装的造波机系统,不外乎就是根据以上原理。造波机系统实际上是给水以扰动的机械,造波机按扰水器的形式可以分为摇板式、推板式、冲箱式、空气式等,具体介绍如下。

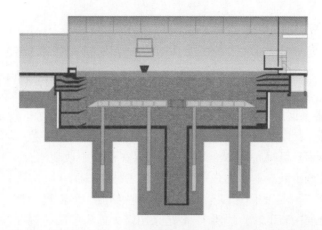

图 5.1　荷兰 MARIN 深水试验水池深井与水深调节系统示意图

1. 摇板式

如图 5.2 所示,通过机械驱动使摇板绕固定轴摆动,使池中水波动。波高由摇板的摆动幅度控制,波长或周期则由摆动频率确定,该造波机适用于造深水波。

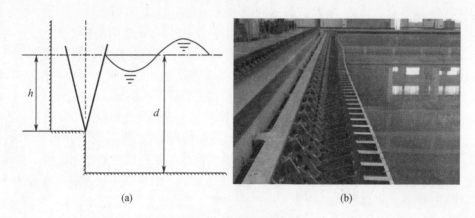

(a)　　　　　　　　　　　　　　　　　　　(b)

图 5.2　摇板式造波机

(a)原理图;(b)实物图

2. 推板式

推板式造波机也称为活塞式造波机。如图 5.3 所示,通过连杆驱动设在水池(槽)一端的活塞进行往复运动,使池中水产生波动,波高取决于活塞冲程和速度,波长则取决于往复频率。该造波机主要应用于浅水造波。

3. 冲箱式

如图 5.4 所示,其造波部件为断面呈特殊形状的柱体,通过该柱体沿垂直水面方向作往复运动达到造波的目的。冲箱式造波机的波长是由冲箱上下振动的周期决定的。

4. 空气式

空气式造波机的原理是依靠附加在钟罩所限制的水域上,并随时间作周期变化的空气压力来制造波浪。如图 5.5 所示,该造波机备有鼓风机作气源,鼓风机通过管路与钟罩相连接,钟罩内的空气压力靠配气阀门来实现周期变化。因此波浪的周期与阀门摇动的周期相

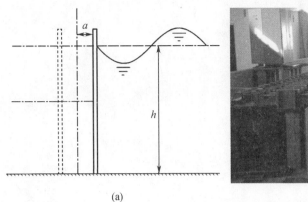
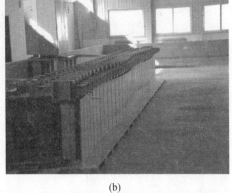

图 5.3　推板式造波机

（a）原理图；（b）实物图

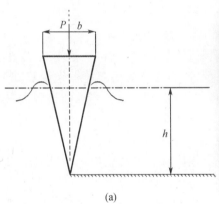
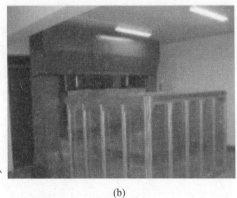

图 5.4　冲箱式造波机

（a）原理图；（b）实物图

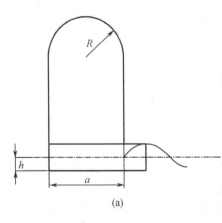
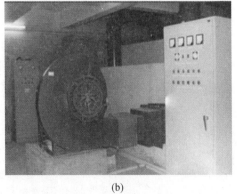

图 5.5　空气式造波机

（a）原理图；（b）实物图

等,而波长与阀门的工作周期 T 和水深 h 有关。

海洋工程试验水池的造波机一般安装在试验水池的一端,造波机系统硬件设备一般包括液压动力包、伺服驱动系统及造波板等造波系统部分、控制器及信号发生器部分、计算机控制及数据采集部分。造波系统的核心装置是造波机,其样式众多,由于海洋工程需要模拟的多是深水波,因此海洋工程水池普遍采用的是摇板式造波机。图 5.6 为哈尔滨工程大学多功能深水试验水池的摇板式造波机。

摇板式造波机的造波板一般由若干块摇摆式造波板组成,可分别运动,亦可同步运动,每块造波板底部通过铰链安

**图 5.6　哈尔滨工程大学多功能
深水试验水池造波机**

装在距池底某一高度的基座上,上端通过铰链直接与油缸活塞相连。

造波机的液压动力系统配有液压泵,以及各种控制阀、液压管道、蓄能器、冷却泵以及外罩隔音设备等。液压泵可自动调节瞬时液流量,压力峰荷则由蓄能器来调节,冷却泵从水池内取冷却用水。整个系统由热继电器保护开关自动控制启停,当油温达到预先给定的温度时,水泵开启,温度若继续升高到某一值,一般电源会切断,整个系统停止运行。

当液压泵开启时,由计算机或信号发生器生成的控制信号经伺服放大器提供给液压伺服阀,再由伺服阀控制油缸推动造波板运动,由位移传感器将造波板运动反馈送回伺服放大器。

三维波浪控制器用来接受造波机的控制信号,以哈尔滨工程大学多功能试验深水池造波系统的三维波浪控制器为例进行介绍,该控制器具有 RS232 和 BNC 两个信号输入口,RS232 接口通过调制解调器同控制计算机相连,用于输入数字信号;BNC 接口同正弦波信号发生器相连,用于输入正弦波信号发生器发出的模拟电压信号或外部信号源的模拟电压信号。如果输入的是模拟信号,该控制器将控制 8 块造波板同步运动,产生二维规则波(正弦波)或不规则波,如果输入控制器的是计算机产生的数字信号,在控制器内经 D/A 转换后,可控制每块造波板分别运动,即可生成三维波浪和斜浪。

信号发生器用于在不使用计算机的情况下,手动产生正弦波控制信号。可通过旋钮手动设置正弦波的波高、周期等参数。波浪数据采集系统由电容式浪高仪、加减运算放大器、多路滤波器等组成。可同时进行多路数据采集,采集后的数据经 A/D 转换后送入计算机进行分析与处理。

5.1.3　消波系统

海洋工程模型试验水池通常都会设置造波系统以模拟海洋实际情况下波浪对结构物的影响,在进行耐波性等试验时,由造波机生成并传播到水池另一端的波浪,会返回模型附近,进而干扰模型的运动,影响试验结果的准确性。另外在试验中,被扰动后的水面需要较长时间才能平静下来,所以每次试验后需要等水面平静后,才可继续开展下一项试验工况,

俗称等水。而水池试验成本高昂,"等水"浪费了宝贵的试验时间,增加了试验成本。随着试验技术水平的提高,各水池都在积极探索更有效的消波方案,提高实验精确性,并缩短实验等水时间,提高实验效率。

在进行模型试验时,需要将水池对岸的波浪能量消除,如果不能将其迅速消除,这些波就会返回与初始波叠加,形成复杂的干扰波,最终影响试验及其结果。为了消除由造波机生成并传播到水池另一端的波浪,不使其返回而影响模型试验结果,或为了消除水池的余波,缩短等水时间,通常在水池的始端、水池一侧或两侧的池壁水面附近加设消波装置。消波装置的种类有很多,大体可分为主动式和被动式,消波效果也不尽相同。同时消波装置按位置可分为端部消波装置和侧向消波装置,前者布置在造波机对侧和后侧,用以消除造波机产生的波浪;后者布置在试验水池两侧,用以消除建筑物的反射波和散射波或船行波,而按形状消波装置又可以分为斜坡式(包括曲面式)和直立式。

消波装置的原理是通过消波构造装置击碎或破坏波浪形状从而达到消除波能和减少回波的效果。试验水池的消波设施主要有消波器和消波滩(岸)两大类,有网格式和筒阵式等形式。消波器的特点是体积较小,可方便拆卸,但消波效果一般;消波滩体积大,消波效果较好,但需要占用较大的水池空间,建造成本相应较高。目前国内大部分的试验水池消除反射波的办法通常是在造波机对岸的池壁上层设置消波滩。消波滩是一种被动式消波装置,它是由具有一定剖面曲线的滩面和设置在其上部的阻尼条组成。众所周知,当波浪沿斜坡面上爬时,由于坡面上水深逐渐减小,使波浪破碎而消耗能量。上爬的水体达到一定高度后即回落,并与随后来波相互干扰再次消能。波浪在上爬和回落过程中需克服坡面上的阻力,如果坡面加糙或用多孔材料构成,则水体产生涡动而消耗能量,消波滩就是利用这一原理进行消波的。

从理论上来说,消波滩越长、越平缓,越接近真实海岸线,消波过程就越好,反射回来波的能量就越小。但是从实际情况考虑,水池的尺寸不可能为消波滩提供非常长的空间,因此,实际中消波滩的剖面形式与尺寸等需要经过严格的计算与讨论,确定最佳方案。如图5.7 为上海交通大学试验深水池的消波滩图片。

图 5.7　上海交通大学深水池消波滩

拥有性能良好的造波系统是保证水池试验质量的重要一环。随着海洋科学的发展和技术的进步,船舶与海洋工程试验对消波系统的要求不断提高。目前船舶与海洋工程产业

发达的西欧国家和日本,很多试验水池已经采用主动式消波系统。所谓主动式消波包含两方面的含义:

(1)这个系统能够造出符合试验精度要求的波浪;

(2)在造波的同时这个系统能够有效地消除从模型、对面池壁和消波装置上反射回来的波浪,从而避免它们撞击造波机再次产生反射波而影响试验的精度。

所谓主动式消波器,也叫再反射吸收器,其原理是在造波板上测量反射波,利用模拟滤波器和伺服系统,分离反射部分,然后加给发生器一种与原来运动反向的信号,从而获得吸收反射波的效果,使造波板产生指定的波浪。

因此,在海洋工程模型试验中消波系统扮演着重要的角色,虽然目前消波技术的发展已经取得一定的成果,但是仍需要大量的努力去不断完善消波系统的高效性,以尽量保证试验的准确度。

5.1.4 造流系统

目前国内外都在加大对深海工程技术与装备的开发研究,实验室物理模拟作为重要的科研支撑手段,更需要额外的关注。其中,造流能力和造流品质是评价深海工程试验水池先进性、实用性的重要标准之一。

在试验水池中模拟流,一般可采用三种办法:

(1)在水池内拖曳所有的试验系统进行模拟;

(2)能够使试验水池内的水产生整体运动进行模拟;

(3)使试验水池内的局部水流运动生成局部流进行模拟。

当水池装有航车时,在某些特定试验中第一个方法是可行的。这种方法的优点是,流速和流向便于控制,可以通过改变航车的运动来改变流的参数。然而这种方法在很多时候并不可行,例如测量平台的运动时,不仅有锚泊系统的阻碍,还有测量运动的局限。

大多时候对流进行模拟主要采用使水池内部的水产生整体或者局部运动的方法,这种模拟方法主要通过造流系统来完成。其原理是采用高压水泵将水吸入管中,再根据流的模拟要求进行喷射,使水池内的水按照一定的方向进行流动。

流的模拟一般都要求其模拟的流场均匀,对沿深度方向的流剖面有一定的要求。由于水池中的水量较大,水在流动时要受到池壁、池底等的影响,要使整个流场均匀并非易事,通常要求流速随时间的波动不大于百分之十(标准差)。因此,国外一些水池从造流性能等方面考虑,采用一种整体循环造流的方式。其特点是在池墙的一端下部均匀安装几排喷嘴,连到一高压泵上,水泵从另一端底部吸取池中之水,高压水从喷嘴中喷出,带动周围的水,绕着可升降假底作循环,从而在假底上部表面形成一个方向的流场。通常情况下由于每层喷嘴的水深不同,所产生的各层流速也会有一定的区别,一般情况下水深越深,流速会越小。对于一个长宽深为 50 m×30 m×6 m 的水池,假底上表面离水面约 1 m 处,600 kW 的泵能模拟出约 0.2 m/s 流速的整体流场,基本上满足试验流场的需要。对于有些流速较高的试验,整体造流无法满足要求,可采用增加局部造流的装置,即采用潜水泵从带喷嘴的管中喷出较高的流速,使试验段形成一定流向、流速的水流。流速的大小通过调节泵的转速来调节,应用较为灵活,但流场的均匀性和稳定性受到区域的限制,在试验前应测试调整。图 5.8 是某整体循环造流系统的示意图,水流由水池外的大功率水泵驱动后,经过管路和进水廊道进入水池,再经过水池对面的出水廊道返回到管路中形成一个完整的循环过程,该整体循环造流系统的有效造流范围为长 20 m×宽 20 m×深 10 m。通常,在深水池外的进水和出水廊道内,设置有多种整流设备,以实现对高速水流进行整流后进入水池,因而具有较为均匀的流速分布,且水流的湍流强度也能满足海洋工程深水试验的要求。

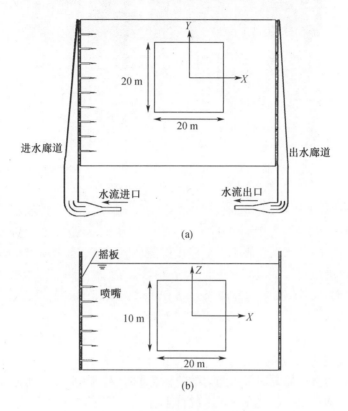

图 5.8　整体循环造流系统示意图

(a)俯视图;(b)侧视图

　　此外,对于深海的海洋工程模型试验而言,深海海流在水深方向上会形成不同形状的垂向流速剖面,因此海洋深水试验池应当能够模拟垂直方向上的不同流速剖面。目前,国际上主要海洋深水试验池的解决方法是在水深方向上,将海洋深水试验池的造流系统分为相互独立的数层,分别调节各层内水泵所产生水流的流速,以达到在水池内模拟不同的垂向流速剖面。目前,荷兰的 MARIN 海洋工程水池,中国上海交通大学的海洋深水池均采用的是池外循环、垂向分层的深水造流系统。该造流方法的缺点是耗电量高,经济性较差。

　　另一种造流系统是池内水平循环形式,也叫局部造流法,这种造流方法简单方便,目前在海洋工程水池中应用较多。该造流系统是通过在水池内设置可移动的局部造流装置,该造流装置上可安装多个均匀分布的高速水流喷口,水流在水池内水平循环,最终在试验区域形成均匀稳定的流场,如图 5.9 为哈尔滨工程大学综合试验深水池的局部造流泵。局部造流装置可在不同角度和不同水深移动,能产生与波浪成任意方向角的流场。海流的流速通过调节造流装置水泵的转速实现。美国 OTRC 和丹麦 DHI 海洋工程水池等均采用的是池内水平循环形式的局部造流系统。该造流系统的缺点是水池内的流场均匀性与稳定性难以得到保证。

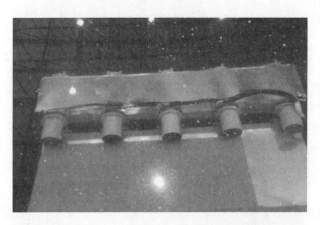

图 5.9　哈尔滨工程大学综合试验深水池的局部造流泵

　　对于设置有假底的一些试验水池,有些也采用围绕假底循环(上下循环)形式的造流系统,这种造流系统是依靠大功率水泵机组在假底下方水池一端抽取或推动池中的水,带动周围的水围绕假底循环,从而在假底上部形成回流。该回流一般比较均匀稳定且流速随水深的变化不大,可满足模型试验时对流场的基本需求,流速的调节可由水泵电机的转速变化来实现。挪威 MARINTEK 水池和加拿大的 CBI 水槽采用的就是假底循环形式的造流系统,这种造流系统的缺点是难于模拟深水流和剖面流。

　　流场模拟得是否均匀,对试验的影响很大,因此对所模拟流场的测试显得较为重要。对通常所用的流速仪而言,数据是以脉冲形式进行采样,具有一定的时间间隔,不能进行连续的采集,一种较为方便的方法是用测力的方法来间接测量流速。该方法为选用一个单向测力传感器,一端连接到一固定在航车上的杆上,另一端连接到一不密封的球体上,作为测量装置。该装置先在水池中的航车上进行标定,得到不同速度时球体上的受力,该力经应变放大器转变为电压输出,这样可得到一标定曲线,然后将其置于流场中并使流向与测力方向一致,用应变仪测出力传感器的应变,即可换算出作用在球体上的水流速度。这种方法简单易行,可输出连续模拟量。

5.1.5　造风系统

　　在海洋工程模型试验中,风的模拟是较为重要的试验参数。随着科学技术的发展,风的模拟日益完善,有关阵风模拟也已成为试验要求的内容之一。一般情况下,浮式海洋平台模型试验研究仅要求模拟定常风,所谓定常风是指风速恒定不变的风。国际上规定的平均风速一般是指海平面上方 10 m 高度处的风速,具体内容请见第 3 章的介绍。

　　目前,海洋工程中对风的模拟过程为:首先在风洞中测量出浮体所受风载荷的大小,然后将该浮体安置于试验水池中,并在其上安装相应的风载荷测量设备,利用一组或多组风机组成风阵在模型区域形成风场,实时测量结构物所受的风载荷大小,不断调整风机参数直至浮体所受的风载荷与风洞测量值相等。图 5.10 为哈尔滨工程大学开展的某次试验中所采用的风机组。试验水池的造风系统通常由变频仪、交流电机、轴流风机组、风速仪以及计算机数据采集系统和计算机控制系统等组成。风机由变频器供电的交流电机带动,电机的转速由变频仪输出的频率和电压进行控制,通过软件和 D/A 板可以用计算机控制变频仪,进而控制风机的运行,产生试验需要的阵风谱。图 5.11 为哈尔滨工程大学多功能深水池造风系统的控制示意图。

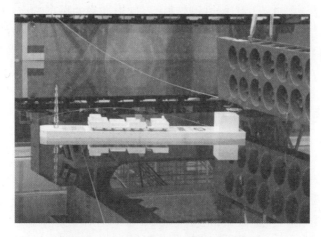

图 5.10 风阻力试验中所采用的风机组

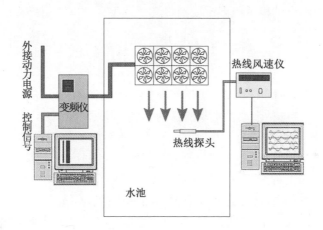

图 5.11 哈尔滨工程大学多功能深水池造风系统控制示意图

对于风场模拟质量的好坏,通常是用均匀风场的平均风速来衡量的,平均风速的数值可简单采用叶轮风速仪测得。如果试验水池场地很大,例如哈尔滨工程大学多功能深水池等,不可能进行整体造风模拟,只能在模型的试验区域模拟出满足试验要求的风场,即利用一组风扇在模型试验区域内生成风的环境,再测量风作用在模型上的响应。目前,大多数海洋工程水池普遍采用局部造风的形式,其造风系统通常由多个轴流式风机并排组成,以保证造风的稳定区域足以覆盖模型试验的运动范围。造风系统大多是可移动式的,便于产生不同方向的风速,主要技术指标为最大风速、受风范围和高度、风谱等。

在海洋工程模型试验中对于风场模拟的正确程度虽然没有明确规定的标准,但在实践中一般认为应该符合下述要求:平均风速误差应小于 5%,其稳定性以标准误差来表示应小于 10%;模拟的阵风风谱面积与目标谱的面积大体一致,误差应小于 5%。

采用风机组模拟环境风场的重点及难点是湍流特性的模拟,如何对风机组流场湍流特性进行准确测量及不断改进至关重要。湍流测量的主要困难在于湍流是一种随机性的脉

动流动,而且是三维流动,测量仪器必须具备以下几点要求:

(1)放进流场的测量元件必须足够小,其对流场流型仅引起可以允许的最小干扰;

(2)仪器惯性必须足够小,对最快的脉动可以做出准确的瞬态响应;

(3)仪器必须足够灵敏,可以记录脉动的微小差别,通常只有平均值的百分之几;

(4)仪器必须稳定,至少在一次试验中校准系数不会有显著差别;

(5)仪器必须有足够的强度及刚度,不因湍流运动引起振动。

有些重大的海洋工程项目,在模型试验研究中要求模拟非定常风。所谓非定常(或称不规则)风是指风速时刻变化的随机风。非定常风的模拟比较复杂,需要用计算机进行自动控制。

其模拟的大体步骤是:根据给定的风谱编制计算机的控制程序借以控制变频器输出的频率和电压,亦即按程序控制电机的转速(轴流风机的转速),由此便产生了不规则的风速。将测量风速传感器测得的不规则风速进行数据处理即可得到模拟的风谱。如果模拟的风谱与给定的风谱(目标谱)差异较大,则应修正计算机的控制程序重新造风直至满意为止。

测量风速的仪器需要用高灵敏度的热线风速仪,以便侧得瞬时风速进入计算机采集和分析系统。经过多次调整控制参数、重新造风、数据采集、分析数据,这是一个多次调整、循环的过程,因此不规则风的模拟一般都要经过几次调整后才能获得满意的结果。

5.2 测 试 系 统

浮式海洋平台模型在试验中有关运动及受力等数据的测量属于非电量的电测,非电量电测仪器仪表的共同特点是由仪器本身测得的非电量数据(如位移、加速度及受力等)的变化导致电阻、电容、电压等电量的变化,两者之间的关系应始终稳定唯一,在仪器的量程范围内或呈线性关系或按照一定的曲线规律单值变化。各国海洋工程水池所用的测试仪器大同小异,但由于海洋工程模型水动力试验的具体内容和需要测试的物理量非常复杂多样,所以相应测试仪器的种类也是名目繁多。各类仪器大体分类为海洋环境条件测量仪器、六自由度运动测量仪、加速度传感器、测力传感器和其他如线位移传感器、陀螺仪、角度电位器、相机、高速摄像机等测量仪器。

5.2.1 海洋环境条件测量仪器

海洋工程模型试验中需要模拟的环境条件一般包括风、浪、流及其组合状态,所以针对以上几种环境条件,一般需要的环境条件测试仪器包括风速仪、浪高仪和流速仪。

1. 风速仪

风速仪是一种用来测量风速的仪器,目前世界上的各个海洋工程试验水池在试验中采用的风速仪有多种型号和类型,根据其测量原理的不同,大体可以分为三类:热式风速仪、叶轮风速仪以及皮托管风速仪。下面将依次对这三种风速仪进行介绍。

热式风速仪是将流速信号转变为电信号的一种测速仪器,也可测量流体温度或密度,实物如图 5.12(a)所示。其原理是将一根通电加热的细金属丝(称热线)置于气流中,热线在气流中的散热量与流速有关,散热量导致热线温度变化而引起电阻变化,流速信号即转变成电信号。它有两种工作模式:①恒流式,即通过热线的电流保持不变,温度变化时,热线电阻改变,因而两端电压变化,由此测量流速;②恒温式,即热线的温度保持不变,如保持

150 ℃,根据所需施加的电流可度量流速。恒温式比恒流式应用更广泛。

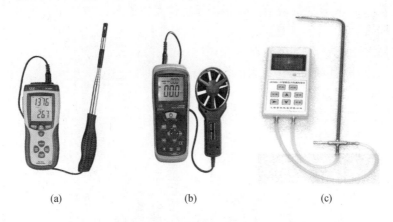

图 5.12　三种类型的风速仪
(a)热式风速仪;(b)叶轮风速仪;(c)皮托管风速仪

　　风速仪的热线长度一般在 0.5～2 mm 范围,直径在 1～10 μm 范围,材料为铂、钨或铂铑合金等。若以一片很薄(厚度小于 0.1 μm)的金属膜代替金属丝,即为热膜风速仪,功能与热丝相似,但多用于测量液体流速。热式除普通的单线式外,还可以是组合的双线式或三线式,用以测量各个方向的速度分量。从热线输出的电信号,经放大、补偿和数字化后输入计算机,可提高测量精度,自动完成数据后处理过程,扩大测速功能,如同时完成瞬时值和平均值、合速度和分速度、湍流度和其他湍流参数的测量。热式风速仪与皮托管风速仪相比,具有探头体积小,对流场干扰小,响应快,能测量非定常流速、很低速的流场等优点。

　　为了增加强度,有时用金属膜代替金属丝,通常在一热绝缘的基体上喷镀一层薄金属膜,称为热膜探头。热膜探头在使用前必须进行校准。静态校准是在专门的标准风洞里进行的,测量流速与输出电压之间的关系并画成标准曲线;动态校准是在已知的脉动流场中进行的,或在风速仪加热电路中加上一脉动电信号,校验热线风速仪的频率响应,若频率响应不佳可用相应的补偿线路加以改善。

　　叶轮风速仪的工作原理是基于把转动转换成电信号,它通过测试叶轮的转数来测试风速,先经过一个临近感应头,对叶轮的转动进行"计数"并产生一个脉冲系列,再经检测仪转换处理,即可得到转速值。风速仪的大口径探头(60 mm,100 mm)适合于测量中、小流速的紊流,风速计的小口径探头更适于测量管道横截面大于探头横截面 100 倍以上的气流。叶轮风速仪的实物如图 5.12(b)所示。

　　皮托管风速仪是 18 世纪法国物理学家 H. 皮托发明的,最简单的皮托管有一根端部带有小孔的金属细管为导压管,正对流速方向测出流体的总压力;另在金属细管前面附近的主管道壁上再引出一根导压管,测得静压力。差压计与两导压管相连,测出的压力即为动压力。根据伯努利定理,动压力与流速的平方成正比,因此用皮托管可测出流体的流速。在结构上进行改进后即成为组合式皮托管,即皮托 – 静压管。它是一根弯成直角的双层管,外套管与内套管之间封口,在外套管周围有若干小孔。测量时,将此套管插入被测管道中间,内套管的管口正对流速方向,外套管周围小孔的孔口恰与流速方向垂直,这时测出内外套管的压差即可计算出流体在该点的流速。皮托管常用以测量管道和风洞中流体的速度,也可测量河流速度。如果按规定测量得到各截面的流速,经过积分即可用以测量管道中流体的流量。但当流体中含有少量颗粒时,有可能堵塞测量孔,所以它只适于测量无颗粒流体的流量,如风速及风的流量。皮托管风速仪实物如图5.12(c)所示。

2. 浪高仪

浪高仪是测量动态水面高度变化和周期的一种水文仪器,其种类较多,主要有跟踪式、电阻式、电容式及超声式等。最广泛采用的传感器是电阻式和电容式浪高仪。而且近年来由于计算机的广泛应用,国内外也都研制出了计算机浪高测量系统,使模型试验中浪高的测量更加准确、方便,这类测量系统已经广泛地应用于海洋工程模型试验等领域。

电阻式浪高仪的传感器是平行镶嵌的两根不锈钢钢丝,钢丝的端部直接由不锈钢细管固定在有机玻璃两端,如图5.13(a)所示。两根隔开的不锈钢钢丝作为探极,探极的两个导电体为同一种导电材料,并且保持平行安装,每个探极的上下位置、大小形状

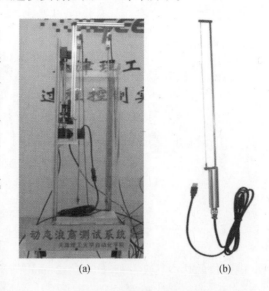

(a) (b)

图5.13 两种类型的浪高仪
(a)电阻式浪高仪;(b)电容式浪高仪

应一致,其测量的物理量是两根导线之间介质的电导率,它与导线的浸湿长度成正比。通过浪高仪不锈钢钢丝的电阻随着入水深度的变化,来达到测量波浪或水位变化的目的。电阻式浪高仪的电阻与其入水深度的关系可表达为

$$R_{\mathrm{w}} = \frac{d}{pl} \tag{5-1}$$

式中 d——两杆之间的距离;

p——水的导电率;

l——杆的入水深度。

加上电压 U、电位器 R_{w} 和测读仪表就构成简单的电阻式浪高仪。实际应用的电阻式浪高仪传感器通常采用惠斯登测量电桥,电桥电源采用交流电,以避免传感器电极极化现象。试验中,将传感器部分浸入水中,随着水面波动起伏,电阻发生相应的变化,输出电信号经转换后,由计算机采集记录水面波动的过程。

由于水的电导率随水温、水质的变化而变化,因此电阻式浪高仪通常受水温、水质的影响较大。当试验水温、水质变化较大时,需要进行重新率定,以免影响试验精度。近年来,由于电子技术迅速发展,有些电阻式浪高仪采用了水温、水质补偿电路,以消除因水温和水质的变化而引起的影响。

电阻式浪高仪结构简单,使用方便,频率响应宽,但由于受水温、水质和极化的影响以及率定系数的非线性等,存在一定的测量误差。

电容式浪高仪一般包括一根绝缘导线,如图5.13(b)所示,它与周围液体一起构成一个圆柱形电容器,其电容取决于浸湿长度。当水位发生变化时,其电容会相应地发生变化,这就会引起仪器读数的变化。如果将水位变化引起的电容变化与仪器读数结合起来,就可以将水位信号转化为一定的电信号并且被人们所识别。

电容式浪高仪的传感器有多种形式,可采用不同的材料,常用的有一氧化膜钽丝和聚乙烯绝缘线,传感器的精度取决于绝缘膜的均匀性和耐久性。钽丝电容式浪高仪的电路采用单结晶体管可控硅斩波电路,经过低通滤波器就可得到足够大的电流或电压输出。电流输出时可配用 SC 型光线示波器的 400 号振子使用;电压输出时可配用笔式记录器或送去A/D 转换,用计算机进行数据采集和处理。钽丝电容式浪高仪使用时,钽丝表面应保持清洁,切忌被油膜污染和坚硬物体刮碰,若沾上油污可用棉花蘸丙酮或酒精清洗。

电容式浪高仪的传感器也有用聚乙烯电线制成的。电线插入水中时,中心的金属导线为一个电极,水为另一个电极,形成一个电容器。它的电容量取决于传感器在水中那部分的长度、导线直径、绝缘厚度及其物理特性。

浪高仪在测量时可以不调零,因为在波高和周期的分析计算时,与调零无关。但是若进行波面数据处理时,就必须调零,例如计算波峰和波谷值时。浪高仪的调零操作应在造波之前的静水中进行。浪高仪在一般情况下不需要重新标定;但是由于元器件的老化变质,使灵敏度系数改变,就必须重新标定。浪高仪的标定应在水箱中进行,水箱的水位用测针测量。把浪高仪固定好,往水箱里注水,使传感器淹没一定的深度,浸水 20 min 后再开始率定。用排水管将水排出,使水面由上而下地逐次下降,大约有 6~8 次不同水位就可以了。

3. 流速仪

流速是海洋工程模型试验需要测量的基本要素之一。流速仪是一种专门测定水流速度的仪器,近年来随着电子技术和传感技术的迅猛发展,国内外测量流速的仪器设备越来越多,大致可分为旋桨式流速仪、电磁式流速仪、超声波流速测算仪等,它们的原理各不相同,相应的性能也不一样,在选择与使用时,需要根据实际情况和具体条件来考虑。

目前我国最常用的流速仪器一般多为旋桨式流速仪,如图 5.14 所示。旋桨式流速仪是通过旋桨传感器提供脉冲信号的一种流速测量装置,是国际标准组织(ISO)认可的最为常用的测量仪器之一。其原理是利用水流推动流速仪的旋叶或旋桨,同时带动转轴转动,在装有信号的电路上发出信号,便可知道在一定时间内的旋转次数。流速愈大,转轴转得愈快,流速与转速之间有一定的关系,这种关系是由厂家在仪器出厂之前,把流速仪放在特定的检定水槽里,通过实验方法来确定流速与转速间的函数关

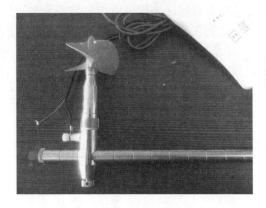

图 5.14　旋桨式流速仪

系。旋桨式流速仪按其传感器的结构又可分为电阻式、电感式和光电式三种,目前采用较多的是光电式。

电阻式传感器在其支杆的内侧装有两个铂金电极,支杆入水后,两个电极间便形成一个水电阻。假设旋桨为两叶桨,旋桨每旋转一周便产生两次水电阻阻值的变化,然后通过桥路输出电脉冲信号,送入计数器进行计数。电阻式传感器的优点是结构比较简单,易于实现。但其阻值大小受水温、水质、电极大小、氧化程度、遮蔽体大小、间隙距离等因素的影响,如果不在电路设计上进行解决,精确度与灵敏度均难以保证。

电感式传感器在其支杆下端嵌入一个线圈,旋桨的叶片中各嵌入一个永久磁铁,当旋

桨每旋转一周,便有与叶片数相同的电感脉冲输出,送至计数器进行计数。其输出脉冲是有极性的,能反映旋桨的旋转方向,因此也能测流向。电感式传感器不受水温、水质的影响,但支杆中的线圈加工与叶片中永久磁铁的镶嵌都要求较高的工艺,支杆顶端与旋桨边缘的间隙要求严格保持一定的数值,因此加工安装比较困难。另外其输出信号只有毫伏级,比较弱小。

光电式传感器的旋桨叶片边缘上贴有反光镜片,传感器上端安装一发光源,经光导纤维传至旋桨处,旋桨转动时,反光镜片产生反射光,经另一组光导纤维传至光敏三极管,转换成电脉冲信号,由计数器计数。光电式传感器输出信号较强,受水温、水质影响小,工作可靠。

电磁流速仪是一种测量导电流体流速的仪表,其测量管光滑无阻、压力损失小、精度高、应用广泛。自 20 世纪 50 年代问世以来发展很快,到了 70 年代,电磁流速仪的主流是采用商用频率激磁方式,80 年代采用了具有商用电源整数倍周期的低频或方波激磁方式。电磁式流速仪的被测介质必须是导电的液体或浆液,另外该流速仪的测量电极之间的电位差很小,为毫伏级,而且除了流速信号外还包括一些与流速无关的信号,如同相电压、共模电压等。为了正确测量流速,必须消除各种干扰信号并有效放大流速信号,为此电磁流速仪的结构和线路比较复杂,成本较高,且容易受外界电磁干扰的影响。

电磁式流速仪原理是把水流作为导体,在一定的磁场中切割磁力线,即产生电动势,其电压与流速成正比。仪器没有转子,外形光滑、体积小、功耗低,体腔中有励磁线圈,在表面与磁力线垂直的方向上镶有一对电极与水体相通。当水流在其表面流动时,电极上产生微量电压信号,用导线传送到计数器上,经放大和模数转换等电路处理,即可直接显示流速。

超声多普勒流速仪是应用声学多普勒效应原理制成的测流仪,是一种单点、高分辨率、三维多普勒流速仪,采用超声换能器,用超声波探测流速。测量点在探头的前方,不破坏流场,测量精度高、量程宽;可测弱流也可测强流;分辨率高,响应速度快;可测瞬时流速也可测平均流速;测量线性,流速检定曲线不易变化;无机械转动部件,不存在泥沙堵塞和水草缠绕问题;探头坚固耐用,不易损坏,操作简便。

5.2.2　六自由度运动测量仪

在海洋工程的模型试验中,对浮式结构六自由度运动的测量是重要的试验测量内容之一,测量的关键是具有高精度的六自由度运动测量仪器。目前国内外最常用的六自由度运动测量仪是光学无接触式测量系统,这类测量系统在海洋工程模型试验中的应用也较为成熟。英国 TSS 公司生产的 DMS – 05 运动传感器(Motionsensor)、法国 IXSEAC 公司生产的 OCTANS 运动传感器以及瑞典 QUALISYS 公司生产的 Qualisys 三维运动测量仪都可以应用到海洋工程模型试验的六自由度运动测量中。

这里以哈尔滨工程大学深海工程技术研究中心采用的 Qualisys 三维运动采集与分析系统为依托,对该设备进行详细介绍。Qualisys 三维运动采集与分析系统由数台数字运动捕捉摄像机、分析软件、获取单元、校准设备、标记球和设备固定装置组成,可与测力台等外设进行同步测试。可选择超高速红外摄像机,拍摄速度可达每秒 10 000 次,能精确捕捉高速运动物体的轨迹,并进行相关技术参数分析。软件包含 QTM 数据管理软件,支持 Visual 3D 软件分析功能,可以提供数据输出、模型建立、运动轨迹、步态分析及结果报告打印。该系统在物理模型试验、人体运动科学研究、康复医疗、体育教育和运动训练等多个领域得到广泛应用。图 5.15 为哈尔滨工程大学深海工程研究中心所用的 Qualisys 实物图。

图 5.15　Qualisys 镜头实物图

　　Qualisys 镜头采样频率可达 10 000 Hz,既可用红外采集人体或物体的运动轨迹,也可采集视频影像(独有特点),红外高速镜头具有红外采集和高速视频采集双重功能,根据实际情况可设定镜头功能(独有特点)。镜头内置显示器,128 × 64 高对比度 OLED,可独立显示镜头标号、标记数量、标记密度及标记质量等信息(独有特点)。支持无限多的镜头连接,镜头之间连接采用串联方式,不需要转接器。标定系统体积小,便于携带,标定方法简便快捷。

　　系统采集运动的动力学参数、EMG 波形和测力台数据传输到 QTM 软件后,可同步呈现。QTM 是 Qualisys 的系统操作软件,是在 Windows 基础上开发的运动采集软件,可以使用户简单方便地实现 2D 和 3D 动作捕捉。与 Oqus 镜头一起,QTM 准确实现用户 2D,3D 和 6DOF 实时数据浏览。

　　QTM 软件可以采集原始数据,最真实地反映物体运动的实际情况。采集系统的接口建立在一个特有的开放的软件平台之上,使用者可以根据要求来进行自定义,加入所需要的功能,并可运行现在流行的各种脚本语言来自行编写脚本,例如 C + + ,Delphi,Visual Basic 和 Java 等。并且它拥有自动识别反光标贴功能,软件能就反光标贴的形状、大小和数量进行识别,提高识别的精确度,大大减少工作人员的工作量。该软件也可输出成不同的数据格式,如 TSV,C3D,Matlab,并可直接输出到多种应用软件上使用,如 Matlab,Visual 3D 等。支持视频影像覆盖功能,将视频影像与棍图或散点图在同一界面呈现。而且可任意连接台式或手提电脑,并在 Windows 98SE,2000 Professional 或 XP Professional,Vista 等操作系统上运行。

　　进行测量前,镜头捕捉安装在浮体上的光球,如图 5.16 所示,安装在浮式结构物上的三个球形灰色物体即为光球。这种配套光球表面涂有特殊材料,以确保镜头能够准确捕捉而不受外界影响。试验时,固定在浮体上的光球随浮体一起运动,镜头将光球的运动实时返回给采集系统,进行数据分析后,给出浮体的六自由度运动测量结果。

图 5.16　Qualisys 光球

5.2.3　加速度传感器

运动加速度是衡量船舶与海洋平台上人和设备在作业时适应能力的重要指标性参数，因此在风、浪、流模型试验中，特别是对于作业海况的试验，往往需要在船舶或浮式海洋平台模型甲板上的某些重要部位，如生活舱室、火炬塔、油气分离设备等位置，安装数个加速度传感器，直接测量该处各个方向运动的加速度。

加速度传感器是一种能感受加速度并转换成可用输出信号的传感器，如图 5.17 所示。根据牛顿第二定律，只需测量作用力 F 就可以得到已知质量物体的加速度。利用电磁力平衡这个力，就可以得到作用力与电流（电压）的对应关系，通过这个简单的原理来设计加速度传感器，其本质是通过作用力造成传感器内部敏感元件发生变形，通过测量其变形量并用相关电路转化成电流（电压）输出，得到相应的加速度信号。

图 5.17　各个类型的加速度传感器

多数加速度传感器是根据压电效应的原理来工作的。所谓的压电效应就是对于不存在对称中心的异极晶体，加在晶体上的外力除了使晶体发生形变以外，还将改变晶体的极化状态，在晶体内部建立电场，这种由于机械力作用使介质发生极化的现象称为压电效应。一般加速度传感器就是利用了其内部的由于加速度造成的晶体变形这个特性，由于这个变形会产生电压,只要计算出产生电压和所施加的加速度之间的关系,就可以将加速度转化成电压输出。当然,还有很多其他方法来制作加速度传感器,比如压阻技术、电容效应、热气泡效应、谐振式、隧穿式等,但是其最基本的原理都是由于加速度引起某个介质产生变形,通过测量其变形量并用相关电路转化成电压输出。

目前常见的加速度传感器有四种:压电式加速度传感器、压阻式加速度传感器、电容式加速度传感器、伺服式加速度传感器。

压电式加速度传感器又称压电加速度计,它属于惯性式传感器。压电式加速度传感器的原理是利用压电陶瓷或石英晶体的压电效应,在加速度计受振时,质量块加在压电元件上的力也随之变化。当被测振动频率远低于加速度计的固有频率时,则力的变化与被测加速度成正比。压电式加速度传感器具有动态范围大、频率范围宽、坚固耐用、受外界干扰小以及压电材料受力自产生电荷信号而不需要任何外界电源等特点,是被最为广泛使用的振动测量传感器。

压阻式加速度传感器的敏感芯体为半导体材料制成电阻测量电桥,其结构动态模型是弹簧质量系统,当加速度传感器受振时,由于压阻效应,半导体材料的电阻率发生变化,其阻值也相应发生变化,通过测试电阻的变化量,可以得到加速度的大小。现代微加工制造技术的发展使压阻形式敏感芯体的设计具有很大的灵活性以适合各种不同的测量要求,在灵敏度和量程方面,从低灵敏度高量程的冲击测量,到直流高灵敏度的低频测量都有压阻形式的加速度传感器。同时压阻式加速度传感器测量频率范围也可从低频率到几十千赫兹的高频率,超小型化的设计也是压阻式传感器的一个亮点。需要指出的是尽管压阻敏感芯体的设计和应用具有很大灵活性,但对某个特定设计的压阻式芯体而言其使用范围一般要小于压电式传感器。压阻式加速度传感器的另一个缺点是受温度的影响较大,使用的传感器一般都需要进行温度补偿。

电容式加速度传感器的结构形式一般也采用弹簧质量系统,其原理是当质量块受力的作用发生运动,从而改变质量块与固定电极之间的间隙使电容值变化,通过测量电容值的变化量可以得到加速度的大小。电容式加速度计与其他类型的加速度传感器相比具有灵敏度高、零频响应、环境适应性好等特点,尤其是受温度的影响比较小。但不足之处表现在信号的输入与输出为非线性,量程有限,受电缆的电容影响,以及电容传感器本身是高阻抗信号源,因此电容传感器的输出信号往往需通过后继电路给予改善。在实际应用中电容式加速度传感器较多地用于低频测量,其通用性不如压电式加速度传感器,且成本也比压电式加速度传感器高得多。

伺服式加速度传感器是一种闭环测试系统,具有动态性能好、动态范围大和线性度好等特点。传感器的振动系统也是由弹簧质量系统组成的,与一般加速度计相同,但质量块上还接着一个电磁线圈,当基座上有加速度输入时,质量块偏离平衡位置,该位移大小由位移传感器检测出来,经伺服放大器放大后转换为电流输出,该电流流过电磁线圈,在永久磁铁的磁场中产生电磁恢复力,力图使质量块保持在仪表壳体中原来的平衡位置上,所以伺服加速度传感器在闭环状态下工作。由于有反馈作用,增强了抗干扰的能力,提高了测量精度,扩大了测量范围,伺服加速度测量技术广泛地应用于一些精度要求高的系统中。

加速度传感器的主要技术指标一般包含三方面:量程、灵敏度和宽带。测量不同的物体的运动所需要的量程是不同的,要根据实际情况来衡量。对于一个仪器来说,一般都是灵敏度越高越好的,因为越灵敏,对周围环境发生的加速度的变化就越容易感受到,加速度变化大,很自然地输出的电压的变化相应地也变大,这样测量就比较容易方便,而测量出来的数据也会比较精确。带宽指的是传感器可以测量的有效的频带,需要注意的是海洋工程模型试验中其加速度的振动频率一般在 50 Hz 以内,因此选择加速度传感器时一定要注意带宽范围。

5.2.4 测力传感器

浮式海洋平台在风、浪、流作用下受到的流体动力载荷种类繁多,因而在模型试验中需要用各类测力传感器测量相应的载荷。与六自由度运动相对应,船舶与海洋平台模型在风、浪、流作用下会受到六个方向的力和力矩的作用,包括纵向、横向和垂向的三个分力和三个分力矩。这些力和力矩有时也存在于模型与模型之间、模型局部结构之间的连接处。对于这些力和力矩的测量,视需要可用三分力、四分力、五分力或六分力等不同类型比较复杂的测力传感器。另外,在海洋工程模型试验中也常常会用到一些相对简单的单向测力传感器,例如测量锚链、系泊缆和立管所受张力的拉力传感器,测量靠泊力、波浪砰击力的压力传感器,测量支撑或连接杆件所受轴向拉力和压力的拉压传感器等。

测力传感器通常将力转换为正比于作用力大小的电信号,使用十分方便,因而在工程领域及其他各种场合应用最为广泛。图 5.18 给出了可以测量纵向、横向和垂向三个分力和三个分力矩的六分力传感器实物图。测力传感器种类繁多,依据不同的物理效应和检测原理可以分为电阻应变式、压磁式、压电式、振弦式等。

图 5.18 六分力传感器

电阻应变式测力传感器是由弹性敏感元件和贴在其上的应变片组成的。它的工作原理是,当被测物体受到外力作用发生变形时,粘贴在物体表面的电阻应变片的几何尺寸和电阻系数都将随之发生变化,从而改变电阻应变片阻值,即首先把被测力转变成弹性元件的应变,再利用电阻应变效应测出应变,从而间接地测出力的大小。应变片的布置和接桥方式,对于提高传感器的输出灵敏度和消除有害因素的影响有很大关系。在应变片测力传感器的结构中,一般是将 4 个电阻应变片成对地横向或纵向粘贴在元件的表面,使应变片分别感受到元件的压缩和拉伸变形。通常 4 个应变片接成电桥电路,可以从电桥的输出中直接得到应变量的大小,从而得到作用在元件上的力。

压磁式测力传感器的工作原理与磁性有关,当铁磁材料在受到外力拉、压作用而在内部产生应力时,其磁导率会随应力的大小和方向而变化。受拉力时,沿力作用方向的磁导率增大,而在垂直于作用力的方向上的磁导率略有减小。受压力时,沿作用方向的磁导率变化正好相反。这种物理现象就是铁磁材料的压磁效应。这种效应可用于力的测量。压磁式测力传感器的输出电势比较大,通常不必再放大,只要经过滤波整流后就可直接输出,但要求有一定的激磁电源。压磁式测力传感器可测量很大的力,能在恶劣条件下工作,但其频率响应不高,测量精度一般在 1% 左右。

压电式测力传感器是基于压电效应的传感器,是一种自发电式和机电转换式传感器。它的敏感元件由压电材料制成,压电材料受力后表面产生电荷,此电荷经电荷放大器和测量电路放大和变换阻抗后就成为正比于所受外力的电量输出。压电式传感器用于测量力和能变换为力的非电物理量,它的优点是频带宽、灵敏度高、信噪比高、结构简单、工作可靠和质量轻等。缺点是某些压电材料需要防潮措施,而且输出的直流响应差,需要采用高输入阻抗电路或电荷放大器来克服这一缺陷。

振弦式测力传感器是以拉紧的金属弦作为敏感元件的谐振式传感器,当弦的长度确定之后,其固有振动频率的变化量即可表征弦所受拉力的大小,通过相应的测量电路,就可得到与拉力成一定关系的电信号。振弦式测力传感器具有一定的特点,它是将被测物理量等换成频率分量,而频率量传输的是准数字信号,这在最新传感器原理分类上,将振弦式传感器定性为准数字信号传感器,所以它具有了数字传感器在应用和传输中的诸多优点。

在海洋工程模型试验中也会经常用到一种特殊的测力传感器,它主要用来测量拉力大小,称为拉力传感器。拉力传感器又叫电阻应变式传感器,它是基于以下原理工作的:弹性体(弹性元件、敏感梁)在外力作用下产生弹性变形,使粘贴在它表面的电阻应变片(转换元件)也随同产生变形,电阻应变片变形后,它的阻值将发生变化(增大或减小),再经相应的测量电路把这一电阻变化转换为电信号(电压或电流),从而完成了将外力变换为电信号的过程。根据不同拉力的力度和大小设计出外观不同的拉力传感器,有 S 型拉力传感器、板环拉力传感器等。图 5.19 的(a)和(b)分别为 S 型拉力传感器、板环拉力传感器。

（a）　　　　　　　　　　　　　　　（b）

图 5.19　两种类型的拉力传感器

(a)S 型拉力传感器;(b)板环拉力传感器

5.2.5　其他测量仪器

以上对海洋环境条件测量仪器、六自由度运动测量仪、加速度传感器、测力传感器等进行了较为详细的介绍。一般情况下,这些仪器在试验中都是必不可少的,除此之外还有其他的一些仪器也在模型试验中扮演着重要的角色,例如线位移传感器、陀螺仪、相机、高速摄像机等。

对于模型物体运动或相对运动的测量,除光学六自由度运动测量仪外,有时根据试验需要,还使用比较简便的仪器直接测量得到有关的运动参数,这些仪器包括线位移传感器、陀螺仪等。

线位移传感器可以测量单个方向的线位移,例如超大型浮体沿长度方向的垂向线位移或两个构件连接处的相对线位移。线位移传感器又称为线性传感器,是一种属于金属感应的线性器件,传感器的作用是把各种被测物理量转换为电量。按被测变量变换的形式不同,线位移传感器可分为模拟式和数字式两种,模拟式又可分为物性型和结构型两种。数字式线位移传感器的一个重要优点是便于将信号直接送入计算机系统,这种传感器发展迅速,应用日益广泛。图 5.20 中为几种线位移传感器的实物图片。

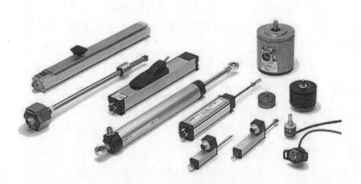

图 5.20　线位移传感器

陀螺仪可以测量横摇和纵摇运动,例如船模横摇试验中的运动测量,只需要测量横摇和纵摇,这时便可采用相对简单的陀螺仪。陀螺仪的原理为:一个旋转物体的旋转轴所指的方向在不受外力影响时,是不会改变的。人们根据这个道理,用它来保持方向,制造出来的东西称为陀螺仪。陀螺仪在工作时需要一个外力,使它快速旋转起来,一般能达到每分钟几十万转,可以工作很长时间。然后用多种方法读取轴所指示的方向,并自动将数据信号传给控制系统。陀螺仪分为压电陀螺仪、微机械陀螺仪、光纤陀螺仪和激光陀螺仪,它们都是电子式的,并且它们可以和加速度计、磁阻芯片、GPS 等组合做成惯性导航控制系统。图 5.21 为一种先进的三轴电子陀螺仪。

图 5.21　三轴电子陀螺仪

此外,在模型试验中高像素的相机也是必需的,相机可以记录模型试验各个阶段的详细过程,也可以拍摄记录整个试验过程中的模型情况,模型在风、浪、流作用下的运动情况等。对于试验中某些瞬时现象,如果需要观察其状态、特点等,就需要一部高速摄像机,例如在甲板上浪试验中用于观测上浪水的运动演化情况,在柔性构件涡激振动试验中用于观测柔性构件的振动情况等。

5.3　试验数据采集系统

海洋工程模型试验数据的准确性与水池测试系统的精度有直接关系,应用计算机对模型试验数据的采集、分析和处理是提高测试精度及实现模型试验研究现代化的重要手段。

数据采集系统的任务是把模型试验被测的参数采集后以数字量的形式进行存储、处理、传送、显示或打印。海洋工程模型试验数据采集系统由硬件和软件两部分组成,硬件和软件的性能相匹配,共同完成试验数据的采集任务。其中硬件的配置如图 5.22 所示。

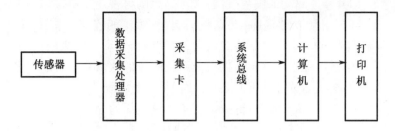

图 5.22　数据采集系统硬件组成框图

其中的数据采集处理器包含了信号放大器、采集箱、模数(A/D)转换器等设备。

传感器是按一定规律将被检测信号转换成便于进一步处理的模拟电信号(如电压、电流或脉冲)的器件。例如,使用压力传感器可以获得随压力变化而变化的电压值,使用转速传感器可以把转速转换为对应频率的脉冲信号等。当然,如果直接针对电信号数据采集,则不需要使用传感器。通常把传感器到 A/D 转换器的这一段信号通道称为模拟通道。

在接到一个具体测试任务后,如果被测对象没有电信号输出,需要根据被测控对象选择合适的传感器,从而完成非电物理量到电量的转换,经传感器转换后的电量,如电流、电压等信号幅度往往很小,很难直接进行模数转换。因此,需要对这些模拟电信号进行放大处理,同时完成与被测系统阻抗相匹配等处理工作,这些工作就需要信号放大器来处理。

在数据采集系统中,往往要对多个物理量进行采集,即多路巡回检测,这可以通过多路模拟开关来实现。为了保证经 A/D 转换器转换后的数字信号能够正确地反映原先的模拟信号,不仅需要有足够高的采样率,而且在进行 A/D 转换时输入到 A/D 转换器上的模拟信号电压必须保持在某一固定时刻的采样值上,在 A/D 转换期间这个值维持不变。用于完成这种功能的电路称为采样箱。

A/D 转换器是将模拟电压或电流转换成数字量的器件,它是模拟系统通往数字系统的桥梁,是数据采集系统的核心部件之一。由于输入信号变化的速率不同,系统对分辨率、转换速率、转换精度以及成本的要求也不同,因此 A/D 转换器的种类有很多。早期的采样/保持电路和 A/D 转换电路需要数据采集系统的研发人员自行设计,但是随着微电子技术的发展,目前许多 A/D 转换器已经将采样器和基准电源都集成到单片 A/D 芯片上,不仅简化了设计的工作量,同时也提高了系统的性能。A/D 转换器将转换后的结果输出给下一级电路,有的采用并行编码输出,如 AD6645 的输出是一个 14 位的数字信号;有的采用串行编码输出,如 AD1110 的数字端使用 I²C 串行总线来通信。A/D 转换器的主要性能指标包括:分辨率、转换速率、量化误差、偏移误差、满刻度误差、线性度等。

在测试过程中,由于被测信号的大小和波形式有差异,所以在信号输入到计算机之前必须进行预处理。数据处理器把传感器的信号经过滤波、整形、放大处理后,成为 A/D 转换板能接收的信号。

系统工作时,计算机发出指令对各个采集通道进行程序控制,选中的通道将输入的被测信号进行处理放大,通过 A/D 转换板将模拟电压信号转换成数字信号送入计算机。计算机根据用户的选择,保存处理数据,最后得到不同的曲线,以及计算出用户希望的结果。

海洋工程模型试验数据采集系统的软件系统采用某种程序语言编制,例如 Visual Basic,Labview,Matlab 等语言,它们是可视化的面向对象、采用事件驱动方式的结构化高级程序设计语言,利用其事件驱动的编程机制,新颖易用的可视化工具,并使用 Windows 内部应用程序接口函数,利用动态链接库、动态数据交换,对象的连接与嵌入以及开放式数据库,可以快速地建造 Windows 环境下功能强大、图形界面丰富的应用软件系统。目前国内外有许多套可以为海洋工程模型试验数据采集系统服务的软件系统,同时用户也可以根据试验的实际情况编写相应的软件处理程序,为数据采集系统服务。

前文主要对数据采集系统的组成部分进行了比较详细的介绍,为了更加清晰地展现数据采集系统的功能,现以哈尔滨工程大学综合试验深水池的数据采集系统为例,简要地介绍其功能如下:

(1)数据采集的通道数为 128,试验中可任意选用 1～128 通道进行数据采集。在要求记录的测试数据多于 128 项时,可增加通道数目以满足试验需要。

(2)每个通道数据的最高采样频率为 1 000 Hz,试验中可在 1～1 000 Hz 之间任意选用采样频率,实际工作中常用的采样频率为 20 Hz,25 Hz,30 Hz,40 Hz,相应于每秒钟采集 20,25,30,40 个数据。

(3)系统总的数据采集时间仅受硬盘容量的限制。以目前计算机技术的发展水平,普通硬盘的容量一般都能满足整个项目的所有试验数据采集的需要。

(4)采用基于 Windows 操作系统的可视化、集成化专用软件,兼顾实时数据的显示速度和数据的采集能力。

(5)软件自动生成的采集数据文件,是以实验室特定的二进制数据格式来存储采集的数据,并以标准方式命名。可以将采集数据文件以月、日、时、分作为标准方式命名,例如 12031539. out,表示 12 月 3 日 15 时 39 分采集的试验数据文件。

(6)数据采集系统具有实时数据统计与数据处理能力,每个单项试验的数据采集结束时,立即可以列表给出所有通道采集数据的基本统计值,如最大值、最小值、平均值及均方差等。

(7)本采集系统能同局域网内其他计算机上的采集或驱动系统进行通信,协同工作。

(8)试验过程中可以通过相应的显示界面来显示和监视数据采集的情况,也可在试验开始前用于仪器的标定。

5.4 航车系统

海洋工程试验水池航车是进行船舶与海洋工程结构物水动力性能试验的基本设备,其作用是拖曳船模或其他模型在试验水池中做匀速运动,包括 X 方向和 Y 方向的运动,以测量速度稳定后的结构水动力相关参数,达到预报海洋工程结构物水动力特性的目的。简单理解,航车应包括总体结构、电机电控系统、轮系和刹车系统以及测量和观测平台;此外,还应该包括测试仪器仪表、数据采集和处理系统。航车在满足自身结构强度及承载能力要求的同时,应该尽量轻便,减少自重,以便提高运行速度;同时在结构布置上充分考虑开放性及以后的改装升级,便于与其他测试设备连接,方便试验的开展。

哈尔滨工程大学多功能试验深水池的航车包含了 X 方向主航车、Y 方向副航车以及转台等,其布置如图 5.23 所示。主航车横跨水池宽度架设,做纵向运动(沿着水池长度方向为 X 方向),副航车悬挂在主航车下方,做横向运动(沿水池宽度方向为 Y 方向),副航车的下面设置有一个工作控制室,其底部有一个转台,转台的运动同时受控于主、副航车。

图 5.23　哈尔滨工程大学多功能试验深水池航车

该航车系统 X 方向最大航速为 3 m/s,Y 方向最大航速为 2 m/s,此外通过控制系统的设置,航车可做斜线运动,并且可在水池内进行圆周运动,最大运动直径为 28 m。

5.5　起重系统

在海洋工程模型试验中,为了对一些大质量物体进行布置,海洋工程试验水池都会配有相应的起重系统,对于目前国内外的试验水池,基本上都是采用的桥式起重机系统。桥式起重机一般由桥架(又称大车)、大车移行机构、装有提升机构的小车、操纵室、小车导电装置(辅助滑线)、起重机总电源导电装置(主滑线)等部分组成,图 5.24 为某试验水池桥式起重机的图片。对于海洋工程试验水池的起重系统来说,一般要求其有效起吊高度,即吊钩到地面的距离应大于水池的水深,以便满足对吊物高度的要求。

图 5.24　桥式起重机

第6章 海洋工程模型试验的前期准备

在海洋工程模型试验中,与模型试验相关的前期准备工作非常重要,前期工作准备是否充分,直接关系到试验成功与否,因此往往花费的时间比开展试验本身花费的时间长。模型试验的前期准备工作主要包括:试验模型的加工、试验模型的标定、环境条件的模拟与标定、测试系统的标定与安装、模型系泊就位与标定,每一项工作的有序进行和精度控制都影响着最终的试验结果。

6.1 试验模型的加工

开展模型试验的第一步就是加工试验模型,包括浮体、系泊系统和立管系统,有时也需要加工辅助试验进行的特殊部件。浮体模型首先需要满足与实体的几何相似,其次通过压载块调整的方法来满足动力相似的条件,另外如桩腿、导管架等特殊构件,需要考虑构件的强度是否满足要求。系泊系统和立管系统首先要满足的条件为力学性能相似,其次保证几何相似。其他特殊部件如吊绳、模型承载架、辅助标定设备等根据具体用途和情况进行加工。

6.1.1 浮体

海洋工程模型试验中的浮体主要包括各种类型海洋平台、浮式生产储油装置(FPSO)、浮筒(CALM)以及其他用途的海洋工程船舶。模型制作的一般步骤如下。

1. 确定浮体模型缩尺比

在模型制作的第一步,首先需要确定合适的缩尺比。国际海洋工程界一般公认的最佳模型缩尺比范围是1∶40~1∶100。然而,在实际选择模型的缩尺比时,应综合考虑试验任务书中规定的各项要求和海洋工程水池本身的功能。其中需要考虑的因素主要有以下几点。

(1)经过缩小后模型的尺寸大小和强度,是否满足模型属性调整需要。模型的大小一般是考虑缩尺比的首要因素,如果模型尺寸过小,则会造成试验中的尺度效应,而且在制作模型时也难以保持其精度;另外,如果模型尺寸过大,在对模型的运输过程中会存在一定的困难,更重要的是在试验时模型尺寸过大会受到试验水池池壁效应的影响,产生过量的波浪反射而影响试验精度。实船主参数都是经过严格计算得到的,经过缩小后其强度也应满足试验要求,否则在试验过程出现损坏等情况会导致试验的停止。

(2)海洋工程水池的主要尺度,如长、宽、深是否满足模拟水深的要求,是否满足模拟系泊系统伸展范围的要求。物理模型试验要能模拟浮体的实际海洋环境,而水池的大小,特别是其深度,对于海洋水深的模拟起着至关重要的作用。在确定试验缩尺比的大小时必须要考虑水池的尺寸,以保证能够满足模拟试验水深的要求。另外,试验系泊系统的布置需要一定的空间,这时就需要选择合适的缩尺比以保证水池能够有足够的空间来模拟试验浮体的系泊系统。

(3)海洋工程水池在模拟风、浪、流时,要根据试验任务书规定的实际海洋环境参数,经过缩尺后得到的模型试验环境参数,如有义波高、有义周期、流速和风速等,这些参数需要在水池试验设备的能力范围内。目前的试验水池造风系统的造风能力在各个缩尺比下一般都能满足相关要求,而造波造流系统的工作能力有一个范围,在选择缩尺比时需要考虑水池的造波、造流能力。

(4)海洋工程水池各类测量仪器在使用时也要考虑其测量范围,如测量风、浪、流的参数,平台六自由度运动响应和系泊线拉力等,都要在测量设备的可测范围内。这些测量仪器一般都会有一个量程和分度值,选择缩尺比时就需要考虑测量仪器这两方面是否能满足试验的要求。

总的来说,在进行缩尺比的选择时需要综合考虑以上各个因素,而且也需要结合具体的模型试验,经过严格考虑做出选择。目前的海洋工程模型试验研究也在逐渐地迈向深水,对于有些试验,大多数的海洋工程试验水池尺寸并不能满足试验的要求,这就需要结合更加先进的试验方法,如混合模型试验等来解决问题,这就要求我们在选择试验缩尺比时需要考虑更多的因素。

2. 浮体模型制作工艺

根据缩尺比,确定浮体模型各主要部件的主尺度。对于具有船舶结构的浮体,如 FPSO、铺管船等,首先确定船舶模型的总长、垂线间长、型宽、型深和吃水,其次根据实船横剖面型线图按照缩尺比缩小后得到模型的横剖线图,以供模型加工车间使用。其他类型的浮式结构,如半潜式平台、张力腿平台及单柱式平台等,甲板以下的形状结构复杂多样。因此在制作海洋平台这种结构时,首先根据实体的设计图纸按缩尺比绘制模型加工总图,其次各分件也要绘制分图。平台模型不必要按照实体那样进行主体和分件的划分,综合考虑模型加工工艺和尺寸大小,尽量减少分件的个数,而且要确定每一个分件与模型主体的连接方法。

海洋工程模型试验浮体模型的制作中需要着重考虑的一点是选择合适的模型材料。一般情况下模型的材料选择需要考虑:模型制作完成后具有足够的浮力;模型在加载荷和正常试验的测量时间内,无显著的变形产生;材料在保证强度的前提下易于加工制作,易制成各种材料性能较为均匀、试验所要求的特定形状,且要求在成型过程中变形小;物理、力学、化学、热学等性能稳定,材料受力不受时间、温度、湿度等变化的影响;价格相对便宜,容易获取等。

制作浮体模型的材料主要有固体石蜡、木材、泡沫板材和玻璃钢材料。固体石蜡容易成型,可再利用和对环境无污染,但是模型必须存放于水中,而且只适用于静水试验。木材取材方便,模型有较高的强度,但是模型有可能渗水,总质量一般较大。泡沫材料轻便但是价格高,而且会造成很多浪费。玻璃钢材料加工成本比较高,适用于结构强度大而且质量轻的模型。下面主要介绍常用的两种材料——木材和玻璃钢的加工方法。

对于由木材加工成型的浮体,通常都是用木质板材粘叠成毛坯,待粘固后在专用的船模切削机床上按型线图依照水线自船底至甲板分层仿形切削,切削完毕后手工去除多余部分并打磨光顺,最后喷涂二至三道油漆,便制成了与实物几何相似的主体模型。切削机床一般有五轴式和七轴式,图 6.1 展示了一台五轴式切削机加工木材模型的过程,该切削机的每个轴的切削精度达到 ±0.16 mm/m。

玻璃钢材料由于质量轻而且结构强度大,所以现在很多船舶和海洋平台模型都用玻璃钢材料制作。用玻璃钢制作模型一般采用倒模加工工艺,即先加工模具,其次在模具表面逐层涂上调好的玻璃钢材料,等待凝固成型即可。以加工 FPSO 模型为例,根据横剖线沿船

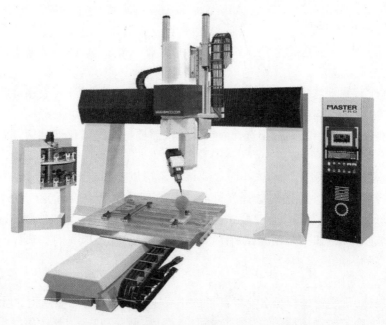

图 6.1　五轴式切削机加工木材零件模型图

长的变化情况,选择若干个站位的横剖线,一般船首和船尾选的站位比较密,因为船首和船尾的型线变化比较大。用激光雕刻机按照选出来的横剖线切割木板,将切割好的木板按照站位顺序摆好并且固定于操作台上,船模的形状就由这些站位的木板决定。在相邻的木板之间贴上木条,涂上油泥或者石膏,并将表面打磨光顺,这时阳模制作完成。在阳模表面浇注玻璃钢液体,待凝固成型后,翻开模具,取出阳模,得到模型的阴模,在阴模表面涂上玻璃钢,待玻璃钢固化后去掉阴模则得到了船体模型。由于采用倒模工艺,而且确定阳模外形的木板均是由激光雕刻机按照缩放后的船体横剖线切割的,所以制作的模型尺寸精度较高,对于总长在 3～5 m 的船模,船长误差仅有 1 mm。由玻璃钢材料制作的模型不仅水密性好,而且强度高,不易变形。

　　模型的加工与制作是一项比较精细的技艺,一般情况下,模型试验会对其模型的加工制作精度有一定的要求。对于 FPSO 及穿梭油轮等船模,ITTC 规定:一艘长 5 m 左右的模型,其总长的误差不能超过 3 mm,吃水的误差不能超过 1 mm。对于其他类型的海洋平台,其加工制作的误差也可参照此规定进行控制,但吃水的误差不能超过 1 mm。

　　模型试验中浮体的加工制作,首先需要在外形上保持与浮体实体几何相似,在主尺度等方面满足加工精度的规定,然后需要考虑的是模型是否具有足够的强度和水密性能。另外需要注意的是,模型本身的质量不宜过大,因为在模型制作完成后的模型质量、重心位置和惯量等属性的标定过程是需要依靠放置并移动、调节压载块来实现的,如果制作的模型本身的质量过大,则无法在其上继续放置一些必要的压载块,也就无法完成模型属性的标定过程,这时就只能重新对模型进行修改,减轻自重,加大了试验成本和时间消耗。所以一般来说,制作完成的模型本身的质量要求能控制在模型排水量的三分之一以下,这样就至少有三分之二的压载块质量用于调节模型的各种属性参数。

6.1.2 系泊系统

1. 确定系泊线模型属性

浮式海洋平台的系泊链常用锚链、钢丝绳、强力尼龙缆等组成。由于系泊链在水中呈悬链线状,与周围的海水有相对运动而受到水流的作用,因而对系泊链的模型要求按实体根据几何相似和弹性相似进行制作和模拟。

(1)系泊链本身外形的几何相似。根据实体系泊链的尺寸(长度和直径)按缩尺比选用模型系泊链的长度和直径。对于锚链和钢丝绳,模型选用微型锚链和钢丝绳模拟;对于尼龙缆,模型选用软绳或微型钢丝绳模拟。

(2)系泊链悬链线形状的几何相似。为了保证实物和模型的系泊链在静水中的悬链线形状几何相似,必须使两者单位长度的质量相似。一般来说,满足长度和直径几何相似的模型系泊链的单位长度质量不会直接满足相似要求,为此需要根据实体系泊链的质量按相似要求算出模型链的质量,然后将模型链加上配重(一般用细软的保险丝)用称重的办法得到满足要求的模型链质量。最后将保险丝截成等长度(1~2 cm)的若干小段,并将每一小段沿模型链全长均匀而离散地绕紧,由此得到的模型系泊链基本上达到了悬链线形状几何相似的要求。

(3)弹性系数(拉伸刚度)相似。浮式海洋平台在风、浪、流中运动时,系泊链会受到拉力而伸长变形,在制作模型系泊链时还要求满足弹性系数相似,才能使模型试验中系泊链受到的拉力及其伸长变形与实体相似。弹性系数是指拉力与伸长变形(应变)之间的关系,计算公式为

$$\frac{\Delta l}{l} = \frac{F}{EA} \tag{6-1}$$

式中 l——系泊链长度;

Δl——系泊链受到拉力 F 后的伸长量;

$\dfrac{\Delta l}{l}$——应变;

E——弹性模数;

A——截面积;

EA——截面刚度。

2. 系泊线模型制作工艺

模型试验中根据几何相似选用的系泊链模型的弹性系数一般很难满足弹性系数相似的要求,为了解决原型与模型之间的弹性模拟问题,在模型系泊链上配接合适的弹性系数的弹簧,是普遍采用的模拟方法,但应注意两点:一是模型系泊链加上配接弹簧后的长度要与实物锚泊线的长度几何相似;二是配接的弹簧在试验范围内受力后的变形伸长,必须在弹性恢复的范围之内,不允许出现永久性变形。

对于锚链和钢丝绳,实物的受力 F 与应变之间呈线性关系(即 EA 为常数),一般可根据式(6-1)计算得到,试验中采用一根弹性系数恒定的弹簧即可满足要求。对于弹性系数的模拟过程如下:

(1)根据计算得到的实体弹性系数换算至模型值。

(2)采用根据几何相似制作完成的系泊链模型,测量弹性系数,并计算配接弹簧所需要的弹性系数值。

（3）挑选弹性合适的弹簧，计算并截取所需要的弹簧长度。

（4）组合而成的系泊链模型，通过挂砝码（F），测量伸长量（Δl），得到 F 与 $\Delta l/l$ 的关系。如果与所要求的 $F-\Delta l/l$ 曲线差异较大，则重新进行调整和测量，直到得到满意的结果为止。

对于尼龙缆绳之类的系泊缆，实物的受力 F 与 $\Delta l/l$ 之间呈非线性关系。应根据给定的实体缆绳 $F-\Delta l/l$ 曲线，在模型系泊缆上配接两根（或以上）不同弹性的弹簧，并采用相应连接方式，进行反复试验调整，以便得到满意的模拟结果。

图 6.2 为模型系泊缆弹性模拟曲线结果的实例。

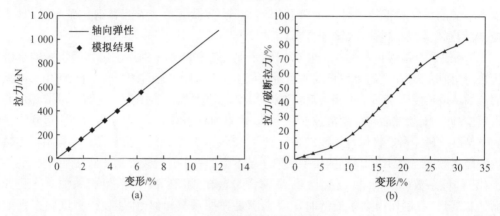

图 6.2　模型系泊缆弹性模拟曲线

（a）锚链、钢丝绳；（b）尼龙缆

在深水条件下，实际平台的每根系泊线往往都是由锚链、钢丝绳、强力尼龙缆等多段组合而成。对于这类组合系泊链的模型制作及其模拟也应采用分段组合的方法，首先对实体的各段分别进行几何相似、配重和弹性模拟，然后将满足相似要求的各段串接起来便组成了一根总的系泊线模型。

此外，在海洋平台系泊悬链线的适当位置常挂有小型重块或浮筒，借以改变悬链线在水中的形状达到稳定或减缓其运动的目的。在这种情况下，模型系泊线应在几何相似的位置挂上小型重块或浮筒的模型，而且其外形和质量都要与实物相似。

某试验中的组合系泊缆模型如图 6.3 中照片所示。此系泊线自上（与转塔连接）而下（与海底锚连接）由四段组成，分别为钢索、上段锚链（其间以均匀间隔串联三只重块）、下段钢索和末端锚链，因此模型制作和模拟时必须对其中的每一段都进行相应的模拟，最后再串接在一起。

图 6.3　组合系泊缆模型照片

6.1.3　立管系统

立管系统的加工主要是指对立管模型的制作,它与上节中介绍的系泊缆的制作方法类似。对于立管模型的长度、直径、形状、单位长度质量、轴向弹性等物理属性,都要求根据几何相似和弹性相似进行确定,然后进行制作。

在正式开始制作模型之前,需要先确定立管模型的各个属性,其中主要是立管模型的形状属性,即长度和直径,还有力学属性,即立管的轴向刚度。对于形状属性的确定,首先要参考模型试验所选用的缩尺比,而且对于刚性立管和柔性立管所选用的模拟材料也会有所不同。对于垂直刚性立管,模型选用微型钢丝绳进行模拟;对于柔性立管,由于实体的弯曲刚度非常小,模型的制作需要选用特制的、非常柔软的空心塑胶软管进行模拟,以保证具有相似的几何形状。

刚性立管一般在张力的作用下具有张紧垂直的外形,因此采用几何相似的微型钢丝绳进行模拟后,试验中在张力作用下的外形也会保持相似的垂直外形。其单位长度质量的模拟与系泊缆的模拟方法相同。

柔性立管在水中的形状相对复杂,对于用作油气和水等液体传输的柔性立管,直径和质量一般比较大,往往加装水中浮筒以支撑部分质量,减小上端张力,具有缓波(Lazy-Wave)的形状。对于柔性立管水中形状的模拟,一方面需要正确模拟水中浮筒或者小浮块的尺寸、形状、质量、浮力、布置方式,另一方面也要正确模拟立管的单位质量,保证单位长度的质量相似。对单位质量的模拟,由于不能破坏立管模型的外形,需要在柔软的空心塑胶软管的里面进行,而模型立管的直径一般都是很小的毫米量级,如何在其里面放置均匀分布的微小质量以模拟单位质量,面临非常大的困难。通常采用比模型立管直径小得多的微型钢丝绳,根据系泊缆单位质量的模拟方法模拟立管的单位质量,然后将缠绕有均匀分布微型配重的微型钢丝绳穿入空心塑胶软管并密封,防止进水。这样制作完成的模型立管放置于水中,就可以模拟出实体的特殊形状,保证几何相似。

立管的张力往往是模型试验中关注的动力响应参数之一,因此需要对立管的轴向拉伸刚度进行正确的模拟。与系泊缆的模拟类似,立管弹性的模拟也需要通过配置合适弹性的弹簧来完成。首先选择某种合适弹性的弹簧,通过改变弹簧的长度以达到调整立管模型轴向拉伸刚度的目的。确定弹簧弹性和长度的过程,与系泊缆的模拟完全相同,此处不再赘述。图 6.4 为某立管涡激振动试验中的带浮力块的立管模型图片。

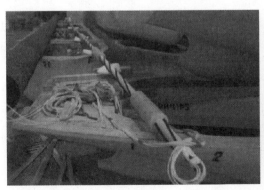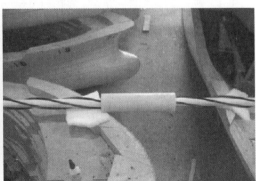

图 6.4　带浮力块的立管模型

6.2　试验模型的属性标定

试验模型的属性标定是为了保证模型与实体之间的质量和质量分布一致,也是保证模型与实体运动和动力相似的首要条件。模型属性标定包括排水量的标定、重心位置的标定和转动惯量的标定。本节首先对模型排水量的标定方法进行介绍,对于模型重心位置和转动惯量的标定方法,在常规的惯量架方法中,如果模型质量过小,如外输浮筒模型等,就很难满足模型质量远大于惯量架质量的要求,因而测量误差会很大。而如果模型质量过大的话就会导致操作上的不便,并且过大的质量会导致惯量架的变形,同样使结果出现误差。因此,本书在对常规方法进行介绍的基础上,结合哈尔滨工程大学深海工程研究中心开展的诸多海洋工程模型试验,分别给出了大尺度与小尺度模型的重心位置和转动惯量标定方法。

6.2.1　模型排水量的标定

在进行模型排水量的标定时,主要分为两个步骤。

第一步,首先将空船和上层建筑进行称重,并记为 W_0,其次将需要装在模型上的测量仪器、压载支撑部件和系泊支撑设备等会引起模型排水量增加的其他设备进行称重,其重量①记作 W_1。然后再根据缩尺比关系,将实船的排水量除以缩尺比的三次方得到模型的排水量,也是模型及其上所有设备压载块的总重量,记为 W_2。将需要布置在模型上的压载块的重量记为 ΔW,则 $\Delta W = W_2 - W_1 - W_0$,在此基础上挑选合适重量的压载块放置于模型上,使模型的总重量为 W_2。

第二步,将经过上一步重量调整的模型放置于水池中,对模型调平衡,观察加工模型时所画的水线位置是否与水面平齐,如果平齐,则验证了模型外形尺寸符合要求,如果不平齐,则要对模型外形尺寸进行验证是否满足缩尺比关系,或者检查模型在水线以下部分的水密性等,找出原因所在。经过水池验证之后,模型排水量的调整就完成了。

6.2.2　模型重心和转动惯量标定的常规方法

模型重心和转动惯量标定的常规方法主要适用于质量在 300 ~ 600 kg 范围内的试验模型,常规模型试验参数标定方法多指惯量架标定,其操作步骤如下。

1. 模型重心位置的标定

以坐标 (x_g, y_g, z_g) 来表示试验模型的重心位置。对于形状及设备布置都关于浮体的纵中剖面对称的模型,假设其横向重心 $y_g = 0$。所以重心的调节通常是指重心纵向位置 x_g 和垂向位置 z_g 的调整。

模型的重心位置的调节是在专用设备上进行的,通常称该设备为“惯量架”。惯量架分为转动部分和固定部分,固定部分的上部中间位置两侧装有具有极大刚度的水平刀口,用于支撑惯量架移动部分的转动以及模型和惯量架转动部分的重量。首先将模型放置在惯量架内,这时惯量架的转动部分以及其中的模型都通过刀口支撑,并且能够绕着支撑轴线在纵向自由摆动,如图 6.5 所示。

---

①　本节重量指物体所受重力,单位为 N。

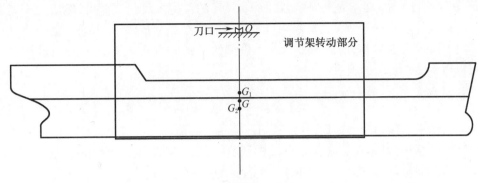

图 6.5　船模及惯量架转动部分

惯量架的结构如图 6.5 所示。其中, G_1 是惯量架转动部分的重心; G_2 是模型重心; G 是惯量架转动部分和模型的合成重心; O 是支撑点。惯量架转动部分的重量 W_1、重心垂向位置 z_{G_1}、基准面至刀口转动轴的垂向高度 z_0 以及绕刀口水平轴的惯性半径都是已知的。模型的目标重心位置 $G_2(x_{G_2}, z_{G_2})$, 可以根据实体的数值和缩尺比换算得到。而模型重心位置的调节就是通过移动模型内部压载块的位置, 使模型的重心位置 (x_{G_2}, z_{G_2}) 达到目标要求。

通过水平调试可获得模型重心纵向位置 x_{G_2}。首先把模型内部的压载块在型宽上对称布置, 按照给定的目标 x_{G_2} 数值在模型两侧标明重心纵向位置。然后纵向平移模型的位置使 x_{G_2} 的标记与刀口转轴在同一垂直面内。纵向移动模型内的压载块, 当惯量架的转动部分和模型在水平方向上达到平衡时, 则说明模型的纵向重心位置已经与目标 x_{G_2} 一致。

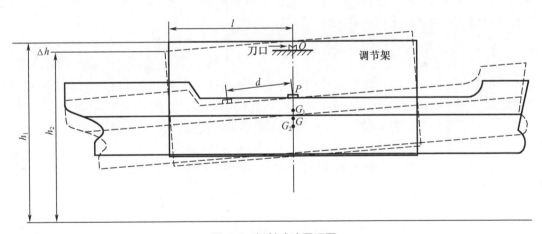

图 6.6　倾斜试验原理图

通过纵向倾斜试验可以对模型重心垂向位置 Z_{G_2} 进行调节。根据图 6.6 中给出的倾斜试验原理图可知, 首先在刀口垂直面内的模型上表面放置重量为 P 的砝码, 然后将该砝码向后移动距离 d, 则模型以及惯量架转动部分会产生一定程度的纵倾, 测量最终稳定状态的纵倾角 θ, 则根据力矩平衡有

$$Pd\cos\theta = W_1(z_0 - z_{G_1})\sin\theta + \Delta W(z - z_{G_2})\sin\theta$$

或

$$\tan\theta = \frac{Pd}{W_1(z_0 - z_{G_1}) + \Delta W(z_0 - z_{G_2})} \tag{6-2}$$

$\tan\theta$ 的测量方法:在离支点 O 的水平距离为 l 的位置上放一个标尺,然后在模型的侧面装上光标指针。假设模型在初始水平位置时的指针读数为 h_1,将压载块移动距离 d 后模型平衡时指针的读数为 h_2,前后两种状态下模型的倾斜值为 $\Delta h = h_1 - h_2$,则 $\tan\theta = \Delta h/l$。于是可以得到 Δh 与 z_{G_2} 的关系:

$$\Delta h = \frac{Pdl}{W_1(z_0 - z_{G_1}) + \Delta_m(z_0 - z_{G_2})} \tag{6-3}$$

上式中的右边项均为已知量,可以得到目标的倾斜值。可以通过将模型内部的压载块沿着垂直方向移动,以完成对重心高度 z_{G_2} 的调节。需要说明的是,倾斜角 θ 要适中,不能太大或太小,否则测量误差较大,一般取 $10°$ 左右。

2. 模型转动惯量的调节

在完成模型重心位置调节的基础上,进行模型转动惯量属性的调整。下面以纵向惯性矩为例说明。

根据分布质量的单摆振荡原理、惯性矩的定义以及平行轴定理,可以得到惯量架转动部分和模型纵向摆动周期 T 与模型绕其质心的纵向惯性半径 K_{yy} 的关系如下:

$$T = 2\pi \sqrt{\frac{W_1 l_1^2 + \Delta_m\left[(z_0 - z_{G_2})^2 + K_{yy}^2\right]}{g\left[W_1(z_0 - z_{G_1}) + \Delta_m(z_0 - z_{G_2})\right]}} \tag{6-4}$$

上式中,右端各项均为已知量:其中 K_{yy} 是根据浮体的实际属性按照缩尺比换算得到的,也是纵向转动惯量调节的目标值。把模型的目标值 K_{yy} 代入式(6-4),则可算出摆动周期 T 的目标值。所以模型纵向转动惯量的调节便成为在保证模型重心不变的情况下,在同一水平面内沿着纵向前后对称地移动压载块,直到模型和惯量架的摆动周期 T_m 达到要求为止。船模横向惯性矩的测试原理和测试过程与纵向惯性矩的测试相类似。

6.2.3 小尺度模型的标定方法

采用上节介绍的方法测量及调节模型重心和转动惯量的关键之一在于模型的质量要远大于转动惯量架的质量。但是实际的海洋工程模型试验中并不是所有的模型质量都要远大于转动惯量架质量的,比如对于像外输浮筒等小尺度模型,其模型质量只有 30 kg 左右,采用常规的转动惯量架明显不合适,而选择更为轻质的材料制作小尺寸的转动惯量架的成本较大。结合哈尔滨工程大学深海工程技术研究中心的模型试验开展经验,我们经过不断的探索与研究,找到了一种适合小尺寸试验模型的重心和转动惯量标定方法,解决了以上问题。在本节中,将对这种方法进行具体的介绍。

以哈尔滨工程大学深海工程研究中心所开展的某外输浮筒模型试验为例,该浮筒模型质量 20 kg,直径 14 cm,高 26 cm,对于其重心的标定,首先测量到外输浮筒所受重力 G,然后如图 6.7 中所示以纵向重心 X_C 的测量为例,其操作步骤如下:

(1)将浮筒一侧放置于角钢边缘。目的是使模型与支撑物的接触尽量少,也可采用其他种类的支撑物。

(2)将浮筒的另一侧采用拉力计提起,测量得到拉力计上受力 F。在此过程中要确保模型处于水平状态,并尽量保证拉力计与浮筒之间为点接触。

(3)使系统保持稳定,测量得到浮筒与角钢接触点距离浮筒左侧水平距离 l。然后测量拉力计与浮筒接触点距离浮筒左侧的水平距离 L_0。

(4)计算得到浮筒与角钢支撑点到浮筒与拉力计接触点之间的水平距离 L:

$$L = L_0 - l \tag{6-5}$$

（5）根据力矩平衡计算浮筒重心距离角钢支撑点之间的距离 D_{CG}：

$$D_{CG} = F \times L/G \tag{6-6}$$

（6）计算得到浮筒的重心距离浮筒左侧边缘的距离 X_G：

$$X_G = D_{CG} + l \tag{6-7}$$

（7）移动浮筒在角钢上的支撑点以及浮筒与拉力计的接触位置，按照步骤（1）～步骤（6）重新测量 X_G，直至得到稳定的结果，即为当前浮筒的重心位置。

（8）对比测量得到的重心位置和目标位置，如果差别较大则调整浮筒内压载块的位置，重新按照上述步骤测量新的重心位置。如此反复直到结果满足要求。

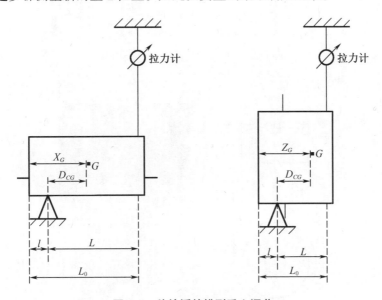

图6.7　外输浮筒模型重心调节

在已经调节好重心的基础上，进行外输浮筒的转动惯量调节。

如图6.8、图6.9给出了浮力筒 I_{zz} 和 I_{xx} 的调节照片，以 I_{xx} 的调节为例，其操作步骤如下：

（1）按照图6.9中所示，将外输浮筒通过左右对称的两点 N_1 和 N_2 悬挂。此悬挂点设置在浮筒的主体侧面，并确保静止状态下的浮筒处于水平状态，即 N_1 和 N_2 的连线经过浮筒的重心。

（2）调节顶部悬挂点 M_1 和 M_2 的位置，使得在静止悬垂状态下 M_1 和 M_2 之间的距离等于 N_1 和 N_2 之间的距离。

（3）测量悬挂线的长度 h_1 和 h_2，以及两根线距离浮筒重心的距离 a。

（4）沿着图6.9中的宽箭头所示方向，给浮筒一个初始转动角度，并迅速撤离使浮筒开始绕着悬挂轴即浮筒 X 方向自由转动。通过秒表或者其他方法计时，测量得到多个自由周期转动周期（最少在30个以上），并求得单个周期的平均值 T。进行多次测量直到结果稳定。

（5）根据所测量的参数计算得到整个系统的摆动刚度系数 K：

$$K = \frac{1}{2}Ga^2\left(\frac{1}{h_1} + \frac{1}{h_2}\right) \tag{6-8}$$

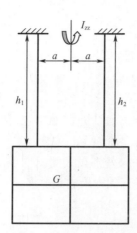

图 6.8　外输浮筒转动惯量 I_{zz} 的调节

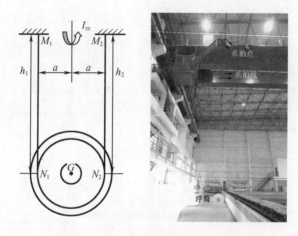

图 6.9　外输浮筒转动惯量 I_{xx} 的调节

（6）根据摆动周期和系统摆动刚度计算得到外输浮筒的转动惯量 I_{xx}：

$$I_{xx} = \left(\frac{T}{2\pi}\right)^2 \times K \tag{6-9}$$

（7）将所得转动惯量与目标值进行对比，如果有需要则在保证浮筒重心不变的情况下调节压载块位置，按照上述步骤重新测量转动惯量直到达到要求。

需要指出的是，在步骤（6）中所计算得到的转动惯量实际上为包括悬挂线在内的整个系统的转动惯量。这就要求在选择悬挂线时要尽量采用材质较轻而且刚度极大的线。此外，在悬挂过程中，要使悬挂线 h_1 和 h_2 的长度尽可能长，以减小测量误差。

6.2.4　大尺度模型的标定方法

对于一些主尺度及质量过大的模型，比如质量在 800 kg 以上的试验模型，在进行模型标定时同样难以直接在转动惯量架上进行重心及转动惯量的调整，因为转动惯量架难以承受过大主尺度与质量的模型。考虑到以上问题，哈尔滨工程大学深海工程技术研究中心在开展模型试验时结合具体情况，经过不断探索与研究，找到一种针对大尺度模型的属性标定方法,其主要采用了测量和数学计算相结合的方法。该方法首先通过测量得到不含压载块的空船壳的属性,并测量得到所有类型压载块的质量及惯量属性,在此基础上通过数学计算的方法来将压制布置到空船模型上,从而得到试验状态下的试验模型,然后通过静水试验对模型属性进行验证。对于这个过程中具体的模型重心位置和转动惯量标定调整方法叙述如下。

1. 重心调节

按照常用的模型属性调节流程,首先调节模型重心的位置,这里以哈尔滨工程大学深海工程研究中心开展的某次试验中的大尺度油轮模型为例,该油轮模型长 6.12 m,型宽 1.05 m,型深 0.57 m,满载排水量 1.87 t,空船模型 560 kg,其重心调节过程可以分为三步。

(1)空船壳重心的测量　对于空船重心的测量,可以选择转动惯量架测量,也可以像之前外输浮筒那样采用角钢和拉力计根据力矩平衡原理测量。该大尺度油轮模型试验选择了后一种方法,具体的操作过程和前面外输浮筒的重心位置测量方法相同,这里就不再重复。如图 6.10 所示,测量后得到空船的纵向重心、横向重心和垂向重心。

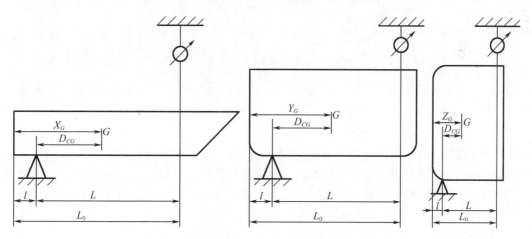

图 6.10　空船重心测量方法

(2)测量标准压载块的质量和惯性特征　在测得空船质量及重心后,可以得到所需压载块的总质量。在选用压载块时,尽量选择规则的统一特性的标准压载块,以方便压载特性的计算以及后续压载块的布置。本书以图 6.11 中所示标准压载块为例,说明压载块特性的计算方法。

①首先用电子秤等设备测量得到单个压载块的质量 m。由于标准压载块在制作过程会产生一定程度的误差,因此首先要通过测量其质量来选择合适的压载块。在本书中所采用的误差标准为 1% 。

②测量得到压载块各个部分的尺寸。如图 6.11 中所示,为了便于计算,将压载块按照其结构特征划分为 4 个部分,每一个部分的质量分别命名为 m_1, m_2, m_3 和 m_4。然后尽可能精确地测量得到每一部分的尺寸。

③选择基点,计算压载块重心 G。根据每部分尺寸可以计算得到压载块各部分的体积,已经知道压载块的密度 ρ,或者也可以根据总质量和总体积计算(假设压载块是均质的),而后压载块的重心可以计算得到。这里以垂向重心为例,说明计算方法。

首先在压载块上选择基点 O,往往选择压载块底面的几何中心作为基点。然后计算重

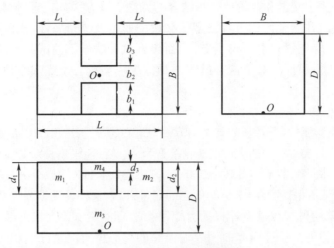

图 6.11　压载块的特性计算

心相对于此基点的位置：

$$G_z = \left[m_1 \times \left(D - \frac{d_1}{2} \right) + m_2 \times \left(D - \frac{d_2}{2} \right) + m_3 \times \frac{D - d_2}{2} + m_4 \times \left(D - \frac{d_3}{2} \right) \right] / m$$

$$(6 - 10)$$

同样可以得到压载块在横向和纵向的重心，但是在压载块均质且制作标准的情况下，这两点往往在各自方向的几何中心。

（3）通过数学计算将压载块布置在空船上　接下来根据力矩平衡的原理布置来计算压载块在船模中的位置，通过压载块位置的设定调整船模的重心满足要求。以纵向重心的调整为例来说明压载块位置的计算方法，其余两个方向重心的调整原理相同。

如图 6.12 所示将所有压载块布置在空船上，以船模的尾封板为基准来计算模型中压载块的布置位置。

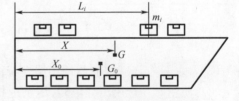

图 6.12　模型压载块布置

假设共有 n 个压载块，其中第 i 个压载块质量为 m_i，其重心距离基准线的距离为 L_i。空船所受重力为 G，空船重心距离尾部基准线的距离为 X。而同样已知压载后船模所受重力 G_0 和重心距离基准线的距离 X_0。则根据力矩平衡原理有：

$$G_0 \times X_0 = G \times X + \sum_{i=1}^{n} m_i \times L_i \qquad (6 - 11)$$

根据上式列出 excel 表格，通过调节各个压载块的纵向位置来使得方程左右两端达到相等。同样的方法计算得到各个压载块的横向和垂向位置，然后根据计算得到的压载块位置将各个压载块布置在船模上。

2. 转动惯量调节

对于该油轮转动惯量的调节采用了和重心调节相类似的方法，首先使用仪器测量得到空船的转动惯量特征，然后通过数学计算得到每个压载块的转动惯量，在此基础上计算得到满足模型惯量要求时的各个压载块位置。具体如下。

（1）测量空船的转动惯量特征　空船转动惯量的测量选择了常规的转动惯量架的方法,其具体流程和原理在之前已经介绍,这里就不再重复。图 6.13 为空船转动惯量测量的过程,这里主要测量了空船模型的横摇、纵摇以及艏摇转动惯量。

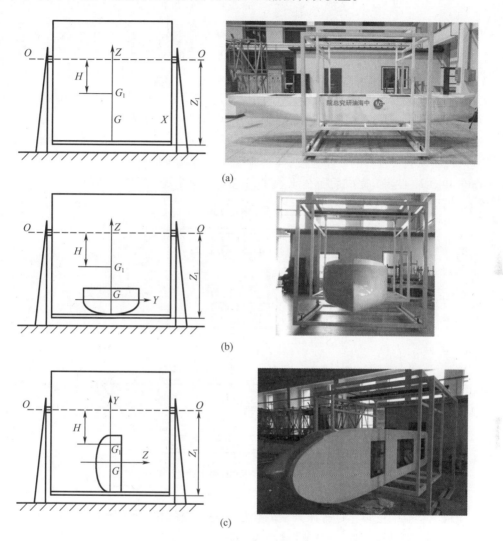

图 6.13　空船转动惯量的测量

（a）空船横摇转动惯量的测量;（b）空船纵摇转动惯量的测量;（c）空船艏摇转动惯量的测量

（2）计算压载块的转动惯量特征　在调节油轮的重心过程中已经得到标准压载块的质量和尺寸参数,这里就直接应用不再说明。

首先计算压载块各部分相对于其自身的转动惯量,然后根据平行移轴定理计算压载块相对于其重心的转动惯量。下面以绕 Z 轴的转动惯量 I_{zz} 为例,说明计算过程。

根据上面计算得到的各部分质量和尺寸参数,可以得到每一部分自身的转动惯量 I_{zz1}, I_{zz2}, I_{zz3} 和 I_{zz4}。

同时已经知道压载块每一部分重心相对于基点 O 的坐标,命名为 (x_1, y_1)、(x_2, y_2)、(x_3, y_3) 和 (x_4, y_4)。然后根据已知的整个压载块相对于基点的坐标 (G_x, G_y),可以得到压载块每一部分重心与整个压载块重心的相对距离,命名为 (d_{x_1}, d_{y_1})、(d_{x_2}, d_{y_2})、(d_{x_3}, d_{y_3}) 和

(d_{x_4}, d_{y_4})。

根据平行移轴定理,计算得到压载块绕 Z 轴的转动惯量:

$$I_{zz} = \sum_{i=1}^{4} \left[I_{zzi} + m_i \times (d_{x_i}^2 + d_{y_i}^2) \right] \tag{6-12}$$

同样的方法可以得到压载块的转动惯量 I_{xx} 和 I_{yy}。

(3)通过数学计算将压载块布置在空船上 根据之前模型重心的调节结果,现在已经知道每个压载块在船模上的一个位置,假设这一位置为 (x_i, y_i, z_i),以及该压载块相对其自身的转动惯量 $(I_{xx_i}, I_{yy_i}, I_{zz_i})$。空船的重心为 (x, y, z),空船相对其自身重心的转动惯量为 (I_{xx}, I_{yy}, I_{zz});此外已知压载后船模的重心位置为 (x_0, y_0, z_0),其转动惯量为 $(I_{xx_0}, I_{yy_0}, I_{zz_0})$。

通过压载块位置的设定调整船模的转动惯量满足要求。以绕 X 轴的转动惯量 I_{xx_0} 的调整为例来说明压载块位置的调整方法,其余两个方向的调整原理相同。

图 6.14 为重心调节完成后所有压载块在空船上的位置,其中 G 依旧表示空船所受重力,而 G_0 表示压载后船模所受重力。

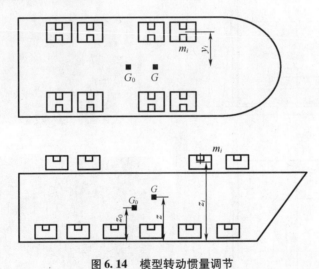

图 6.14　模型转动惯量调节

首先求出空船的重心与具有压载块的船模重心之间的相对位置 (d_x, d_y, d_z),以及每个压载块重心相对于具有压载块的船模重心的相对距离 $(d_{x_i}, d_{y_i}, d_{z_i})$。则船模的转动惯量 I_{xx_0} 可以表示为

$$I_{xx0} = I_{xx} + G \times (d_z^2 + d_y^2) + \sum_{i=1}^{n} \left[I_{xxi} + m_i \times (d_{z_i}^2 + d_{y_i}^2) \right] \tag{6-13}$$

通过对称移动船模中压载块的位置,在保证不改变模型重心的前提下来调节模型的转动惯量,使其满足要求。

最后通过静水试验来验证该方法的准确性。

6.3　环境条件的模拟与标定

海洋工程环境包含的内容是相当广泛的,每一种海洋环境都影响着海洋结构物的寿命长短,从学科观点看,它包括多个学科。

（1）气象学：包括气温、气压、风速、风向等。因不同地区的海面上，由于温度的差别而形成气压差，气压梯度促成空气流动而形成风，例如在夏季，海面上和陆域的气温差导致海上的气压比陆域的气压高，从而形成自海面向陆域传播的季风。

（2）海洋水文学：包括海浪、潮汐、海流、风暴潮、海啸、海冰及泥沙运动等。海浪有风浪和涌浪之分，风场内因风直接掀起的波浪称为风浪。涌浪是风场以外，因海水的重力等作用而形成的波浪。海浪属于一种随机现象，预报海浪的方法目前有两种，即特征波法及谱分析法。潮汐现象是因太阳、月球和地球三者的相对运动而引起地球表面海水的起伏现象。海流是海水大规模的流动，起因于潮汐、风涌水、波浪破碎形成的沿岸流以及河川径流在河口的汇合等。海冰压力与冰厚、冰的抗压强度（或抗弯强度）以及冰荷的加载速率等因素有关，而冰温及海水的含盐度等都对海冰的强度有影响。

（3）地理地貌学：包括海岸地理地貌、海岸变迁、海底地基的本构特征及其力学性能等。

（4）海洋化学：由于海面上空气和海水的化学成分，使海洋工程结构物有腐蚀现象。

（5）海洋生物学：海洋工程结构物的水下部分，因海洋生物的附着现象而使其粗糙度增加，尺度也相应加大，由此可能导致海洋工程环境荷载的增加。

虽然海洋工程结构物受到多种海洋环境的影响，但是只有少数的几种是海洋平台、船舶和其他离岸设备经常面临的海洋环境载荷。其中，波浪载荷、流载荷和风载荷是海洋浮体主要承受的环境载荷，而且这三种海洋环境因素可以在海洋工程试验水池中模拟。因此，本书将对风、浪、流环境条件的模拟与标定进行相应的介绍。

6.3.1　波浪的模拟与标定

海洋工程水池都配备专门的造波机和消波装置。造波机通常能制造单方向传播的长波峰规则波和不规则波，有些特殊的造波机（如多单元蛇形造波机）还能制造多方向的长峰波和短峰波，图6.15为哈尔滨工程大学多功能深水池造波机正在制造长峰波的场景。为了消除波浪到达对岸时池壁的反射作用，在造波机对面的池壁前设置专门的消波装置，使造波机在水池中产生的波浪能稳定地满足试验的要求。

图6.15　造波机制造的长峰波

浮式海洋平台模型在规则波中进行试验的目的在于测量规则波作用下的运动及受力，

并得出相应的响应幅值算子 RAO。

海洋工程水池中规则波模拟的具体思路和步骤是：

(1)根据造波机能产生规则波的频率上限(小周期的短波)和频率下限(长周期的长波)，在此范围内等间距分成 10~12 个造波的频率。

(2)计算各频率相应的规则波周期和波长。

(3)根据合适的波高与波长之比，确定各频率相应的规则波的波高对应于造波机的摇板运动周期和振幅。

(4)在水池中对 10~12 个造波频率逐一模拟相应的规则波，即总共需要模拟 10~12 个规则波。同时以浪高仪测量所模拟规则波的时历曲线，对比目标值和实测值，然后对造波机参数进行修正，使所造波浪满足设计要求。

在船模试验与海洋工程模型试验中，模型在波浪作用下的幅频响应函数 RAO (Response Amplitude Operator)是十分重要的测试量。通常情况下，将模型在一系列的规则波中进行试验，测得模型的六自由度运动的幅值，由此得到各频率对应的 RAO 比较正确可靠。然而，这样进行试验不仅过程烦琐，且需要反复补点以捕捉正确的峰值频率，使得试验周期变长，增加试验成本。近年来，国际上先进的海洋工程水池(如荷兰 MARIN、巴西 LABOCEANO 等)采用白噪声不规则波进行模型试验，以提高试验效率，节省试验时间。白噪声波谱的不规则波浪，在实际的海洋环境并不存在，其特点是在试验研究的频率范围内，造波机生成的波浪的波能谱曲线基本上是平直的，表明生成的波浪在一定频率范围内的能量相等，确保了结果的可信性。因此在试验研究过程中，就可以用白噪声波谱的一次试验代替在一系列规则波中的模型试验。下面将对白噪声波的模拟与标定进行介绍。

如图 6.16(a)所示，理论上的白噪声谱密度 $S_{wn}(\omega)$ 为常量函数 $[S_{wn}(\omega) = S_0]$，其图形为一条延伸至 $+\infty$ 方向的水平直线。在实际造波时，应根据水波特性与伺服电机能力对白噪声波谱进行低频截止与高频截止。以哈尔滨工程大学多功能深水池的造波系统为例，经测试，该多向造波系统的有效低频截止频率为 0.75 rad/s，高频截止频率为 12.57 rad/s。鉴于低、高频截止频率附近所造波浪的品质较差，一般要在频谱的截止频率附近设置过度区域，取平直段范围 2~7.5 rad/s，对应于模型试验常用波浪的谱峰频率范围，在 0.75~2 rad/s，7.5~12.57 rad/s 为上升、下降过渡段，因此造波机实际的目标谱为一条梯形折线，如图 6.16(b)所示。

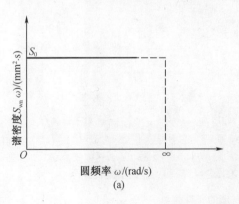

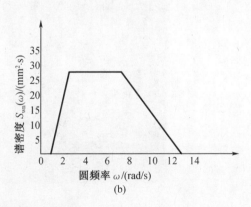

(a)   (b)

图 6.16　理论与实际白噪声波普

(a)白噪声理论波能谱；(b)用于造波的实际输入波谱

在距造波板 15 m 处安装电容式浪高仪进行采样,得到一系列离散的波面值 $\eta(n\Delta t)$。使用 FFT 方法进行波谱分析,因此采集到的离散数据个数须为 $2n$,不够的部分用 0 填补。根据采样定理可确定采样周期的最大值,设采样周期为 Δt,白噪声频谱 $S(\omega)$ 的最高频率为 ω_M。由采样定理,当满足 $\omega_M \le \pi/\Delta t$ 时,对 $\eta(n\Delta t)$ 进行频谱分析所得 $S(\omega)$ 可不失真。为得到品质较好的白噪声不规则波,应根据实测频谱修正摇板行程曲线,可按如下公式进行修正:

$$\alpha_k = \sqrt{\frac{S_0(\omega_r)}{S_k(\omega_r)}} \tag{6-14}$$

式中　α_k——第 $k+1$ 次造波的修正系数;

　　　$S_0(\omega_r)$——离散点 ω_r 处的目标谱值;

　　　$S_k(\omega_r)$——离散点 ω_r 处第 k 次造波时的实测谱值。

得到 α_k 后,将 $\alpha_k S_0(\omega_r)$ 作为下一次调波的驱动谱,一般迭代修正 3 ~ 4 次即可得到较好的模拟结果。

在进行白噪声波试验之前,同样需要对其波谱进行标定,将测量的波谱与目标谱进行对比,如果误差较大则需要进行调整,直至满足要求。图 6.17 给出了哈尔滨工程大学深海工程研究中心开展的某试验白噪声波谱标定结果图。

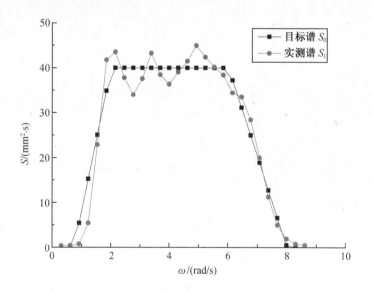

图 6.17　白噪声波谱标定图

在图 6.17 中选取与目标功率谱吻合较好的,且比较平稳的一段作为白噪声输出功率谱。

除了白噪声波试验以外,现在有很多工程课题中都提出需要考虑浮体结构在不规则波浪中的运动响应,在海洋工程模型试验中一个重要的内容就是开展在不规则波条件下的试验研究。对于不规则波的模拟来说,主要参数是波谱、有义波高和谱峰周期。

当环境条件同时包含流和波浪时,流会对波浪的形状产生明显的影响,例如同方向的流会使波形拉长,反方向的流会使波形缩短。因此,当试验任务书中要求的环境条件同时包含流与波浪时,就需要仔细考虑流速、流向与浪向的夹角组合等,逐一加以模拟。在水池中,首先要生成规定的流速和流向,然后再模拟不规则波,并且同时开展流和波浪的标定工作。

一般情况下,实验室会编制常用的波浪谱(如 PM 谱、ISSC 谱、ITTC 谱、JONSWAP 谱等)的计算机程序,根据任务书中给定的有义波高、波谱、谱峰周期以及要求试验持续的时间在水池中进行不规则波的模拟。模拟步骤大体如下。

(1)根据给定的条件,应用计算机控制程序产生造波机控制信号的时间序列,以此控制造波板的振幅与频率,从而在水池中产生不规则的波浪。

(2)用浪高仪在试验持续时间内测量水池中不规则波的数据,进行谱分析后便得到模拟的波谱。如果模拟的结果与给定的目标波谱差别较大,则应修正控制信号的时间序列,重新造波。

(3)谱的迭代修正。在不规则波的模拟过程中,第一次是以给定的目标谱 S_T 作为驱动谱场,生成驱动信号的,由此在水池中产生的不规则波的实测波谱是 S_{m1},如 S_{m1} 与给定的目标谱 S_T 差异较大,需对驱动谱作如下修正:

$$\frac{S_{d1}}{S_{m1}} = \frac{S_{d2}}{S_T} \quad \text{或} \quad S_{d2} = S_T\left(\frac{S_{d1}}{S_{m1}}\right) \qquad (6-15)$$

采用修正后的驱动谱 S_{d2} 生成驱动信号。在水池中第二次模拟不规则波浪,测量分析得到的波谱是 S_{m2}。如果 S_{m2} 能够满足目标谱 S_T 的要求,便完成了给定条件不规则波浪的模拟工作,否则要重复修正,再次在水池中模拟不规则波浪。如此反复迭代修正,直到满意为止。

一般说来,仿照上述方法迭代 1~3 次便可得到满意的结果。

对于不规则波模拟结果的一般要求是:

(1)模拟的测量波浪谱与目标谱基本符合;

(2)有义波高和谱峰周期的测量值与目标值的误差小于 5%(ITTC 规定)。

对于不规则波模拟结果的高标准要求,除了满足上述一般要求外,还应符合下列附加要求:

(1)模拟波浪的二阶波浪包络谱要基本符合理论波浪包络谱;

(2)波峰、波谷以及波高等数值都要基本符合 Weibull 分布;

(3)波浪的时历基本上是线性的。

此外,还要对模拟谱和目标谱进行谱分析特征参数的比较,这也就是不规则波的标定过程,标定结果一般要求不规则波主要参数的误差不超过 5%,这些特殊要求对不规则波的试验技术和分析技术提出了更高的要求。图 6.18 给出了哈尔滨工程大学深海工程技术研究中心开展的某次试验中不规则波谱的标定结果图。

需要特别说明的是,无论是规则波还是不规则波,在标定过程中浪高仪的安装位置十分重要,一般要求不能只布置一个浪高仪,即测量一个点处的波浪参数,而是要求多点测量。一般对波浪标定时的要求如下:

(1)水池中不能有其他物体;

(2)必须在纵向和横向上同时测量以保证波浪的水平性和延续性;

(3)浪高仪安装的位置应避免离造波机和消波岸过近,以防干扰。

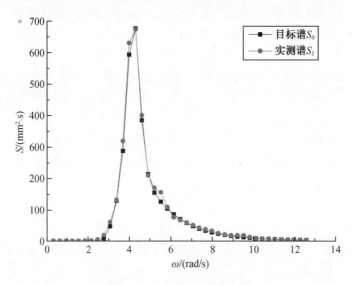

图 6.18　不规则波谱标定图

在实际标定过程中,会在水池沿长度方向上选择 3 个点,其中中间点为模型所在位置,并且在离造波机最近的一点处,沿宽度方向并列布置 3~5 个浪高仪,如图 6.19 所示。

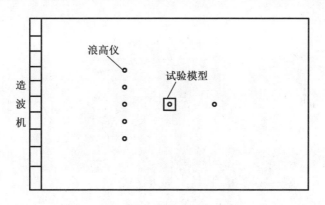

图 6.19　浪高仪安装位置

对波浪进行标定时需同步测量以上各点处的波浪参数,并要求各点处的误差在 5% 以内,方可满足要求。

6.3.2　风的模拟与标定

随着海洋油气开发日益向深海发展,各种深海工程结构物成为海洋工程测试的主要对象。由于深海结构物一般位于距离海岸较远的深水海域,必须安装大量设施设备,导致体积较大进而造成受风面积较大。而平台自身一般采用动力定位或尺度较大的系泊系统,在风、浪、流载荷的综合作用下,平台系统会产生较大范围的水平漂移运动,因而对深海海域的风场模拟提出了更高的要求。风速模拟系统的基本要求是必须将平台的运动范围全部纳入风场内,因此在海洋工程水池内模拟的风场必须具有较大的范围。

一般情况下,海洋工程模型试验中风的模拟有两个基本过程:①依据一定的相似准则对平台模型进行风洞试验以得到模型所受风载荷的大小;②在海洋工程水池中利用风机组造风,在指定风向下不断调整风机运转参数,直至浮体在水池中所受风载荷与风洞试验值相等。

对于风洞试验,模型和实物必须是两个力学相似的流动系统,才可以依据模型风洞试验的结果对实物的气动力性能进行预报。因此在整个风洞试验中,都必须以相似理论为指导,满足流动的相似条件。要实现流动的相似,必须满足几何相似、运动相似、动力相似以及边界相似和起始条件相似。但是在模型风洞试验中,很难保证模型流场与真实流场之间的完全相似,在满足几何相似和起始条件相似的前提下,保证马赫数 Ma 相等,雷诺数 Re 大于临界雷诺数,达到自准范围即可。

一般来说,风洞试验可以大致分为三个过程:

(1)海洋风环境模拟。可以在风洞试验段搭建大型平台以模拟海平面,在平台前端布置尖劈及粗糙元等模拟大气边界层,然后测试风速剖面,调试得到试验中海平面上大气边界层风场。

(2)试验模型风载荷测试。将试验模型置于平台中后部的转盘上(转盘与模拟海平面的平板间留有转动间隙),将模型安装在应变天平接头上,使模型回转中心与转盘转角机构中心线重合,可以控制转盘转动以使模型风向角变化。模型风载荷均通过应变天平经由测力系统测量,各分量以无量纲系数提供。图6.20为某起重铺管船风洞试验的风载荷测试现场图片。

图6.20　某起重铺管船风洞试验的风载荷测试现场

(3)数据采集。各风向角下的模型风载荷由应变天平测力系统测量,该系统由计算机控制并自动采集。

同时,在风洞中选取不受洞壁影响的适当位置安装 NPL 型皮托管,使其与模型互不影响,用于参考风压测量以及试验风速监控。图6.21为某起重铺管船风洞试验测得的各自由度风力(矩)系数曲线。

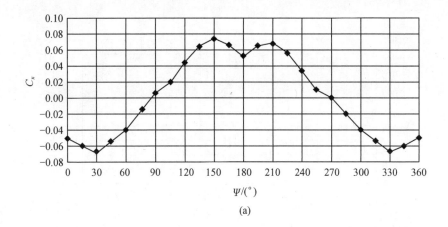

(a)

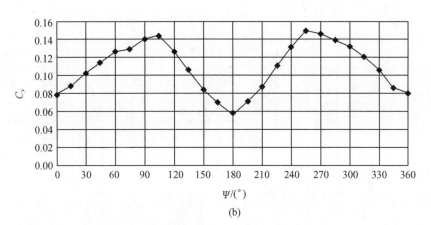

(b)

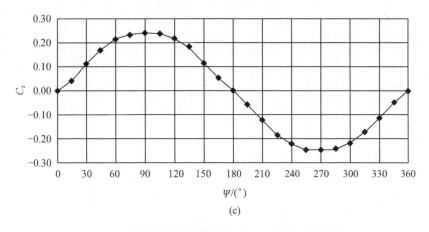

(c)

图 6.21　某起重铺管船各自由度风力(矩)系数曲线

(a)纵向力系数曲线;(b)垂向力系数曲线;(c)侧向力系数曲线;
(d)横倾力矩系数曲线;(e)偏航力矩系数曲线;(f)纵倾力矩系数曲线

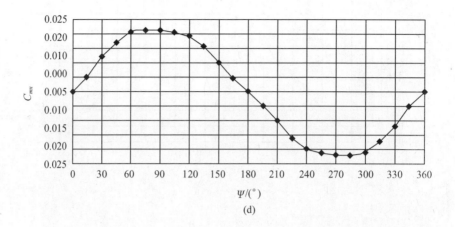

(d)

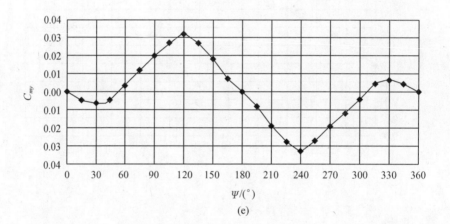

(e)

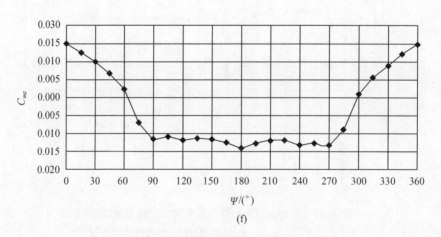

(f)

图 6.21(续)

对于在海洋工程水池中风的模拟,则是由专门的造风系统来实现的。海洋工程水池中一般采用风机矩阵的方式模拟风场,即将数十个风机组成一个阵列,利用风机产生的空气循环形成风场。通常造风系统大多是可移动式,便于产生不同方向的风速,而且普遍采用局部造风,但其造风的稳定区域必须足以覆盖海洋平台模型试验的运动范围。图6.22 为国内某试验水池的造风设备。

图6.22　某试验水池造风设备

在水池中模拟风场时,需要参考风洞试验得到的模型所受的风载荷曲线。主要是将模型固定于水池指定位置,通过移动风机组的位置以及调整风机组的各项参数来使模型受到的各自由度风载荷与风洞试验值相吻合。

至于风向的模拟,可将移动式风机组在水池中置于规定的不同方向进行即可。

风洞中风场的标定是模拟风速的重要内容,主要是检验风洞中覆盖模型的稳定风场是否满足试验要求。标定内容包括沿着风向(长度范围)和垂直风向(横向宽度范围)的若干空间点处所测试的平均风速,并与所要求的平均风速(称为目标值)进行比较,在标定区域内两者的误差应小于5%。图6.23 给出了某次风洞试验中的风场标定结果实例。

有些重大的海洋工程项目,在模型试验研究中要求模拟非定常风。所谓非定常(或称不规则)风是指风速时刻变化的随机风。试验任务书中规定了采用的风谱(API 风谱或NPD 风谱)、平均风速及风向。

常用的 API 风谱和 NPD 风谱介绍如下。

非定常风的模拟比较复杂,需要用计算机进行自动控制,测量风速需要用高灵敏度的热线风速仪,以便测得瞬时风速进入计算机采集和分析系统。

哈尔滨工程大学深海工程科学与技术实验室编制了常用风谱的计算机控制程序以及计算机自动采集、数据处理、谱分析的专用程序。在模拟所要求的非定常风时,输入给定的风谱、平均风速控制参数和脉动控制参数,控制程序自动生成实时的时间序列信号,此数字信号经过 D/A 转换形成序列电压脉冲信号输出到变频仪。变频仪根据接收到的(输入的)电压脉冲信号自动改变频率,并实时控制输出大小不同的电压信号,此电压信号再控制电机和风机的转速,最后便产生了实时不规则变化的风速。高灵敏度的风速仪将测得的数据经 A/D 转换和计算机采集,并采用 FFT 数据处理和谱分析后,即可得到模拟的平均风速和风谱。

在风洞中进行风谱的标定时,将目标谱与实测谱进行比较,如果模拟的平均风速与目标数值相差较大,则应调整计算机控制程序输入的平均风速控制参数;如果模拟的风谱与

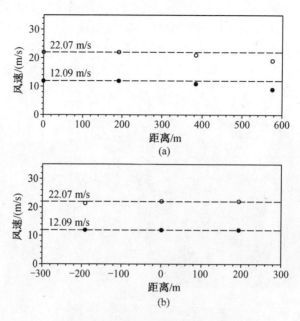

图 6.23　风洞试验中风场的标定结果
(a)沿着风向;(b)垂直风向

目标谱差异较大,则应调整计算机控制程序输入的脉动控制参数。经过多次调整控制参数、重新造风、数据采集、分析,直至满意为止。因此不规则风的标定一般都要经过几次调整后才能获得满意的结果。

6.3.3　流的模拟与标定

流的模拟一般均要求其模拟的流场均匀,对沿深度方向的流剖面有一定的要求。由于水池中的水量较大,水在流动时要受到池壁、池底等的影响,要使整个流场均匀并非易事。海洋工程水池中流的模拟是由专门的造流系统来实现的,图 6.24 展示了美国 OTRC 试验水池的喷射式造流系统。其造流原理比较简单,用高压水泵将水吸入管中并均匀喷射,使水池中的水按一定方向流动,即形成流的模拟,但要形成均匀、稳定的流场,需采取整流和循环等措施。

在模型试验中要求模拟的流场有:
(1)均匀流,规定表层流速和流向;
(2)分层流,规定流速及随水深而变的流速分布和流向。

要求模拟的流向通常以与浪向的夹角来表示。整体造流系统的流向与浪向的夹角范围可在 0°到 90°范围内调节,局部造流的流向则可任意调节。至于要求模拟的流速 V_{Cm} 可根据规定的实体平均流速 V_{Cs} 按下式求得

$$V_{Cm} = \frac{V_{Cs}}{\sqrt{\lambda}} \tag{6-16}$$

式中　λ——模型的缩尺比。

流场是否均匀,对试验的影响很大。因此在试验开始之前需对流场进行标定,以及在试验过程中对流场进行实时监测。在流速测量方面,如果只要求平均流速,则一般采用叶

轮式流速仪读取平均数值即可。但是对通常所用的流速仪而言,其叶轮光电脉冲式为数值读数采样数据,且采样具有一定的时间间隔,不能进行连续的采集。一种较为方便的方法是用测力的方法来间接测量流速。该方法为选用一个单向测力传感器,一端连接一固定在拖车上的杆子,另一端连接到一不密封的球体,作测量装置。该装置先在船池中的拖车上进行标定,得到不同速度时球体上的受力,该力经应变放大器转变为电压输出,这样可得到一标定曲线,然后将其置于流场中并使流向与测力方向一致,用应变仪测出力传感器的应变,即可换算出作用在球体上的水流速度。这种方法简单易行,可输出连续模拟量。

图 6.24　美国 OTRC 试验水池潜水射流管束造流设备

如需考察流速的稳定程度和要求实时测量数据,也可采用高灵敏度的流速仪(如多普勒流速仪)进行测量,通过 A/D 转换可得到流速随时间的变化规律和某一指定时刻的瞬时流速。

对于均匀流的模拟,一般只需要测量模型试验区域某一指定位置处的平均流速,常考核的位置为平台模型所在区域。在试验开始之前的标定过程中,如果测得的平均流速大于(或小于)要求模拟的流速(目标值),则调节水泵电机的转速,使测得的平均流速满足模拟要求。测得的平均流速与目标值之间的误差一般要求小于 10%。

对于重要的试验研究项目,在进行流场的标定时,常需要测量试验区域内的流场情况,包括在同一水平面上流向(纵向)和垂直流向(横向)若干点处的流速以及流速随水深的分布情况,借以反映所模拟的水流在试验区域的均匀程度。此外还需测量某一代表点处规定的在试验持续时间内流速随时间的变化情况,以反映所模拟水流的时间稳定性。这种高要求的流速模拟,需要花费较多的调节、测量和分析时间才能完成。对于合乎要求的模拟流场,在均匀性和稳定性方面通常都有限定的误差指标:在试验区域内沿流向和垂直流向各点所测得的平均流速与目标值的误差应小于 10%(均匀性指标);在某一代表点处测得的流速随时间的变化,其流速的均方差与平均流速的比值应小于 10%。

6.4 测试系统的安装与标定

在海洋工程模型试验中,一般需要测量的物理量有浮体的运动响应、系泊线的拉力等。浮体六自由度的运动响应一般用非接触式光学六自由度运动测量系统(Qualisys)测量,也会用到加速度传感器来测量浮体的加速度,系泊线受力一般用拉力传感器来测量。这些测量仪器需要按照一定的方法来安装,并且在试验之前对它们进行标定是整个模型试验中必不可少的一部分,对它们进行标定可以确定仪器模拟电信号与数据采集数字信号之间的比例关系。下面将详细地介绍这三种测量设备的安装与标定方法。

6.4.1 测试系统的安装

1. Qualisys 测量系统的安装

从技术的角度来说,运动捕捉的实质就是要测量、跟踪、记录物体在三维空间中的运动轨迹。光学运动捕捉设备一般由以下几个部分组成:传感器,被固定在运动物体特定的部位,向系统提供运动的位置信息;信号捕捉设备,负责捕捉、识别传感器的信号;数据传输设备,负责将运动数据从信号捕捉设备快速准确地传送到计算机系统;数据处理设备,负责处理系统捕捉到的原始信号,计算传感器的运动轨迹,对数据进行修正、处理,并与三维角色模型相结合。光学式运动捕捉通过对目标上特定光点的监视和跟踪来完成运动捕捉的任务。目前常见的光学式运动捕捉大多基于计算机视觉原理。从理论上说,对于空间中的一个点,只要它能同时为两部相机所见,则根据同一时刻两部相机所拍摄的图像和相机参数,可以确定这一时刻该点在空间中的位置。当相机以足够高的速率连续拍摄时,从图像序列中就可以得到该点的运动轨迹。

目前在海洋工程模型试验领域常用的运动测量系统为瑞典的 Qualisys 系统。Qualisys 系统使用独特的高速数码相机来精确捕捉带有主动或被动标记点的可测量物体的运动。该技术可以准确、可靠、实时地将高质量的数据传送给使用人员。强大软件分析工具使对基本动作的计算(如速度、加速度、旋转、角度)变得简单,也让极其复杂的计算变得简单。

Qualisys 运动捕捉系统主要有以下配置:Oqus 系列高速的运动捕捉摄像机、标定架、反射光球、Qualisys 跟踪管理软件以及相应的连接线。Qualisys 的安装主要包括反射光球的安装、Oqus 摄像头的安装、数据传输线的连接。首先根据运动浮体的大小,确定反射光球的位置,需要安装 3 个光球,3 个光球的位置连成一个三角形,3 个光球之间的位置越大越好。在安装光球的时候需要注意 3 个光球的高度必须不一样,一般每两个光球的高度相差 10 cm 左右为宜,所有光球的高度要高于浮体结构各个构件的高度,以免在浮体的运动过程中光球被挡到,影响测量结果,图 6.25 为某次试验中的 Qualisys 光球安装位置。下一步将摄像镜头安装在三脚架上,将相应的电源线、视频信号线、数据传输线连接到指定接口。在电脑上打开 Qualisys 软件,新建一个工作文件,就可以看到 3 个白色圆点(光球)在窗口中,将窗口显示调整到 video 模式。将模型移动到平衡位置(指模型在接下来试验中运动范围的中间位置),调整两个摄像镜头的位置,使 3 个光球构成的三角形在软件显示的窗口中心位置。至此 Qualisys 系统的安装工作就完成了。

图 6.25　Qualisys 光球安装位置

2. 加速度传感器的安装

加速度传感器的安装主要是将加速度计固定在模型上面的过程。在把加速度传感器安装到被测物体的表面时,需要尽量避免在其上打出螺孔进行安装,例如在海洋平台模型上安装加速度传感器时,平台模型一般已经制作完成,并且不允许在其上打孔破坏,这时使用黏结剂黏合加速度计是最合适的安装方式。

测试人员将会决定在什么样的环境下采用什么类型的黏结剂更符合测试要求,加速度计的自然频率由黏结的耦合程度决定,选择正确的黏结剂将是很重要的一步。这些黏结剂包括氰基丙烯酸盐、磁铁、双面胶带、石蜡、热黏结剂等,问题的关键在于如何能够有效地选择和使用这些黏结剂。

在加速度计的黏结过程中,黏结剂的使用数量将在加速度计能否达到良好的频率响应中起到很关键的作用。在一块小的薄膜上尽可能用最少的黏结剂黏结加速度计将会直接促进加速度计频率响应传送性能的提高。在安装传感器之前要用碳氢化合物的溶解液(如 Loctite^{TM} X-NMS)来清洁其要安装的表面,在安装传感器的时候通常要用到氰基丙烯酸盐、磁铁、双面胶带、石蜡,将它们均匀地涂抹在黏结加速度计被粘表面,合适的厚度将会起到良好的黏结效果。热黏结剂的使用有很多的注意事项,要注意安装过程中热黏结剂的凝固时间。

氰基丙烯酸盐黏结剂在室温时黏结效果好,凝固时间较快,频率响应宽,温度范围宽,但是在拆卸传感器之前,需要用 Loctite^{TM} X-NMS 溶剂溶解胶才能取下传感器,拆卸时间长且不能在粗糙表面上使用。石蜡具有携带、使用方便,黏结迅速且拆卸方便的特点,但其黏合时需要加热,并且需要清理干净模型表面。双面胶带使用方便,温度使用范围宽,但在位置比较高的时候黏结加速度计时,会限制加速度计的电缆长度。用磁铁来安装加速度计是一种十分方便和容易操作的方法,然而使用这种方法安装加速度计会减少可用的带宽。磁铁不会随着环境的影响而被改变,然而磁铁的安装将会彻底减小共振的频率,在特殊材料表面安装加速度计也会致使这种安装方法无效。

总之,在进行加速度计的黏结时,需要结合实际情况,选用合适的黏结剂,将加速度计正确安装在模型之上。图 6.26 为采用几种不同黏合方式进行安装的加速度传感器。

(a)

(b)

(c)

(d)

图 6.26　加速度传感器的几种不同安装方式

(a)磁铁黏合;(b)石蜡黏合;(c)胶带黏合;(d)绳索固定

3. 力传感器的安装

海洋工程模型试验中常用的力传感器主要包括测力天平和拉力传感器。测力天平主要测量浮体在风、浪、流作用下的受力(矩)大小,并且所测力(矩)的方向与浮体的六自由度运动对应,包括纵向、横向和垂向的三个分力和三个分力矩,图 6.27(a)展示了利用测力天平测量船模阻力的图片。拉力传感器主要是为了测量系泊线、锚链以及立管所受的拉力,图 6.27(b)为利用拉力传感器测量锚链受力的图片。

这两种力传感器的安装较为简单,并且各自有一定的特点。测力天平一般安装在水面上方的大型支架或者水池航车上,其固定方式一般为螺栓固定,如果使用其他方式固定则一定要保持其在工作中稳定不动。如果使用的是单只测力天平的话,其底座的安装平面要使用水平仪调整直到水平;如果是多个测力天平同时测量的情况,其底座的安装面要尽量保持在一个水平面上,这样做的目的主要是为了保证每个天平所承受的力基本一致。拉力传感器的两端一般会有两个环形接头,可以与系泊线、锚链以及立管等模型相连。值得注意的是,在设计加载装置及安装时应保证加载力的作用线与拉力传感器受力轴线重合,使倾斜负荷和偏心负荷的影响减至最小。

除了上文介绍的内容以外,在测力天平和拉力传感器的安装中也有一些共同的注意事项,简要介绍如下:

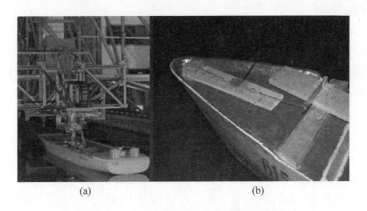

图 6.27　测力天平和拉力传感器的应用

(a)利用测力天平测量阻力;(b)利用拉力传感器测量锚链受力

（1）力传感器要轻拿轻放,尤其对于用合金铝材料作为弹性体的小容量传感器,任何振动造成的冲击或者跌落,都很有可能造成很大的输出误差。

（2）按拉力传感器说明书中的量程来确定所用传感器的额定载荷,拉力传感器虽然本身具备一定的过载能力,但在安装和使用过程中应尽量避免此种情况。有时短时间的超载,也可能会造成传感器永久损坏。

（3）电缆线不宜自行加长,因为传感器电缆线在出厂时按输出电阻值调整过,自行加长或减短会影响到传感器输出电阻,进而影响整个传感器精度,如果确实需要加长时应在接头处锡焊,并加防潮密封胶,重新加电阻进行调整达到出厂时的默认输出电阻。

（4）传感器的电缆线应远离强动力电源线或有脉冲波的场所,这样可以减少现场干扰源对传感器信号输出的干扰,减少误差,提高精度。

（5）传感器外壳、保护盖板、引线接头均经密封处理,在安装时不要打开。

（6）为防止化学腐蚀,安装时宜用凡士林涂抹拉力传感器外表面。应避免阳光直晒和在环境温度剧变的场地使用,在无法避免时应加装防护或缓解装置。

除此之外,力传感器的安装还要根据试验的实际条件进行合理调整,以满足试验要求。

6.4.2　测试系统的标定

1. Qualisys 测量系统的标定

安装好 Qualisys 测量系统后,需要对测量系统进行标定,才能进行测量。在标定之前,组装好 L 型标定架,将其水平放在模型附近,标定架的长边与模型的 X 轴平行,并且能在电脑的 QTM 监视窗口中看到标定架上的光球。在 Qualisys 软件中设置标定时间,一般为20～30 s 就可以,在软件中点击"开始标定",由工作人员手持 T 型标定架在模型可能运动到的区域晃动,注意使 T 型架有转动和平动运动。时间到了之后,停止标定,软件中会弹出标定结果的窗口,一般误差在 3 mm 以下就可以接受,误差越小越好。

在标定结束之后,将标定架撤离,使模型稳定在平衡位置,接下来的操作将主要在 QTM软件中完成。待模型静止后,在软件中建立测量运动响应的基准坐标系。选取 3 个光球中某一个光球作为基准点,测量出光球中心点相对于模型重心的距离,将在基准点建立的坐标系平移到模型重心点。至此,所有标定工作已经完成,可以对模型的运动响应进行测量。

2. 加速度传感器的标定

在进行海洋工程模型试验之前需要对相关测试仪器进行标定,其中对于加速度传感器的标定主要是校准其灵敏度幅值、频率响应特性和灵敏度幅值线性度。

传感器灵敏度是传感器静态特性的一个重要指标,传感器的静态特性是指被测量的值处于稳定状态时的输出输入关系,传感器灵敏度是指传感器的输出增量 Δy 与引起输出增量的输入增量 Δx 的比值,即

$$S = \Delta y / \Delta x \tag{6-17}$$

频率响应特性是传感器的一个主要动态特性。传感器动态特性是指其输出对随时间变化的输入量的响应特性;当被测量随时间变化是时间的函数时则传感器的输出量也是时间的函数,其间的关系要用动态特性来表示。传感器对正弦输入信号的响应特性,称为频率响应特性。频率响应特性的标定方法有连续扫描法、逐点比较法、随机 FFT 比较法。

根据待检定传感器的动态范围,在规定的加速度范围内选择 7~14 点(包括最大和最小加速度),标定待校准传感器的灵敏度,绘制幅值线性度曲线。

对于加速度传感器的标定校准方法,常用的有绝对法和比较法。绝对校准法是指用测量物理量的基本单位和导出单位的方法来确定加速度计灵敏度。将被校准传感器固定在校准振动台上,用激光干涉测振仪直接测量振动台的振幅,再和被校准传感器的输出比较,以确定被校准传感器的灵敏度,这就是用激光干涉仪的绝对校准法,其校准误差是 0.5% ~ 1%。绝对法也可用于测量传感器的频率响应。这种方法对操作和环境要求较高,对设备要求也较高。

比较校准法也称为背靠背比较校准法,将被校准传感器和经过国家计量等部门严格校准过的标准传感器背靠背(或并排地)安装在校准振动台的台面中心,在参考频率(160 Hz 或 80 Hz)和参考加速度(100 m/s² 或 10 m/s²)下进行校准,标准传感器的电输出与所承受的加速度值之比即为参考灵敏度。由于被校准传感器与标准传感器是背靠背安装,受到相同的正弦激励幅度,其电输出之比即为其灵敏度之比。

与绝对校准法相比,比较校准法操作简便,要求复杂贵重的仪器量少,也较为准确,因此是普通用户常用的校准方法。

3. 力传感器的标定

在之前章节中已经介绍了海洋工程模型试验中最常用的两种力传感器——拉力传感器和测力天平的安装方法,这里同样对这两种力传感器的标定方法进行简要的介绍。

拉力传感器的标定方法一般可分为两种:静态标定和动态标定。拉力传感器的静态标定技术已经比较成熟,在实际中也比较常用,其静态标定装置主要有测力砝码和拉压式测力计。动态标定实质上是通过试验得到拉力传感器动态性能指标的具体数值,国内目前对动态标定仍处于研究的阶段。在试验条件允许的情况下也可以利用标定拉力传感器的试验机进行拉力传感器的标定,如图 6.28 所示。

静态标定需要在静态标准条件下进行,即无加速度、振动与冲击,环境温度为室温。为了保持精度,需要选择与被标定拉力传感器的精度要求相适应的标准器具。静态标定一般会有相应的步骤程序,现描述如下:

(1)将拉力传感器全量程分成若干等间距点;

(2)根据拉力传感器量程分点情况,由小到大逐渐一点一点地输入标准量值,并记录与各输入值对应的输出值;

图 6.28　标定拉力传感器的试验机

（3）将输入值由大到小一点一点地减下来，同时记录与各输入值对应的输出值；

（4）按（2）和（3）所述过程，对拉力传感器进行正、反行程往复循环多次测试（一般为3 ~ 10 次），将得到的输出输入测试数据用表格列出或绘成曲线；

（5）对测试数据进行必要的处理，根据处理结果确定拉力传感器的线性度、灵敏度、迟滞和重复性等静态特性指标。

拉力传感器的动态标定主要用于确定拉力传感器的动态技术指标，动态技术指标主要是指与拉力传感器的动态响应相关的参数。确定这些参数的方法很多，一般是通过试验确定，如测量传感器的阶跃响应、正弦响应、线性输入响应等，其中最常用的是测量传感器的阶跃响应。

测力天平的标定比较复杂一些，测力天平一般为多分力传感器，各分力之间有相互干扰，例如标定 z 方向的受力时，会影响 y 方向和 z 方向测力元件的变形而使记录的数据上有 y 方向和 z 方向的读数，为此需要处理相互干扰的数据。为了解决这一问题，制造商对测力元件进行了合理设计和精细加工，基本上消除了各分力之间的相互干扰，并在出厂时已对小量的干扰经过标定处理。

测力天平的静态标定过程相对简单，常用挂砝码的方法对每一个分力分别进行静态标定即可。具体标定流程大体上与拉力传感器的标定类似，值得注意的是，标定过程中应严格保持砝码作用力的方向与所标定的分力方向一致。在静态标定中还可顺便检查是否存在相互干扰，例如在标定某一方向的受力时，其他各分力的记录是否为零。一般说来，实际中使用的测力天平在静态标定中不会出现相互干扰现象。同样，对测试数据进行必要的处理，根据处理结果确定测力天平的线性度、灵敏度、迟滞和重复性等静态特性指标。如果标定发现测量数据不符合要求，则需要寻找原因，重新标定。

6.5 模型系泊就位

在前期的准备工作都做完之后,下一步将模型系泊于水池中央,对模型系泊的整体刚度进行标定,这是正式开展试验前的最后一步。系泊方式主要有水平系泊和锚泊两种:水平系泊是指锚点位于水池池壁上,整条系泊线看起来近似于一条直线,一般有四条系泊线,水平系泊主要用于 RAO 和耐波性试验,目的是限制二阶波浪慢漂运动,放开一阶波频运动;锚泊是指按照海洋结构物实际的系泊方式经缩尺比缩放得到的系泊方式。下面根据这两种系泊方式的模型就位和模型系泊标定进行论述。

对于水平系泊,其操作过程主要为在船坞中将两条尼龙绳对称地绑在模型上,由两名工作人员缓慢地将模型移动到水池中间,然后将尼龙绳绑在池壁上,以使模型暂时稳定于水池中央。然后由两名工作人员划皮划艇将 4 根系泊线连接到模型的系泊点上,这时在池壁对应的 4 个系泊点应该有工作人员将准备好的系泊线递给在皮划艇上的工作人员。系泊线连接到位之后将绑在模型上的尼龙绳撤离,水池中的工作人员上岸。安排一名工作人员在航车上面(即模型的正上方)指挥锚点处的工作人员将模型调整到水池中央。在调整过程中,需要注意 4 根系泊线的张紧程度应保持一致,让系泊线上的弹簧微微露出水面,目测使模型的 X 轴与池壁平行,调整好之后让池壁的工作人员将系泊线固定于池壁,图 6.29 为某半潜平台模型试验中系泊就位的平台。至此,模型水平系泊就位与标定已经全部完成,可以开展相应的模型试验。

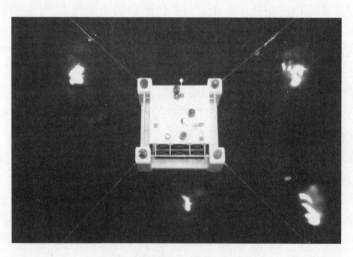

图 6.29 某半潜平台模型系泊就位

对于锚泊定位方法,将模型移动到水池中间的方法与水平系泊的方法一样。不同点在于系泊线与模型的连接以及系泊线的锚泊方式。固定系泊线的最好办法是借助假底进行安装,将假底升起,确定系泊线的具体位置,将每根系泊线按顺序固定于假底,连接完毕,将假底下放到一定水深,如 1 m 以内,以便开展系泊线与浮体的连接工作。另外,系泊线顶端系上浮子,并按系泊线编号进行标记,以方便于后续的连接工作,等系泊线与浮体连接后,再将假底下放到试验所需的水深。

如果水池没有升降假底,则需要将系泊线锚点一端连接到一块矩形铁架上,另一端依然连在浮筒上,然后将铁架连带系泊线一起下放到池底,矩形铁架的尺寸和下放的位置都需要根据设定好的系泊布置方式进行计算得到。随后开展系泊线与浮式结构的连接工作,待浮式结构置于预定的平衡位置后,在拖车上用夹紧装置将浮式结构固定,然后将系泊线按顺序分别与浮式结构进行连接。

　　为了防止各系泊线张紧程度不一,对每根系泊线都要加上相同的预张力,使它们处于相同的张紧状态和具有同等的定位功能。对每根系泊线适当张紧或者松开,反复微调,直到数据采集系统采集得到的传感器拉力达到规定的预张力数值为止。图 6.30(a)和(b)分别展示了哈尔滨工程大学深海工程技术研究中心开展的某次试验中替代系泊假底的矩形铁架和已完成锚泊定位的外输浮筒和穿梭油轮模型。

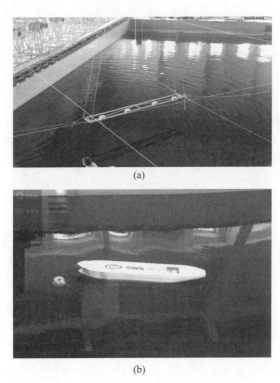

(a)

(b)

图 6.30　外输浮筒和穿梭油轮模型锚泊定位图

(a)替代系泊假底的矩形铁架;(b)就位后的外输浮筒和穿梭油轮模型图

第7章 海洋工程模型试验的开展与数据分析

在之前章节介绍的基础上,完成模型试验的一系列准备工作之后,就要进行相关模型试验的开展工作。模型试验一般包括静水试验、规则波试验、系泊试验、动力定位试验等,对应的试验开展方法与注意事项也各不相同。在开展各个模型试验的同时,需要采集相关的试验数据,实验室配备的数据采集系统可以准确高效地将一系列试验数据采集并输出到计算机中。在海洋工程模型试验完之后,接下来就需要对采集系统得到的各类测量数据进行分析和处理,不同的模型试验需要处理的内容也不同,因此掌握各类测量数据的分析原理与方法是整个模型试验过程中至关重要的一个环节。鉴于此,本章首先阐述了开展海洋工程模型试验的方法以及注意事项等,然后对模型试验数据采集系统进行简要介绍,在此基础上讨论了测量数据的前期处理的方法以及静水试验、规则波试验、系泊试验等需要分析的内容、原理以及方法,最后再结合哈尔滨工程大学深海工程技术研究中心多年来开展大量模型试验的实践经验,介绍了撰写海洋工程模型试验报告的要求。

7.1 模型试验的开展与数据采集

前期准备工作的细微周到是保证试验顺利进行的前提,在系泊模型就位完成,对各个单项试验合理编号,安装各种测试仪器并且标定完毕后就可以开展相关模型试验,并且在试验开展的过程中数据的采集也要同步进行。为了更加系统地掌握这些内容,下面将对模型在静水中的试验、规则波试验、系泊试验的开展以及模型试验数据分析方法进行介绍。

7.1.1 静水试验的开展

静水试验主要包括浮体单自由衰减试验、浮体与系泊系统自由衰减试验以及系泊系统水平刚度试验三部分。其中浮体单自由衰减试验是在浮体无系泊状态下进行的,而浮体与系泊系统自由衰减试验以及系泊系统水平刚度试验则是在浮体及其系泊系统均安装就位完成后才进行的。

浮体单自由衰减试验是为了获得模型各个自由度运动的固有周期、阻尼系数等参数,以验证模型制作以及重心和惯量调整的准确性。

这里以自由横摇为例,说明平台单自由度衰减测试的试验步骤,其他自由度的衰减试验与此类似。自由横摇衰减测试步骤如下:

(1)模型在静水中处于平衡状态时,使其横倾至某一角度,然后突然放开,模型便会在静水中绕轴做自由横摇衰减运动,直至最后静止并稳定于原来的平衡位置;

(2)用运动测量仪器,实时测量并记录模型在整个横摇运动过程中的时历曲线;

(3)分析所得时历曲线,得出横摇运动的固有周期和阻尼系数等重要参数;

(4)等待水面平静,测量系统准备下一次测试。

在试验任务书中,试验委托方往往会根据数值计算结果给出进行模型试验的船舶或海洋平台的固有周期理论值。通过静水衰减试验,获得实际固有周期的测量值后,应与相应的理论值进行对比以达到验证的目的。如测量得到的固有周期与所要求的理论值一致,则可继续进行试验,如不符合,则需要寻找原因进行调整。试验结束后,需要将静水衰减试验的结果,包括固有周期、无因次阻尼系数、衰减时历曲线,以及与理论值的对比情况写入最终试验报告。

　　自由衰减试验一般在海洋工程试验水池的船坞进行,图7.1 为进行某深吃水干树式半潜式平台静水自由衰减试验图片。

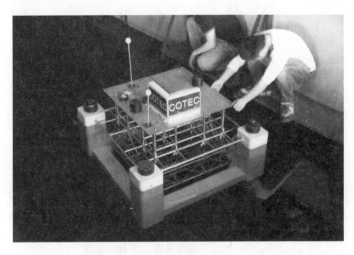

图 7.1　某深吃水干树式半潜式平台静水自由衰减试验

　　浮式结构及其系泊系统安装完毕,需要对整个系统在静水中进行试验,一般包括浮体与系泊系统的自由衰减试验和系泊系统的水平刚度试验两部分。

　　浮体与系泊系统的自由衰减试验的目的是:测定整个系统运动的时间历程曲线(即衰减曲线),并分析得出系泊状况下运动的固有周期及无因次阻尼系数。其中以纵荡和横荡运动的测量为主,现以纵荡为例,试验方法如下:

　　(1)对于在平衡位置的模型及其系泊系统,沿纵向向后拉至一定的距离后突然放开,于是整个系统绕原来的平衡位置产生单向的周期性纵荡衰减运动。

　　(2)实时测量并记录整个系统的总体运动时历曲线,分析得到纵荡运动的固有周期及无因次阻尼系数。

　　(3)获得实际固有周期的测量值后,与相应的理论值进行对比,以达到验证的目的。如果一致,即可继续进行试验,否则需寻找原因,重新进行试验。

　　(4)其他自由度方向的方法与此类似。

　　系泊系统的水平刚度试验的目的是:获得在外加的静力作用下模型的位移 – 受力变化曲线,从而确保模型试验对实际系泊系统进行模拟的准确性,尤其是慢漂结果的可信性。水平刚度试验方法如下:

　　(1)对单根系泊线的水平刚度特性进行校核试验。在系泊线的顶端施加一定的水平外力,测量相应的系泊线张力,多次变更外力的大小,便可得到系泊线的张力随位移变化的特性曲线,与目标值进行比较,如果一致,即可继续进行试验,否则需寻找原因,重新进行试验。

（2）对整个系泊系统（不含立管）进行水平刚度校核试验。以纵向为例，如图 7.2 所示，先使整个系统处于平衡位置，然后在模型的中纵剖面上向后施以拉力 F。待整个系统静止后测量模型向后移动的距离 s，多次改变拉力大小，可以得到模型相应的位移。于是得到整个系统的受力–位移特性曲线。

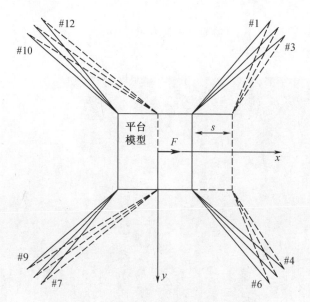

图 7.2　系泊系统水平刚度试验示意图

（3）将结果和理论曲线作比较，如达到要求即可进入下一步。

在进行整个系泊系统的水平刚度试验时，通常需要考虑几个不同的受力方向，如纵向和横向，或者沿着单根锚泊线的方向（Online）和沿着两根锚泊线之间的方向（Between）。试验时方向的选择须根据不同系泊系统的实际要求和布置方式来定。对于其他方向的水平刚度试验，试验步骤以及测试内容与上述纵向（Surge）相似，其结果也以相应的受力–位移特性曲线表示。

如果试验中需要加入立管系统，则应至少选择一个方向的系泊系统先进行水平刚度试验，然后加入立管系统，再进行同样的系统水平刚度试验，以验证立管系统对系泊系统的水平刚度特性是否产生影响。当然，此项试验是否必要，按具体情况而定。

7.1.2　RAO 运动响应试验的开展

开展 RAO 运动响应试验主要有两个途径：利用一组（8～12 次）单项规则波试验获得浮体运动的 RAO，或者利用白噪声波试验获得 RAO。

海洋结构物在进行这两项试验时一般都会选择顺应式系泊系统作为其系泊方式，这种顺应式系泊系统也可以叫作水平系泊系统，它通常情况下并不是平台在实际工作中的系泊系统，而一般由若干水平放置的带有弹簧的软绳组成，并且组成形式为软绳–弹簧–软绳的串联结构，以提供足够大的纵荡、横荡和艏摇固有周期，这样既可以把平台模型限制在一定的运动范围内，又不影响平台的波频运动。水平系泊中的每根系泊缆一般由细钢丝绳和软弹簧组成，其长度和刚度的选取以使平台的水平回复力与完整系泊系统时的值接近为宜。

为了更加清楚地了解该系泊方式的布置,在图 7.3 中给出了某半潜平台的水平系泊示意图。

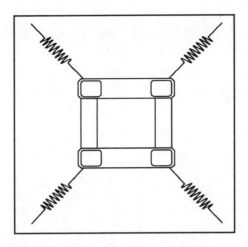

图 7.3　某半潜平台水平系泊示意图

在了解水平系泊的基础上,这里将依次对这规则波试验和白噪声波试验的开展方法进行相应的介绍。

1. 规则波试验的开展

在开展规则波中的模型试验时,首先把经过一系列校验的平台模型与顺应式系泊系统一起布置在水池中,由于此单项试验是为了获取平台主体的运动响应等,因此在此类试验中通常不需要安装如立管等辅助设备。另外,在试验前需要在平台模型上安装非接触式六自由度运动测量系统,以测量平台的波浪诱导运动。

模型在水池的静水中处于平衡位置后,接着需要检查各种测试仪器的接线是否完好,保证测试仪器线路接通。在上述检查与校核完成之后,如果各指标都满足要求,就可以清除各通道的采集数据并采零,继而便可以开始进行模型在规则波中的试验。

规则波试验中的各个单项试验的开展过程比较类似,对于每个单项试验而言,试验的具体步骤也比较简单。在试验模型与系泊系统布置妥当之后,接着就要启动试验水池的造波机,按照要求在水池中制造规则波,同时打开相应的数据采集系统仪器,进行各项测量数据的同步记录与采集。试验中测试的时间根据 ITTC 的规定,需要获得模型在稳定运动状态下的 10 个以上完整的规则波中的数据。因此,一般情况下自记录开始,到完成某个单项试验之前,即停止造波和数据采集时,要求有 20 个左右的规则波经过试验模型或采集 2 min 左右。对于下一个单项试验,需要待水池中的水面平静后,调整要求的相应参数,便可继续开始试验。按照顺序依次进行 8 ~ 12 个单项试验,便完成了在一个浪向规则波中的全部试验工作。如果要求模型在其他浪向的规则波中进行试验,则需按规定浪向变更模型的布置位置,重复上述的试验步骤。根据测量所得的相关波浪及其他数据的时历曲线,经过数据的处理之后,便可进行进一步的分析得到平台运动的幅值响应和相位响应等。

2. 白噪声波试验的开展

模型在白噪声不规则波中试验的目的与规则波中的试验相同,主要是获得浮式海洋平台在波浪作用下运动的频率响应函数,包括幅值响应算子(RAO)及相位响应函数。

同规则波中的模型试验类似,白噪声不规则波试验不考虑风和流的影响,其试验过程如下:

(1)模型处于静水中,校验浮态;

(2)开启数据采集系统,同步测量平台模型的运动和波浪数据,每个单项的测量时间应保持在 5 min,采样频率为 30 Hz 左右即可;

(3)启动造波机预热后,根据白噪声波谱制造白噪声不规则波;

(4)一个浪向做完后,将模型调整一定的角度,待水面平静后,即可以开始下一个浪向的测量。

利用白噪声波试验可以快速地测量得到浮体在波浪作用下的运动响应函数,是对试验技术的一种改进,目前这种技术已经在大多数海洋工程模型试验中得到了应用。但是有些试验出于精确度等方面的考虑,也需要将规则波试验与白噪声波试验结合对比,以满足试验各方面的要求。

7.1.3　二阶波浪力试验的开展

在有些试验中,为了得到浮体在波浪中受到的二阶力以分析浮体的慢漂运动,就需要进行浮体的二阶波浪力试验。使浮式结构物在波浪中产生漂移的作用力称为波浪漂移力,是非线性的二阶波浪力,其组成包括平均波浪漂移力、缓变(低频)的波浪漂移力以及高频(和频、倍频)波浪力。

对于规则波而言,二阶波浪力包括平均漂移力和频率为规则波二倍的倍频波浪力。对于不规则波而言,则除了包含平均波浪漂移力、倍频波浪力外,还包括各成分波的频率之差所产生的低频波浪力(即波浪慢漂力),以及各成分波频率之和的高频(和频)波浪力。二阶波浪力相比于一阶波浪力,大小通常相差一到两个量级,是小量。但对于船舶和浮式海洋工程结构物而言,二阶波浪力是非常重要的,特别是平均漂移力和波浪慢漂力,对于系泊系统和推进系统的设计、拖航系统设计和拖航阻力估算、船舶在波浪中阻力增加的计算、潜艇在近水面时的性能分析,以及大体积小水线面浮体缓慢垂荡、舶摇和横摇运动的分析,都是主要考虑的外力因素。

平均波浪漂移力和波浪慢漂力的大小,与入射波波幅的平方成正比,其比例关系定义为二阶波浪力的二次传递函数,这与浮体运动响应 RAO 的定义具有一定的相似之处,二阶波浪力的二次传递函数也可以通过规则波试验或者白噪声波试验来获得。

由于二阶波浪力影响浮体的平面运动,即横荡、纵荡和舶摇运动,在开展波浪二阶力试验时,所测模型一般也采用水平系泊的方式进行定位,具体的水平系泊方法已经在上一节中进行了详细介绍,此处将不再重复介绍。值得注意的一点是,由于此试验的试验目的是测量浮体所受到的二阶波浪力,并且主要考虑平面上的力,即 F_x 和 F_y,所以在模型就位时需要在模型上安装拉力传感器,具体的安装方式为:在系泊就位的浮体模型侧面依次串联轻绳索、轻质软弹簧以及拉力传感器,然后将拉力传感器连接池壁,如图 7.4(a)所示,在试验中通过力的平衡,就可以确定平台所受的约束力,进而分析得到浮体受到的二阶波浪力 F_x 和 F_y。

在设计二阶波浪力测量装置时,弹簧的选择比较重要,其目的是为了尽量释放模型的运动,因此需要经过多次尝试,选取合适的刚度系数。对于不同浪向角情况下的浮体二阶波浪力的测量,则需要将模型及其系泊系统扭转一定的角度,并且保证轻质弹簧和拉力传感器的布置位置不变,具体如图 7.4(b)所示。

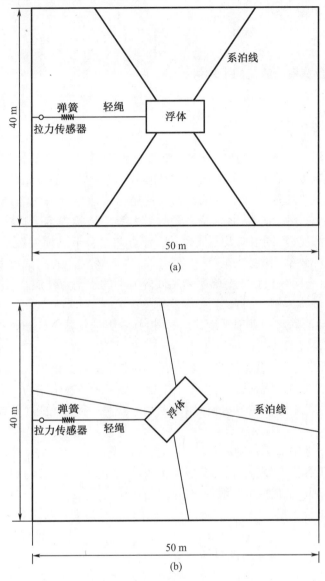

图 7.4　二阶波浪力试验的布置方式

(a)0°浪向角试验;(b)45°浪向角试验

安装调试好系泊系统与测试仪器后,便可正式开展试验。试验在规则波中进行时,需要模拟 8~12 个不同频率(波长)的规则波进行 8~12 个单项试验,对于每个单项试验的开展方法也与上节中的方法相同,浮体受力的数据采集同样需要获得模型在 20 个左右的完整规则波中的数据。

对于在白噪声不规则波中开展的二阶波浪力试验,同样可以采用拉力传感器进行测量,在模型和各项测试仪器准备就位完成后便可开展试验。具体的试验开展过程与上节中介绍的利用白噪声波测量浮体 RAO 运动响应的过程类似,主要将采集运动数据换为采集受力数据即可。

为得到二阶波浪力的二次传递函数,可以将规则波试验中得到的平台总系泊载荷的平均值与波高的平方相除,即:

$$\alpha = \frac{F_{drift}}{H^2} \tag{7-1}$$

式中　F_{drift}——平台总系泊载荷的平均值;

　　　H——波高。

7.1.4　系泊试验的开展

系泊试验是海洋工程模型试验中非常重要的一部分,系泊试验的核心试验部分是不规则波试验以及风、浪、流联合作用下的试验,前期的所有工作都是为此做准备,其试验结果的好坏直接决定着试验的成功与否。试验的目的是为了直接获得海洋浮式结构在真实海况下的水动力性能、总体响应、系泊线及立管的受力等。试验内容包括在百年一遇的极限海况和工作状态的海况,不同浪向及不同风、浪、流方向组合下的模型运动和受力情况。因此要求进行众多工况的单项试验,对每一单项试验要记录大量的测试数据,通过一系列的试验及其结果分析,全面预报浮式海洋平台在实际海上的水动力性能。

现就某一单项试验为例,说明试验步骤及有关规定。

(1)模型在水池的静水中处于平衡状态后,检查各测量仪器和线路是否接通、各系泊线上的预张力是否为设定的数值;

(2)开启数据采集系统,开始同步记录所有的测试数据直至该单项试验结束为止;

(3)按要求在水池中造流,在流的作用下模型漂至某一平衡位置;

(4)按要求在水池中造风,在风的作用下模型移至另一平衡位置(这是风、流联合作用下的平衡位置);

(5)按要求在水池中造不规则波;

(6)根据海洋工程模型试验规定,模型在不规则波中每个单项试验时间至少相当于实体在海上 1 h 或者 3 h,在试验中一般为 30 min 左右;

(7)为了确保试验质量,在整个试验持续时间内,实时监视和显示各通道的记录数据和时间历程曲线;

(8)如果一切正常,则该单项试验认为顺利结束。

需要说明的是,关于每个单项在不规则波中的试验记录时间,ITTC 曾经做出的规定是必须有 200 个周期的试验,也就是说必须有组成不规则波中的 200 个不同频率的波浪作用于试验的模型。但在海洋工程的模型试验中,每个单项试验的记录时间远比 ITTC 的规定更为严格。现时国际海洋工程界对于模型在不规则波中每个单项试验时间的不成文规定是:至少相当于实体在海上 1 h 或 3 h。实际上多数研究项目要求不少于 3 h。根据缩尺比的换算,模型在不规则波中每个单项试验的持续时间常在 30 min 左右。试验中各个通道记录和采样频率不小于 20 Hz,即要求每秒至少采集 20 个数据。

该次单项试验完成后,接下来就需要按试验计划进行另一个工况的单项试验。上次试验结束后首先要等待池中的水面平静,模型处于平衡状态后,然后重复上述的试验步骤,并根据试验的有关规定调整相关波浪参数,依次进行各个单项试验,直至试验计划中要求的所有单项试验全部进行完毕,便完成了模型在风、流及不规则波联合作用下的试验任务。

海洋浮式结构物的类型较多,对各种浮体的试验要求也有一定差异。除进行平台本身在不规则波中的模型试验之外,有时还要求在一些特殊情况下的试验。在测试内容方面有时还要求测量砰击次数、砰击压力、甲板上浪次数、上层建筑受上浪的冲击力等。这些差别仅限于试验的繁、简和要求测量数据的多少,因此上面所介绍的试验步骤及有关规定适用于各种浮式海洋平台模型在风、流及不规则波中的试验。图 7.5 是各种不同类型的浮式结构系泊系统在海洋工程水池中的试验实图。

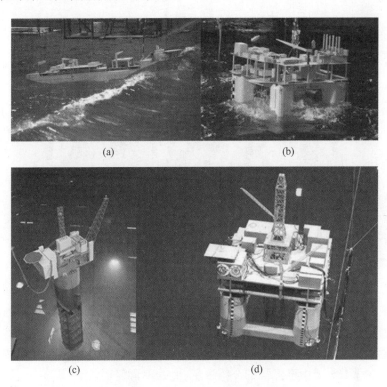

(a)　　　　　　　　　　　　　　(b)

(c)　　　　　　　　　　　　　　(d)

图 7.5　浮式结构系泊模型试验

(a)FPSO;(b)半潜平台;(c)SPAR;(d)TLP

7.1.5　动力定位试验的开展

动力定位试验开展之前同样要进行一些准备工作。确定试验缩尺比、制作模型、进行模型参数调整、环境条件模拟、实验设备仪器就位等,具体的方法在第 6 章中都进行了详细的介绍。值得注意的是,动力定位试验的试验对象安装有动力定位设备,在安装好推力系统的各推力器以及动力定位系统的控制系统后,需要对控制系统进行调试,以保证控制系统能按照设定的推力分配原则进行推力分配,并将推力指令成功下达到每一个推力器,从而完成对平台的有效控制。

调试时,首先对单个推力器的控制进行调试,从而确定每个推力器的运转无故障,并能按照控制系统下达的运转指令进行运转。调试中需要检测的主要参数包括推力作用方向、螺旋桨的转速以及推力响应时间。

确保单个推力器运行正常后,则需要对整个控制系统和推力系统进行调试。调试的目的主要是保证控制系统的控制指令的正确和各个推力器工作的协调无误。调试时,按照一定的顺序逐一启动每个推力器,观察单个推力器是否正常工作;然后同时启动某些推力器,检测这些推力器是否协调工作;最后启动所有推力器,并在控制系统中人为施加环境外载荷,监测各推力器的工作方向和螺旋桨的转速是否为设计方向和设计转速。

确认控制系统进行了正确的平台状态估计和推力分配,并且确认了单个推力器和整个推力系统均按照控制系统下达的推力指令进行工作后,动力定位系统的调试完毕。图7.6为某半潜平台模型动力定位系统需要调试的动力定位推进器。

图7.6 某半潜平台模型动力定位系统推进器

在准备工作完成之后,接下来就可以开展动力定位试验了。试验时,必须按照一定的试验步骤来进行,以保证试验的顺利进行和测试数据的准确性。在测试之前有必要对平台进行单自由度自由衰减试验,以检测平台的运动固有周期阻尼系数。单自由度自由衰减试验的开展方法在7.1.1节中已经详细介绍过了,此处不再赘述。

单自由度自由衰减测试之后便要进行平台定位性能测试,该测试主要对平台动力定位系统的定位性能进行测试。试验步骤如下:

(1)模型就位,并具有设定的艏向和位置;

(2)开启数据采集系统进行各项测量数据的同步记录;

(3)启动造波机按既定波浪参数在水池中造波;

(4)波浪到达模型前按照设定推力器状态启动推力器,开始定位;

(5)获得测量数据后,停止数据采集,停止造波;

(6)等待水面稳定后进行下一组测试。

对于该测试,试验时需要测试的数据主要有平台运动响应、推力器推力、环境载荷参数等。在按照要求改变环境条件后接着进行下一组试验,直至完成所有的单项试验,在实验的进行过程中也要同步进行试验数据的采集。

7.2　试验数据的误差分析

在海洋工程模型在水池中的试验结束后,接下来需要对自动采集系统获得的各类测量数据进行处理与分析。海洋工程模型试验中采集的试验数据主要包括风、浪、流等海洋环境条件,各类海洋平台和海洋结构物的载荷、运动、加速度等动力响应。这些数据的处理是海洋工程模型试验的重要组成部分,主要包括试验数据的误差分析与预处理。

7.2.1　误差分析的目的

模型试验获得的数据是由数据采集系统将模拟电路信号通过 A/D 转换得到的数字信号。由于受到仪器不稳定或外界干扰信号的影响,模型试验中获取的试验数据可能包含各类误差。在进行分析之前必须对试验数据进行误差分析和预处理,借以消除测量数据中有可能存在的误差。因此,十分有必要掌握误差的基本知识以及消除方法。

在测量工作中,对某量(如某一个角度、某一段距离或两点之间的高度差等)进行多次观测,所得的各次观测结果总是存在差异,这种差异实质上表现为每次测量所得的观测值与该量的真值之间的差值,这种差值被称为测量误差。

为了减小测量误差,提高测量精确度,就必须了解误差来源。误差来源是多方面的,在测量过程中,几乎所有的因素都将引入测量误差。在分析和计算测量误差时,不可能也没有必要将所有因素及其引入的误差逐一计算,因此要着重分析引起测量误差的主要因素。引起测量误差的主要因素有:测量设备、测量方法、测量环境以及测量人员等。

在海洋平台模型试验中需要测量较多的数据,为了准确地对试验结果进行分析,在试验数据分析之前需要对实验数据进行误差分析和预处理,尽可能消除数据中存在的误差。

研究误差的目的有以下几点:正确认识误差的性质,分析误差产生的原因,以采取减小误差的原因;正确处理数据,合理计算测量结果,以便在一定条件下得到更接近于真值的数据;正确组织试验,合理选用测量仪器和测量方法,以便在最经济的条件下得到满意的结果。

7.2.2　绝对误差和相对误差

误差有多种分类方式,一般包括按误差的表达方式分类、按误差的性质分类、按误差的使用条件分类等,其中按误差的表示方式不同,可以分为绝对误差和相对误差。

绝对误差指某一物理量的测量值与真值的差值。真值指一个特定的物理量在一定条件下所具有的客观量值,可以是实际测量中多次测量的均值或高一级标准仪器测量所得示值。根据误差理论,对于等精度测量,在排除了系统误差的前提下,当测量次数为无限次时,测量结果的算术平均值接近真值,因而可将它视为被测量的真值。这种测量在测量次数为无限多时得到的算术平均值也就是被测量的统计平均值或数学期望值。通常模型试验中测量次数有限,故按有限测量次数得到的算术平均值只是统计平均值的近似值。由于系统误差不可能完全被排除掉,通常采用更高一级的标准仪器进行测量,所测得的值当作"真值"。

由于绝对误差只能表示测量误差的绝对大小,当测量不同数量级的被测量时,利用绝对误差就不能确切地表示测量的精确程度。因此,这时就要用到相对误差的概念。相对误差为绝对误差与约定真值的比较。对物理量进行多次测量,每次测量的绝对误差绝对值总和除以测量次数即为平均误差。数学表达式如下:

$$\theta = \frac{\sum\limits_{i=1}^{n} |\delta_i|}{n} \tag{7-2}$$

式中　θ——平均误差;

　　　　n——测量次数;

　　　　δ_i——n 次测量时的绝对误差。

相对误差是一个无量纲数,并且有正负之分,相对误差可以用来反映误差对真实值的影响程度。但由于真实值难以获得,而且测量值与真实值又总是接近,所以实际工程中,相对误差可用误差与测量值之比来近似地表达。

7.2.3　系统误差、随机误差和异常误差

按误差的性质可以将误差分为系统误差、随机误差和异常误差。下面将对这三种误差进行介绍。

1. 系统误差

系统误差是在一定的测量条件下,对同一个被测物理量进行多次重复测量时产生的误差,该误差值的大小和符号(正值或负值)保持不变,或者在条件变化时,按一定规律变化,如测力传感器的零漂现象等。产生原因:测量仪器本身性能不完善;测量设备和电路等的安装、布置和调整不当;测量人员的感觉器官有缺陷或不良习惯;测量方法或所依据的理论不完善等。

系统误差的出现一般来说都是有规律的,可按其变化规律的不同,将系统误差分为恒定系差、线性系差、周期系差及复杂系差。通常把恒定系差之外的系差称为可变系差。对于系统误差的处理不可能像随机误差那样有通用的办法,一般情况下需要针对不同的具体情况采取不同的具体措施。但无论什么类型的系统误差,它们的出现或消除都是属于测量技术上的问题。

发现系统误差的方法随测量对象和测量方法的不同而改变,目前对于系统误差的发现方法主要有以下几种:

(1)试验对比法。此法是通过改变产生系统误差的条件,进行不同条件下的测量对比,或者用高一级精度的仪表或量具进行测量对比来发现系统误差,该方法适用于发现恒定系统误差。

试验对比法的具体思路是:设在某试验条件下,对物理量进行观测,获得的结果为 x_1,为了判断它的可靠性,可以改变试验条件,例如使用新的试验方法,运用更高精度的试验仪器等,获得新的结果为 x_2,通过比较 x_1 和 x_2 之间是否一致,可以有效地发现恒定误差的存在。但在判断 x_1 和 x_2 之间的一致性的过程中需要一些判据,这些判据和其他各种统计判据一样,均带有某种程度的人为意向。

(2)残差观察法。此方法根据测量列的各残差大小和符号的变化规律,直接由误差数据或误差曲线图形来判断有无系统误差。这种方法用于发现有规律变化的系统误差,且随机误差比系统误差小很多。

测量中每个测量值均有误差,应以测量的算数平均值作为最后的测量结果。测量列总

和以符号 $[x]$ 代表，即

$$[x] = x_1 + x_2 + \cdots + x_n \tag{7-3}$$

其算数平均值为

$$\bar{x} = \frac{[x]}{n} \tag{7-4}$$

当测量次数 n 无限增大时，算数平均值必然趋近于真值 A_0。由此可见，如果能对某一量进行无限次数的测量就可以得到不受随机误差影响的值。由于实际上都是有限次测量，可以近似地用算数平均值代替真值。以某约定值代替真值求得的随机误差称为残差 v_i，若以算数平均值代替真值，则有 $v_i = x_i - \bar{x}$。

可以由此证明残差的代数和等于零，且残差的平方和为最小，从而表明算数平均值是代替真值的最佳选择。

（3）残差校核法。将测量列中前 k 个残差相加，后 $n-k$ 个残差也相加［当 n 为偶数时取 $k = n/2$，当 n 为奇数时则取 $k = (n+1)/2$］，两者相减得到 ε：

$$\varepsilon = \sum_{i=1}^{k} v_i - \sum_{i=k+1}^{n} v_i \tag{7-5}$$

若 ε 显著不为零，则有理由认为测量存在累计性系统误差。此方法又称为马利科夫准则。需要说明，有时虽然 $\varepsilon = 0$，仍有可能存在系统误差。

（4）残差积判断法。按照测量的先后顺序，依次算出相应残差 v_1, v_2, v_n，以及标准误差 σ。然后求出二相邻残差之积的代数和

$$\Delta = \sum_{i=1}^{n-1} v_i v_{i+1} \tag{7-6}$$

若

$$|\Delta| > \sqrt{n-1}\,\sigma^2 \tag{7-7}$$

则认为测量列中存在周期性系统误差。

（5）重复测量比较法。对同一物理量重复测量，获得 m 组测量列，算出它们的算数平均值和标准误差，即 $\bar{x}_1, \bar{x}_2, \cdots, \bar{x}_m$ 和 $\sigma_1, \sigma_2, \cdots, \sigma_m$。

任意两组测量列之间不存在系统误差的判断是

$$|\bar{x}_j - \bar{x}_i| < 2\sqrt{\sigma_i^2 + \sigma_j^2} \tag{7-8}$$

为了减少与消除系统误差，可以从产生误差的根源上消除系统误差，可利用修正方法消除，此外还可以利用测量技术的某些典型方法减少系统误差。

发现系统误差存在的最终目的是要消除或减弱系统误差对测量数据的影响。在对影响测量结果的因素有过研究和检验之后，可以在进行测量前采用一些方法，限制系统误差的产生，借以消除系统误差。

在消除系统误差方面，一般从两个方向进行考虑：从产生系统误差的根源上消除系统误差和利用修正值 C 消除系统误差。从产生系统误差的根源上消除系统误差的方法是最为理想的方案，即在目前的技术条件下，寻找造成系统误差的原因，并且想办法消除导致系统误差的因素对测量的影响，从而使得测量不再会产生系统误差。另外，在测量中只要仪器仪表的指示值有较为稳定的复现性，那么对这一种仪器仪表的系统误差就完全可以通过检定或经上一级标准的校对，得到仪器仪表指示值的修正值 C。有的时候，也可能会给出修正曲线或图表，或者提供修正数据的计算公式，利用这些同样能够对系统误差进行修正。

2. 随机误差

随机误差也称为偶然误差和不定误差,是由于在测量过程中的一系列有关因素微小的随机波动而形成的具有相互抵偿性的误差。在相同条件下测量同一物理量时,其误差的绝对值和符号以不可预定的方式变化。随机误差服从统计规律(如正态分布、均匀分布),表现了测量结果的分散性。随机误差是由许多不可预知因素引起的,包括环境的温度、湿度、空气的抖动、电路中电压的波动以及测量设备中零部件配合不稳定等,都会时时刻刻影响到测量系统,导致测量数据发生误差。在对测量数据中的系统误差进行处理之后,仍会残留微小的系统误差,但是这些微小的系统误差已经具备了随机误差的某些性质,因此也可以把这种残存的系统误差当作随机误差来考虑。随机误差是观测值的涨落,这种涨落使得每一次试验给出的结果都不同。为了能够得到精密的结果,就需要反复进行测试。一个给定的精度意味着要求测量结果的精度至少要与该精确度一样高。所以精确度在某种程度上也依赖于随机误差。

随机误差的出现没有确定的规律,但误差的总体分布具有统计规律,通常服从正态分布,也有均匀分布和反正弦分布。正态分布的随机误差有以下特点:绝对值相等的正误差和负误差出现的次数相等,这称为误差的对称性;绝对值小的误差比绝对值大的误差出现的次数多,这称为误差的单峰性;在一定的测量条件下,随机误差的绝对值不会超过一定的界限,这为误差的有界性;随着测量次数的增加,随机误差的算数平均值趋于零,这称为误差的抵偿性。

随机误差的统计规律性,主要可归纳为对称性、有界性和单峰性三点。

(1)对称性是指绝对值相等而符号相反的误差,出现的次数大致相等,即测得值是以它们的算术平均值为中心而对称分布的。由于所有误差的代数和趋近于零,故随机误差又具有抵偿性,这个统计特性是最为本质的;换言之,凡具有抵偿性的误差,原则上均可按随机误差处理。

(2)有界性是指测量值误差的绝对值不会超过一定的界限,即不会出现绝对值很大的误差。

(3)单峰性是指绝对值小的误差比绝对值大的误差数目多,也即测量值是以它们的算术平均值为中心而相对集中地分布的。

对于随机误差的合成,当测量数据中的系统误差被排除或削弱到与随机误差相比可以忽略时,误差合成就只针对随机误差而进行合成。如果系统误差不能被忽略,分项误差可以根据误差的性质来划分,则所有随机误差的分项误差,同样也需要进行随机误差的合成。

可以利用误差传播定律对分项误差进行合成,此时各分项随机误差应该满足:分项误差所遵循的统计规律可使用正态分布规律来描述;各个环节或各种因素构成的分项误差是相互独立的;各个环节或各种因素的取值与最后测量的函数关系为已知。可以把各个环节或各种因素的取值看成是间接测量中的直接被测量,而将测量系统或仪器仪表的最后测量结果看为间接测得量。进而利用误差传播定律,根据各分项随机误差就可以求出合成的综合误差了。

在对随机误差进行合成的过程中,只要是各环节或各因素的取值与最后测量结果所构成的函数关系准确,就能毫无遗漏地考虑到引起随机误差的各种影响因素。利用误差传播定律对各分项随机误差进行合成,是比较可靠和较为理想的方法之一。

随机误差需要在数据分析过程中进行处理。由于在试验过程中采集系统的采样频率很高,随机误差也随之表现为高频的不规则振荡。在处理中只要给定合适的频率界限,通过滤波处理将测量信号进行高低频分离,保留低频信号,取出高频信号,即可消除随机误差。图7.7为某模型 VIM 的运动轨迹图,(a)为滤波前的数据结果,(b)为滤波后的数据结果。

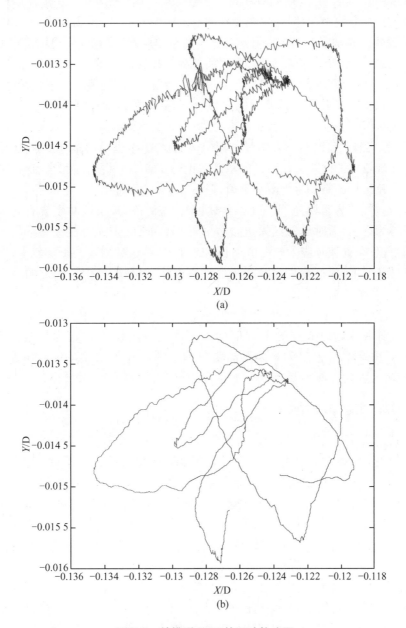

图 7.7　某模型 VIM 的运动轨迹图

(a)滤波前运动轨迹图;(b)滤波后运动轨迹图

除了简单地重复测量以外,减小随机误差的方法主要是依靠改进试验方法及改进测量技术。假如随机误差的产生是由于仪器仪表的不准确性所引起的,那就可以改用更加可靠、更加精密的仪器仪表来减小这种误差;如果随机误差是由于记录有限数目事件的统计涨落造成的,则可以通过记录更多的时间来减小这种误差。

研究随机误差不仅是为了能对测量结果中的随机误差做出科学的评定,而且是为了能够指导人们去合理地安排测量方案,设法减小随机误差对测量结果的影响,充分发挥仪表的测量精度,进而对测量所得出的数据进行正确的处理,使测量达到预期的要求和目的。

3. 异常误差

在测量数据的曲线中,有时会出现个别的数据点明显异常,偏离曲线的整体规律,即所谓的"跳点"现象。异常误差是一种显然与事实不符的误差,没有任何规律可循。主要由于操作者粗心大意、操作错误、读错刻度、偶然的外界干扰或冲击等原因引起。在测量数据的曲线中,有时会出现个别的数据点明显异常,偏离曲线的整体规律。一般情况下,在测量数据中出现跳点现象便视为异常误差。比如,某数据要求精确度达到六位有效数字,而使用的仪表仪器仅可以保证五位有效数字的准确性;记录数字的时候,记录人员将 0.916 错记为了 0.619,等等。当然,有时尽管在测量过程中很细心,操作也很认真,但同样也会因为随机性的缘故而出现较大的误差。这种情况从概率论的观点来分析也是完全有可能的,即相对数值较大的误差出现的概率尽管微乎其微,但不等于绝对不会出现。

确切地说,所谓"异常误差"其实已不再属于误差的范畴,所以对于含有异常误差的测量值一般又称为坏值,在对试验结果进行数据处理之前,必须先行剔除这些坏值。但对原因不明的可疑值,在处理时应采取谨慎小心的态度,尽管它对测量的影响较大,但在不能判定为不可信的情况下,绝不能主观臆断轻易把它剔除,而是应当根据一定的准则来加以判断,最终决定是否把该数据剔除。

总的来说,对于异常误差的具体处理方法为:异常误差的处理比较简单,剔除异常数据,代之以前后两点的数据的平均值即可。跳点的出现不一定为异常误差,应该根据具体的实际情况而定。图 7.8 为某油轮在不规则波中的艏摇运动时历曲线,试验结果在 $t = 1\,000\,s$ 附近出现了跳点。一般情况下会将此点剔除,对数据误差进行处理。

7.2.3　基本误差和附加误差

误差按使用条件可以分为基本误差和附加误差。基本误差指仪器在标准条件下使用时所产生的误差。标准条件是指仪器在标定刻度时所保持的工作条件,一般包括环境温度、相对湿度、大气压力、电源电压、电源频率、安装方式等。仪器的基本误差是仪器本身所固有的,它与仪器的结构原理、元器件质量和装配工艺等因素有关,基本误差的大小常用仪器的精度等级来表示。仪器的基本误差不是一个固定值,它是随仪器准确度的高低而变化的一个变值。即使一些同型号、同等级仪器,它们的基本误差也是不同的;即使是同一个仪器,它的基本误差也是一个变化的数值。在检定工作中,被检仪器越准确,与标准差值就越小,计算后得出的基本误差就越小;反之基本误差就越大。

附加误差指仪器使用过程中偏离标准条件时,如温度、频率、波形的变化超出规定的条件,工作位置不当或存在外电场和外磁场的影响时,除基本误差外还会产生附加误差。附加误差实际上是一种因外界工作条件改变而造成的额外误差。使用仪表进行测量时,应根据使用条件在基本误差上再分别加上各项附加误差。

上述内容主要论述了误差的分类方法以及处理误差的方法,在数据处理之前除了对试验测量数据进行误差分析和相应的处理之外,还可能需要进行其他一些数据处理工作,以形成最终的数据信号进行进一步的分析。

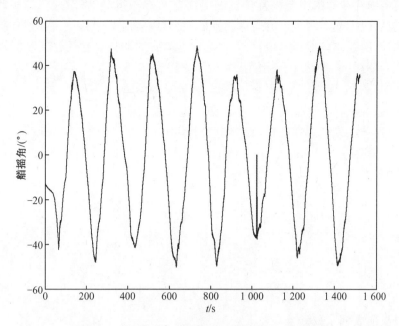

图 7.8　某油轮在不规则波中的艏摇运动时历曲线

例如测力传感器所测得的数据信号。由于在试验数据采集之前,通常都要进行仪器的清零和采零,使得调整好的预张力数据也一并清除,所以正式试验中采集得到的数据信号中一般不包含预张力,必须在数据处理过程中将预张力加入到相应的信号中,作为最终的受力数据进行进一步的分析。

由运动测量仪所测得的运动数据,由于测量仪标定时所形成的总体坐标系与试验所需要的大地参考坐标系并不一致,所以必须在正式试验之前测量得到模型在静水中处于平衡位置时的运动数据,作为坐标转换的参考,在数据处理过程中将正式试验采集得到的六自由度运动数据进行相应的参考坐标系转换计算,以形成最终的运动数据信号进行进一步的分析。

7.3　试验数据的分析

误差分析结束之后,通常还要对试验数据进行进一步的分析,包括衰减试验分析、RAO试验分析以及系泊试验分析,系泊试验分析中又包含了时域统计分析、谱分析和交叉谱分析,本节将会对以上内容进行详细介绍。

7.3.1　衰减试验分析

模型的横摇、纵摇和垂荡有静回复力或力矩,在外力作用下偏离了平衡位置,但当外力停止作用后,依靠静回复力或力矩的作用可以恢复到原来的平衡位置。因此要对模型在静水中分别进行自由横摇、纵摇和垂荡的衰减试验,目的在于获得这些运动的固有周期、阻尼系数等重要参数,验证模型制作以及重心和惯量模拟的准确性。

以横摇衰减试验为例,模型在静水中处于平衡状态时,使其横倾至某一角度 φ_{A0},然后突然放开,模型便会在静水中绕平衡位置做横摇自由衰减运动,直至最后静止并稳定于原来的平衡位置。应用光学六自由度运动测量系统,可以实时测量并记录模型在整个横摇运动过程中的时历曲线,通过数据分析可得出运动的固有周期和阻尼系数等重要参数。

浮体(设为船模)在静水中自由横摇的运动方程为

$$I'_{xx}\ddot{\varphi} + 2N\dot{\varphi} + Dh_T\varphi = 0 \tag{7-9}$$

式中　$\ddot{\varphi}, \dot{\varphi}, \varphi$——分别为横摇的角加速度、角速度和角位移;

　　　　I'_{xx}——浮体的横摇总惯性矩(包括附加惯性矩);

　　　　N——横摇阻尼力矩系数;

　　　　D——排水量;

　　　　h_T——横稳性高。

令 $2\nu = 2N/I'_{xx}, \omega_\varphi^2 = Dh_T/I'_{xx}$,则上述运动方程可写为

$$\ddot{\varphi} + 2\nu\dot{\varphi} + \omega_\varphi^2\varphi = 0 \tag{7-10}$$

其通解为

$$\varphi = \varphi_{A0}\mathrm{e}^{-\nu t}\left(\cos \omega'_\phi t + \frac{\nu}{\omega'_\phi}\sin \omega'_\phi t\right) \tag{7-11}$$

式中　ν——横摇衰减系数, $\nu = N/I'_{xx}$;

　　　　ω'_ϕ——横摇的固有频率, $\omega'_\phi = \sqrt{Dh_T/I'_{xx}}$;

　　　　φ_{A0}——初始倾斜角度。

令 $\mu = \nu/\omega_\phi$, μ 称为横摇的无因次衰减系数,或无因次阻尼系数。

上述推导结果,是分析自由横摇衰减试验的理论依据。通过模型在静水中的自由横摇衰减试验,测量并记录得到模型的横摇自由衰减时历曲线,如图7.9所示。从图中横摇衰减曲线可以看出,横摇幅值是按指数规律随时间而衰减的,相邻两个横摇峰值或谷值之间的时间间隔即为横摇的固有周期 T_φ。

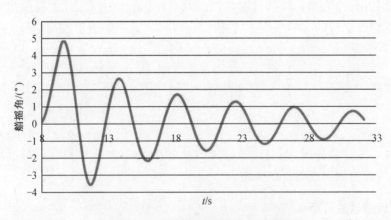

图 7.9　某平台模型横摇自由衰减曲线

另外,从时间 t_1 到 $t_2 = t_1 + T/2$ 的半个周期时间间隔内,横摇幅值绝对值的变化为

$$\left|\frac{\varphi_{A2}}{\varphi_{A1}}\right| = \mathrm{e}^{-\nu\frac{T_\varphi}{2}} = \mathrm{e}^{-\mu\pi} \tag{7-12}$$

可得无因次衰减系数的表达式为

$$\mu = \frac{1}{\pi} \ln \left| \frac{\varphi_{A1}}{\varphi_{A2}} \right| \qquad (7-13)$$

推广的普通表达式为

$$\mu = \frac{1}{\pi} \ln \left| \frac{\varphi_{An}}{\varphi_{An+1}} \right| \qquad (7-14)$$

式中　φ_{An} 和 φ_{An+1}——分别为第 n 和第 $n+1$ 个峰值或谷值,且 $\varphi_{An} > \varphi_{An+1}$。

由此可知,根据模型在静水中的自由横摇衰减试验测量得到的衰减曲线,便可分析得到横摇的固有周期 T_φ 和无因次阻尼系数 μ。

7.3.2　RAO 试验分析

海洋浮式结构物在波浪作用下运动的频率响应函数,包括幅值响应算子 RAO 以及相应的相位响应函数,是海洋工程模型试验中需要测量计算的关键内容之一。获取试验模型的幅值响应算子 RAO 以及相应的相位响应函数,得到 RAO 曲线和相位响应函数曲线等的方法一般有两种:在给定的波能谱频率范围内的一系列规则波上进行试验,或者在给定波能谱的白噪声波上进行试验。其中利用规则波试验获得平台在波浪作用下运动的频率响应函数,可以校验和分析白噪声波中的试验结果,分析非线性的影响。在线性理论的假定下,根据规则波中的试验结果,通过计算分析可以预报任意海况下浮式海洋平台在不规则波中的水动力性能。因此,本节将针对规则波试验和白噪声波试验数据的采集、处理与分析的一些注意事项进行介绍。

根据 ITTC 的规定,规则波试验的波浪数据采集时间间隔应不小于平均波浪周期的 1/20,在波浪稳定条件下,连续采集的数据应不少于 15 个完整的波浪周期数据。在试验数据处理前,应进行数据可靠性检查,并去除异常值。数据的取值应与仪器测量精度相匹配,并按有效数字运算。在接下来的数据分析中,应选取采集信号较为平稳的一段,对数据进行时域统计分析,即可得到波浪、平台运动等有关信号的平均值、平均双幅值、平均过零周期等统计值。根据时域统计结果,将平台六自由度运动的平均双幅值和相位与波浪统计值相比较,即可分别得到平台在不同周期的规则波试验中的运动等的幅值响应算子 RAO 以及相关的相位响应函数。将不同波浪频率作为横轴,幅值响应算子与相位响应函数为纵轴,即可得到平台模型的幅值响应算子 RAO 曲线以及相位响应函数曲线。

由于利用规则波试验来获得幅值响应算子 RAO 曲线以及相位响应函数曲线需要在试验水池中模拟 10~12 个规则波,每个规则波又要进行 10 次以上的模型试验,这个过程十分烦琐,研究者们就发展了白噪声波谱试验技术,利用白噪声波谱来替代一系列的规则波。但是在某些重要的实验项目中,仍然需要在一系列的规则波中进行试验,因为在各种波浪频率下重复多组规则波试验绘制而成的幅值响应算子 RAO 曲线以及相位响应函数曲线准确度较高,可以验证白噪声波谱试验所得结果。

对于白噪声波试验数据的分析,主要是根据输入的波浪谱密度函数 $S_x(\omega)$ 和输出的运动响应谱密度函数 $S_y(\omega)$ 来进行分析得到浮体的运动响应幅值算子 RAO,幅值算子 RAO 等于输出谱密度函数 $S_y(\omega)$ 与输入的谱密度函数 $S_x(\omega)$ 的比值,具体的分析过程和方法将在后面章节的交叉谱分析中进行详细介绍。

7.3.3　系泊试验分析

系泊试验是海洋工程模型试验的重点研究内容,因此其数据分析也格外重要。系泊试验中常采集的数据包括浮体六自由度运动、系泊线张力、上浪与砰击、气隙分析等，其中前两项数据的采集分析尤为重要，其数据分析方法主要包括时域统计分析方法、频域谱分析方法以及交叉谱分析方法，下面将分别进行详细的介绍。

1. 时域统计分析

在系泊试验中，采集系统得到各个工况下的试验测量数据，经过误差分析及数据预处理之后，可以得到各项数据的时历曲线，这些曲线是各态历经的平稳随机过程曲线，在此基础上可以进行下一步的数据分析。这时通常会有两种不同的数据分析方法，一种是在时域内对试验数据进行分析，叫作时域统计分析；另外一种则是在频域范围内对数据进行分析，称为频域分析。

在时域统计分析中，试验所得浮式结构各项数据的时历曲线，是具有各态历经性的平稳随机过程，对此可以进行数据分析。在时域下对各种测得的物理量（波浪、浮式结构运动和受力等）根据需要都可以进行分析，得到最大值、最小值、平均值、均方差，根据需要，也可以得到平均过零周期、有义双幅值、有义单幅值、十一值、百一值等，还可以绘制成极值概率分布的韦布尔（Weibull）分布图，等等。在实际分析和处理数据中，根据试验任务书规定，对试验委托单位关心的统计特性进行分析。

对于一个各态历经的平稳随机过程 $\xi(t)$，$t=0 \rightarrow T$，其中，最大值、最小值的定义是显而易见的，是指在所有的测量数据中数值最大、最小的那个数据，可从对时历数据进行的大小排序中确定。平均值和标准差（均方差）的定义分别为

平均值：
$$\bar{\xi} = \frac{1}{T} \int_0^T \xi(t) \, \mathrm{d}t \tag{7-15}$$

或者将积分离散为求和形式，则上式也可写为

$$\bar{\xi} = \frac{1}{N} \sum_{i=1}^{N} \xi(t_i) \tag{7-16}$$

标准差：
$$\sigma = \sqrt{\frac{1}{T} \int_0^T \left[\xi(t) - \bar{\xi} \right]^2 \, \mathrm{d}t} \tag{7-17}$$

同理也可写为
$$\sigma = \sqrt{\frac{1}{N} \sum_{i=1}^{N} \left[\xi(t_i) - \bar{\xi} \right]^2} \tag{7-18}$$

式中　$\xi(t)$——试验测量的随时间变化的某一物理量（波浪或运动或受力）；

t——试验时间，$t=0$ 是试验记录的起始时间，$t=T$ 是试验记录的终止时间；

N——试验记录的数据数目。

这就是最大值、最小值、平均值和标准差的统计分析方法，除了这些之外，在试验中需要分析的统计特性一般还有平均过零周期、有义双幅值、有义单幅值、十一值、百一值等，这些统计特性也称为高级统计特性。

对于一段时历曲线，曲线每经过平均线一次，便称为过零一次，曲线上行经过平均线，称为向上过零，两个相邻的向上过零之间，便是一个过零周期。在一个过零周期中，曲线上一定会有一个最大值和一个最小值，分别称为峰值和谷值，峰值与谷值绝对值的大小都是单幅值，两者绝对值之和便是双幅值。一段时历曲线会有许多个过零周期，也会有许多个峰值、谷值、双幅值等，它们的平均值便是所谓的平均过零周期、平均峰值、平均谷值、平均双幅值等，它们的最大值便是最大过零周期、最大峰值、最大谷值、最大双幅值等。对于相应的有义值，如有义峰值、有义谷值、有义双幅值，是指对所有的峰值、谷值和双幅值，按绝

对值从大到小排序,对三分之一数目的最大幅值进行平均计算,得到的便是有义值或三一值。同理,对十分之一(或百分之一)数目的最大幅值平均,相应地可得到十一值(或百一值)的统计特征数值。

在时域统计分析中,经常采用韦布尔分布对海洋工程模型试验的幅值进行统计分析,韦布尔分布相比瑞利分布给出的不小于某一给定幅值的概率更为准确。

符合韦布尔分布的概率分布函数 $F_1(x)$ 的表达式为

$$F_1(x) = \exp[-A(x/x_0)^B] \tag{7-19}$$

式中　x_0——整个试验记录时历曲线中的最大幅值;

　　　x——某一给定的幅值;

　　A,B——形式参数,由试验数据的分析拟合求得,在 $B=2$ 时,上式即为瑞利分布。

如果用累积概率 $F(x) = 1 - F_1(x)$ 来表示,则为

$$1 - F(x) = \exp[-A(x/x_0)^B] \tag{7-20}$$

对上式两次取自然对数,可以写作下列变换式:

$$\ln\{-\ln[1 - F(x)]\} = A + B\ln(x/x_0) \tag{7-21}$$

利用专门的韦布尔概率格子坐标系,即可按上式绘制成直线形式的韦布尔分布。

2. 频域谱分析

谱分析方法则是对随机过程在频域范围内进行分析,用以研究和预报系统的动力响应。谱分析时,将测量得到的时历过程通过傅里叶变换到频域形式的复函数,绘制功率谱密度曲线,得到功率谱密度函数。根据功率谱密度曲线,又可以得到各项谱特征值,如 n 阶谱矩、谱宽参数、平均过零周期和特征周期等。所以频域谱主要是为了得到测试时间历程的功率谱密度函数,进而得到各阶谱矩,用于预报各种统计值。

(1)功率谱密度函数曲线图。谱分析的主要目的是要得到功率谱密度函数。具体的过程大致可以描述为将时间历程经过傅里叶变换,可以得到测试参数的频谱函数,频谱函数为复数,其模的平方即为功率谱密度函数。为此需要将测量得到的时历过程 $\xi(t)$ 通过傅里叶变换转换到频域形式的复函数 $Z(\omega)$,采用的傅里叶变换的表达式是:

$$Z(\omega) = \frac{1}{2\pi}\int_{-\infty}^{\infty} \xi(t)\mathrm{e}^{-\mathrm{j}\omega t}\mathrm{d}t \tag{7-22}$$

$$\xi(t) = \int_{-\infty}^{\infty} Z(\omega)\mathrm{e}^{\mathrm{j}\omega t}\mathrm{d}\omega \tag{7-23}$$

式中　j——虚数;

　　ω——圆频率。

在实际分析中通常都是采用离散形式,其表达式为

$$Z(\omega) = \frac{\Delta t}{2\pi}\sum_{i=0}^{N-1} \xi(i)\mathrm{e}^{-\mathrm{j}\omega(i\Delta t)}, \quad -\infty < \omega < \infty \tag{7-24}$$

实部和虚部分开的形式可写作

$$Z(\omega) = C(\omega) - \mathrm{j}Q(\omega) \tag{7-25}$$

其中,$C(\omega) = \dfrac{\Delta t}{2\pi}\sum_{i=0}^{N-1} \xi(i)\cos(\omega i\Delta t)$,$Q(\omega) = \dfrac{\Delta t}{2\pi}\sum_{i=0}^{N-1} \xi(i)\sin(\omega i\Delta t)$。

根据上述傅里叶变换得到的复函数 $Z(\omega)$,可计算得到功率谱密度函数 $S(\omega)$:

$$S(\omega) = C^2(\omega) + Q^2(\omega) \tag{7-26}$$

根据试验测量得到的时历过程曲线,进行傅里叶变换,计算得到对应若干不同频率的

$C(\omega)$,$Q(\omega)$及 $S(\omega)$ 值,便可以绘制功率谱密度曲线,图 7.10 为某次海洋工程模型试验中所测得的双峰波浪谱。对于试验中测量得到的其他物理量,如物体运动及受力等,都可以进行谱分析而得出相应的功率谱密度函数曲线。

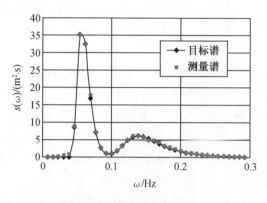

图 7.10　某双峰波浪谱结果

(2)谱特征值。有了谱密度函数的分布曲线,之后可以进行有关的特性分析,并得出对浮式海洋平台具有许多重要实际意义的统计结果。谱密度函数曲线主要有如下一些重要的特征值。

①n 阶谱矩 m_n。有了功率谱密度函数后,即可进行各阶谱矩的计算。谱密度函数曲线对原点的 n 阶矩,代表了能量(功率)谱密度对原点的分布情况,数学表达式为

$$m_n = \int_0^\infty \omega^n S(\omega)\,\mathrm{d}\omega, \quad n = 0,1,2,\cdots \qquad (7-27)$$

其中的一种特殊情况是零阶谱矩,即当 $n=0$ 时,上式可以写为

$$m_0 = \int_0^\infty S(\omega)\,\mathrm{d}\omega = \sigma^2 \qquad (7-28)$$

上式中的 m_0 所表示的零阶谱矩代表谱密度函数曲线下的面积,也是记录的瞬时值的均方差 σ^2。在不规则波试验中,某一瞬时的均方差值是最为重要的一个参数,因为根据均方差可以得到试验中实际所关心的许多重要的极值参数。因此,为了得到均方差值,计算谱密度函数曲线对原点的零阶谱矩是十分必要的一个环节。

理论上假定不规则波以及由此引起的浮体运动和受力等的动力响应的幅值基本上服从瑞利分布。根据幅值符合瑞利分布的假定,各种统计值的期望值可以根据标准差乘以不同的系数来计算,比如平均幅值、三一有义幅值、十一有义幅值等。具体的计算式如下。

平均幅值: $\qquad\qquad\qquad\qquad \overline{\xi_A} = 1.25\sigma$

三一有义幅值: $\qquad\qquad\qquad \overline{\xi_{A/3}} = 2.00\sigma$

十一平均幅值: $\qquad\qquad\qquad \overline{\xi_{A/10}} = 2.55\sigma$

百一平均幅值: $\qquad\qquad\qquad \overline{\xi_{A/100}} = 3.22\sigma$

②谱宽参数。谱宽参数 ε 表征谱密度分布的宽窄范围,其定义为

$$\varepsilon = \sqrt{1 - m_2^2/m_0 m_4} \qquad (7-29)$$

当 $\varepsilon=0$ 或接近 0 时,谱的能量相对集中,谱密度曲线窄而高,谱密度分布在很窄的频率范围内,有明显的主频率,称为窄带谱。当 $\varepsilon=1$ 或接近于 1 时,谱密度曲线宽而低,即谱密度分布在很宽的频率范围内,称为宽带谱。

实际的谱宽参数 ε 总是介于 0 和 1 之间。为了在具体分析中应用瑞利分布($\varepsilon=0$)的理论结果,可对标准差进行修正。

当 $\varepsilon<0.4$ 时,通常可不考虑谱宽的影响。海洋平台所遭遇的不规则波及其运动和受力基本上都属于窄带谱范畴,通常直接应用瑞利分布的理论结果进行数据分析。

③平均过零周期与特征周期。另外一个常用的参数是二阶谱矩,根据零阶与二阶谱矩可以得到平均跨零周期。不规则波以及浮体运动和受力等动力响应的过零周期都是随机的,在所记录的时间历程中,过零周期大小不一。根据谱分析的结果,可以得出平均过零周期$\overline{T_0}$的计算公式为

$$\overline{T_0} = 2\pi \sqrt{m_0/m_2} \tag{7-30}$$

在不规则波浪的谱分析中,有时还用到特征周期(也称为平均波浪周期或谱形心周期)的概念,它的计算需要用到零阶与一阶谱矩,具体的计算公式为

$$T_1 = 2\pi m_0/m_1 \tag{7-31}$$

这些频谱分析结果可以与之前的时域统计分析结果形成对比,从而可以起到互相验证和校核的作用,保证试验结果的正确性。

3. 交叉谱分析

前文中介绍了频域谱分析的相关内容,频域谱分析是为了在船模或海洋平台模型在不规则波中进行试验后,得到有关的谱密度函数曲线及谱特征值。此外,在频域范围内,为了得到响应幅值算子 RAO 以及相关的相位响应,还需要对白噪声不规则波下的试验结果进行交叉谱分析(也称相关分析),响应幅值算子 RAO 是系统本身一个非常重要的特性,而且与输入无关。因此只要知道系统在各个自由度下的运动和受力的响应幅值算子 RAO 以及相关的相位响应曲线,在给定海洋环境条件的情况下,就可以预报出系统在各个自由度的运动和受力特性。这种方法的前提是假设输入和输出之间的关系是线性的。为了确认它们之间是否是线性关系,需要计算互谱,即互相关函数的傅里叶变换,然后计算相关系数。如果相关系数等于 1,则表明线性关系成立。一般的实际情况是,相关系数达到一定数值后,即确认线性关系成立,比如 0.5 或者 0.6。

根据线性系统的假定,输入的单变量是波浪,记作 x,则输入的波浪谱密度函数为 $S_x(\omega)$;输出的单变量是响应,记作 y,则输出的响应谱密度函数为 $S_y(\omega)$。将交叉谱密度函数记作 $S_{xy}(\omega)$,响应函数记作 $H(j\omega)$,相关函数记作 $\gamma_{xy}(\omega)$,它们之间存在下列关系:

$$S_y(\omega) = |H(j\omega)|^2 S_x(\omega) \tag{7-32}$$

$$S_{xy}(\omega) = H(j\omega) S_x(\omega) \tag{7-33}$$

$$\gamma_{xy}(\omega) = \sqrt{\frac{|S_{xy}(\omega)|^2}{S_x(\omega) S_y(\omega)}} \tag{7-34}$$

其中相关函数关系式中的分子为互谱密度函数的平方,分母为输入谱密度函数和输出谱密度函数的乘积。相关函数 $\gamma_{xy}(\omega)$ 的大小在 0 与 1 之间,并且 $\gamma_{xy}(\omega)$ 的数值越大,表示响应与输入的联系越紧密。

得到响应和输入的谱密度函数 $S_y(\omega)$ 和 $S_x(\omega)$ 后,就可以计算频率响应函数 $H(j\omega)$ 和交叉谱密度函数 $S_{xy}(\omega)$。由于频率响应函数是以复数形式表示,因而在实际分析中一般给出的是响应幅值算子 RAO 和相位响应函数[相位差 $\delta(\omega)$],它们的计算公式如下。

幅值算子 RAO:

$$|H(j\omega)|^2 = \frac{S_y(\omega)}{S_x(\omega)} \tag{7-35}$$

相位响应函数:

$$\delta(\omega) = -\frac{180}{\pi} \tan^{-1} \frac{Q_{xy}(\omega)}{C_{xy}(\omega)} \tag{7-36}$$

其中,$S_{xy} = C_{xy}^2(\omega) + Q_{xy}^2(\omega)$。

7.4　试验报告的撰写

完成试验工作以及数据处理、分析后,委托方需按照甲方要求撰写试验报告。试验主报告是整个项目最为重要的关键性的研究成果文件,数据报告是汇总各个单项试验数据分析的结果,试验报告应包含试验内容、试验方法、试验条件、试验结果以及结论等重要内容。

编写试验研究主报告的内容与要求概述如下。

7.4.1　试验的目的与意义

这是试验报告的第一部分,主要介绍试验项目的背景、目的与意义,同时会对模型试验的相关内容等进行简要的概括与说明。

7.4.2　试验内容与环境条件介绍

这部分需要详细地介绍试验内容,也包括模型尺寸属性、系泊系统、立管等参数,以及试验的环境工况。

7.4.3　试验条件介绍

该部分主要介绍水池的主尺度,水深调节,造风、造流及造波系统的装备、功能及能够调节达到的最大水深、风速、流速、波高及波浪周期。介绍试验中选用的测量仪器的名称、量程及测量精度。例如瑞典 Qualisys 无接触式光学六自由度三维运动测量系统、美国 Interface WMC 系列微型水密拉力传感器、电容式浪高仪、美国 NI 公司的数据采集硬件包及数据处理和显示软件等。

7.4.4　试验准则

主要描述模型试验需要遵循的试验准则,包括试验技术委托书及 ITTC 关于海洋工程相关模型试验推荐的规范。

其中 ITTC 推荐的规范如下:

(1)ITTC – Recommended Procedures and Guidelines – 7.5 – 01 – 01 – 01 – Ship Model;

(2)ITTC – Recommended Procedures and Guidelines – 7.5 – 02 – 07 – 03.1 – Floating offshore platform experiments;

(3)ITTC – Recommended Procedures and Guidelines – 7.5 – 02 – 07 – 03.4 – Station – ary floating systems hybrid mooring simulation model test experiments;

(4)ITTC – Recommended Procedures and Guidelines – 7.5 – 02 – 07 – 03.2 – Analysis procedure for model tests in regular waves.

7.4.5　试验原理

主要介绍试验的理论基础,说明本试验所遵循的相似准则并导出模型和实体之间各种物理量与缩尺比之间的关系。由此作为试验中模型数值转换至相应实体数值的依据。

7.4.6　试验缩尺比

介绍试验缩尺比选取需要考虑的因素,包括以下内容:

(1)模型的实际尺寸大小;

(2)海洋工程水池的主要尺度,水池的大小决定了缩尺比的上限;

(3)水池的造波能力,决定了缩尺比的下限;

(4)水池各类仪器的测量功能,缩尺比是否能够使得测量结果在这些测量仪器的量程范围以内。

7.4.7　试验模型介绍

这一部分主要说明海洋平台本体及上层建筑的模型制作方法、步骤、材料以及加工精度,给出模型的简图、照片。简要介绍模型的各项属性,主要包括质量、重心位置、惯性半径的调节情况及模拟的最终结果。列出实体与模型的主要参数对照表。说明系泊系统和立管系统等其他模型的制作情况,以及单位质量和弹性等力学特性的模拟调节结果。列出所有模型所对应的实体和模型的主要参数对照表,以及弹性等力学特性的模拟曲线,给出所有模型的简图、照片。

7.4.8　模型系泊系统的布置

介绍试验中模型系泊系统的组成与布置情况,给出相关的布置简图和照片。对于在风、浪、流中的各项试验,应明确标出风、浪、流与模型之间的方向和夹角。散布式的系泊系统应标明各锚泊线的编号。

7.4.9　试验工况汇总以及编号说明

列表给出所有进行试验的工况,对各个试验依次进行编号并说明每个试验的目的、内容以及对应的平台载况、海洋环境条件。必要时,还要说明系泊系统情况、作业工况等,以示各个试验工况之间的区别。

7.4.10　试验测试时间

对模型试验中的各个单项试验的试验时间进行列表说明。

7.4.11　海洋环境条件的模拟与标定

主要说明所需要模拟的海洋环境条件,包括水深、风、浪、流以及浪、流不同组合的模拟。根据相似准则依次介绍上述各项进行模拟的方法、过程及模拟的最终结果。将模拟结果(测量值)与任务书中规定的目标值进行比较并给出模拟的精度。模拟结果应以图表的形式表达。主要包括白噪声波和不规则波的标定结果。

7.4.12　试验坐标系

对试验中的大地坐标系与船体坐标系的建立与规定方式进行说明。

7.4.13 试验结果汇总与分析

将各个单项试验所得的试验结果进行汇总。对采用的试验数据分析方法、分析得出的各项数据和图表等应给予必要的解释。

对于每一种试验,包括静水衰减试验、水平刚度试验、风力和流力试验、规则波及不规则波中的试验等,分门别类地以图表的方式给出试验的分析结果。对委托单位最感兴趣的一些试验内容,应以数据分析结果为依据,进行进一步的整理和总结分析,给出相关的分析结论或建议。

7.4.14 总结

对整个试验进行扼要的总结,列出主要的结论和建议。

7.4.15 封面、扉页和目录

封面应以醒目的字体给出试验报告的编号、项目名称、委托单位、实验室名称、完成报告的日期。

扉页内容除上述各项外,还需给出试验报告的撰写人员、数据分析人员、审核人员的姓名。

目录应列出试验报告中各项内容的标题及其对应的页次,便于查阅。

第8章 模型试验案例介绍

在了解世界范围内海洋工程模型试验开展情况的基础上,依据本书介绍的海洋工程模型试验原理与方法,结合哈尔滨工程大学深海工程技术中心所开展的模型试验,本章对耐波性模型试验、系泊试验、截断模型试验、动力定位模型试验以及涡激运动试验的案例进行了介绍,通过对实际试验过程与方法进行分析来进一步了解海洋工程模型试验。

8.1 新型干式半潜平台耐波性试验与涡激运动试验

本节以哈尔滨工程大学深海工程技术研究中心开展的新型干式半潜平台耐波性试验与涡激运动试验研究为例进行介绍。耐波性试验与涡激运动试验分别在哈尔滨工程大学多功能深水池与拖曳水池中进行,模型缩尺比为1:70。制作与模拟的模型包括:半潜式平台模型1只,上部组块模型1套,水平系泊系统模型1套。

8.1.1 试验目的

本试验首先对某干式半潜式平台进行深水池模型试验,研究该平台在工作海况和极限海况的水动力性能,测试分析平台在波浪中运动响应,进而分析该平台在各种海况下的耐波性,并验证数值计算的正确性;然后对该平台模型进行水池拖曳试验,研究该平台在不同来流速度下的涡激运动响应,为平台的设计提供参考。

8.1.2 试验内容

本次耐波性试验内容如下。

1. 自由衰减测试

自由衰减试验是为了得到干式半潜式平台模型在静水中的横摇和纵摇两个自由度运动固有周期和阻尼系数。

2. RAO 运动响应试验

RAO 测试是为了得到干式半潜式平台在规则波中的运动响应,试验条件为白噪声不规则波。针对干式半潜式平台模型的每一个作业状态,开展在白噪声波作用下各自由度 RAO 试验研究。

3. 不规则波运动试验

不规则波运动试验则测定在典型实际海况中的干式半潜式平台运动。针对干式半潜式平台模型的每一个作业状态,进行不同环境条件的模拟,进行干式半潜式平台的运动统计,得出不规则波作用下的运动幅值。

本次干式半潜式平台涡激运动试验的内容主要包括:在 VIM 模型试验中,新型深吃水干树式半潜式平台模型由连接在拖曳水池航车上的系泊线拖动,并且记录和测量模型的横荡和纵荡运动,通过一系列不同流速的试验来分析 VIM 和来流速度之间的关系。

表 8.1 给出了本次耐波性试验和涡激运动试验的内容和测试数据、测试仪器。

表 8.1　试验内容、测试数据及测试仪器

编号	试验内容	测试数据	测试仪器
01	静水衰减试验	横摇、纵摇的衰减曲线,模型固有周期、阻尼系数	非接触式光学六自由度测量系统、摄像系统
02	RAO 试验	模型在规则波作用下的频率响应函数 RAO	非接触式光学六自由度测量系统、摄像系统
03	不规则波运动试验	不规则波条件下模型的运动响应及系泊系统受力	非接触式光学六自由度测量系统、摄像系统、拉力计、拉力采集系统
04	涡激运动试验	模型六自由度运动	非接触式光学六自由度测量系统、摄像系统

8.1.3　试验模型

深吃水干树式半潜式平台的设计参数以及模型值见表 8.2。

表 8.2　深吃水干树式半潜式平台主尺度参数及属性

项目	实船值	单位
操作吃水	43	m
船长	89.8	m
船宽	89.8	m
立柱长	14.8	m
立柱宽	14.8	m
浮筒宽	10.49	m
浮筒高	9	m
甲板高	16.5	m
立柱干舷	10	m
R_x	40.26	m
R_y	40.26	m
R_z	39.97	m
总排水量	66 572	t
垂向重心高	29.5	m

进行模型试验时,缩尺比的选择很重要。国际海洋工程界一般公认的最佳模型缩尺比范围是 1∶40 ~ 1∶100。影响模型缩尺比选择的因素包括:

（1）模型的实际尺寸大小；

（2）海洋工程水池的主要尺度,水池的大小决定了缩尺比的上限；

（3）水池的造波能力,决定了缩尺比的下限；

（4）水池各类仪器的测量功能,缩尺比是否能够使得测量结果在这些测量仪器的量程范围以内。

在本次深吃水干树式半潜式平台模型试验中,考虑到深吃水干树式半潜式平台的主尺度较大及整个系统的耦合试验要求,所以选择了较小的缩尺比1:70。按此缩尺比计算的各相关参数,都在哈尔滨工程大学多功能深水池和拖曳水池现有设备的测量能力范围之内。因此,1:70 的缩尺比合理可行。

根据试验深吃水干树式半潜式平台缩尺比1:70,可以得到深吃水干树式半潜式平台模型主尺度,深吃水干树式半潜式平台模型加工按照甲方设计方案进行,共有模型 1 套,所有实船图纸由甲方提供,试验模型经甲方确认,试验模型如图 8.1 所示。

图 8.1　深吃水干树式半潜式平台模型

在本次深吃水干树式半潜式平台耐波性试验中,除静水自由衰减试验部分外,RAO 试验、不规则波运动响应试验均涉及系泊系统,现对系泊系统介绍如下。

系泊的目的是为了使模型在波浪的作用下不会产生较大的漂移,从而限制其在波浪下的二阶低频运动,但不能对一阶高频运动产生影响。因此在本次试验中采用水平系泊的方式,共采用 4 根系泊线将模型固定在水池中。

在试验中,浪向角为 135°和 180°。浪向角的改变通过改变模型相对波浪前进的角度来实现。各个浪向下模型在水池中的布置如图 8.2、图 8.3 所示。

在本次半潜平台涡激运动试验中,将平台的系泊系统用连接在航车的水平系泊系统来代替,并且水平系泊系统要满足平台水平方向的回复特性曲线相似的要求。该模型 180°方向上的刚度特性曲线为非线性,为了方便并且准确地模拟刚度特性曲线,将刚度特性曲线近似分为两部分线性的刚度曲线,如图 8.4 所示。在试验中利用两根弹簧串联以及锁定装置来实现系泊线刚度模拟。

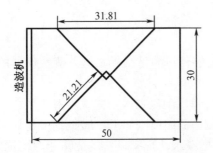

图 8.2　135°浪向时系泊系统布置图

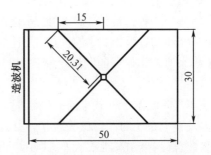

图 8.3　180°浪向时系泊系统布置图

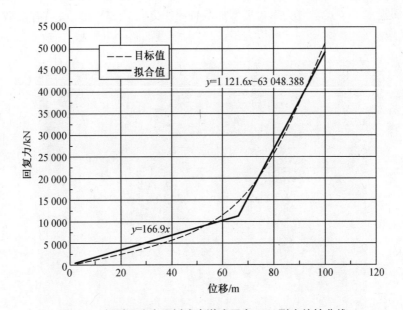

图 8.4　新型深吃水干树式半潜式平台 180°刚度特性曲线

在涡激运动试验中采用 4 组根据刚度特性曲线制作水平系泊的弹簧来连接该半潜平台与航车。试验中在航车上安装 4 个立柱,立柱底端高度与系泊点保持同样高度,保证系泊线的水平安装,其中平台模型上的系泊点位置与实际情况下平台的系泊点位置相一致。由于立柱的直径较小并且离模型距离较远,立柱产生的漩涡对试验结果不会造成影响。具体系泊方式如图 8.5 所示。

8.1.4　环境条件

根据试验要求,在深吃水干树式半潜式平台耐波性试验中,需要考虑的环境条件包括百年一遇和一年一遇的风生浪工况,其中不规则波浪采用 JONSWAP 谱,gamma 值为 3.3。具体环境条件如表 8.3 所示。

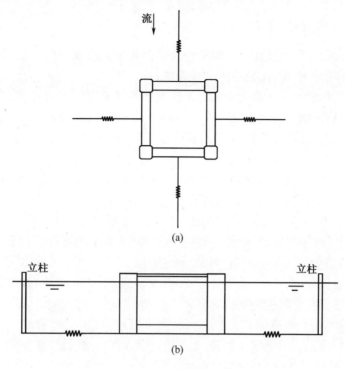

图 8.5 涡激运动模型试验水平系泊布置图

(a)俯视图;(b)侧视图

表 8.3 主要海洋环境条件

环境条件		重现期	
		100 年	1 年
波浪	H_s/m	15	8.7
	T_p/s	15.1	12.3

在涡激运动试验中,拖曳水池深度为 3.5 m。试验中,通过航车以稳定的速度拖动模型,使模型获得对应的流速,相应的流速参数如表 8.4 所示。

表 8.4 涡激运动试验流速

编号	Fr	实际流速/(m/s)	模型流速/(m/s)
1	0.028	0.84	0.100
2	0.033	0.99	0.118
3	0.038	1.14	0.136
4	0.044	1.3	0.155
5	0.049	1.45	0.173
6	0.054	1.6	0.191
7	0.059	1.75	0.209
8	0.062	1.83	0.219
9	0.069	2.06	0.246

8.1.5 试验条件介绍

该半潜平台的耐波性试验在哈尔滨工程大学多功能深水池开展,在之前的章节中已经对该水池进行过详细的介绍,此处不再重复叙述。

该半潜平台的涡激运动试验在哈尔滨工程大学的船模拖曳水池开展,该船模拖曳水池是船舶与海洋工程流体力学教学和科研试验基地,是 ITTC 正式会员单位,是部级重点试验室。水池长 108 m,池宽 7 m,水深 3.5 m,容水量 2 450 t。拖曳水池主要装置及试验测量设备有:

(1)造波机。丹麦制造,可生成三维波、二维规则及不规则波。规则波的最大波高0.4 m,波浪周期 0.4 ~ 4 s;不规则波的最大有义波高 0.32 m。

(2)拖车。车速 0 ~ 6.5 m/s,稳速精度 0.5%,给定车速精度 0.1%,可通过计算机程序对拖车进行控制,电视全程监控,拖车的测量桥在垂直方向上的可调行程为 0.4 m。

(3)四自由度适航仪。日本制造,可测量船模在波浪中的升沉、纵荡、横摇、纵摇四个自由度运动。升沉量程 0 ~ 0.4 m,纵荡量程 0 ~ 0.3 m,横摇量程 0° ~ ±50°,纵摇量程 0° ~ ±20°,同时可测量船模在波浪中的阻力。

(4)数据采集与分析处理系统。奥地利制造,32 路数据采集通道,用于应变测量 16 通道、用于频率测量 4 通道、用于电压测量 12 通道。该仪器可对时域、频域信号进行采集和分析,并可进行谱分析以及实时的数据处理。

8.1.6 试验工况

本次耐波性试验的各个试验工况介绍如下。

1. 静水衰减试验工况

根据甲方要求,本次静水衰减试验需测量横摇和纵摇两个自由度的衰减周期和阻尼系数,每个自由度重复 3 次,共需开展静水衰减试验 6 次。

2. RAO 试验工况

在本次 RAO 试验中,由于深吃水干树式半潜式平台模型前后、左右对称,因此浪向角只有 180° 和 135°。波浪条件采用白噪声不规则波,其有效波浪频率为 0.3 ~ 8.6 rad/s,有义波高 40 mm。

3. 不规则波运动试验工况

同样,浪向角为 180° 和 135°,波浪条件为 JONSWAP 不规则波,试验波浪条件如表 8.5 所示。

表 8.5　深吃水干树式半潜式平台系统模型试验中的环境条件

环境条件		重现期	
		100 年	1 年
波浪	H_s/mm	214	124
	T_p/s	1.80	1.47

本次涡激运动试验工况如表 8.6 所示。

表 8.6 涡激运动试验工况

模型流速/(m/s)	Fr	实际流速/(m/s)	模型流速/(m/s)	来流方向/(°)
0.100	0.028	0.84	0.100	180
0.118	0.033	0.99	0.118	180
0.136	0.038	1.14	0.136	180
0.155	0.044	1.3	0.155	180
0.173	0.049	1.45	0.173	180
0.191	0.054	1.6	0.191	180
0.209	0.059	1.75	0.209	180
0.219	0.062	1.83	0.219	180
0.246	0.069	2.06	0.246	180

8.1.7 环境条件标定

试验开始前需要对环境条件进行标定。

1. 白噪声波标定

在试验时平台模型所在的位置放置浪高仪,根据比较输出的功率谱与浪高仪接收到的功率谱,进行波浪的标定。

白噪声波标定结果如图 8.6 所示,其中 S_0 表示目标的功率谱,S_1 表示实际标定所得的功率谱。

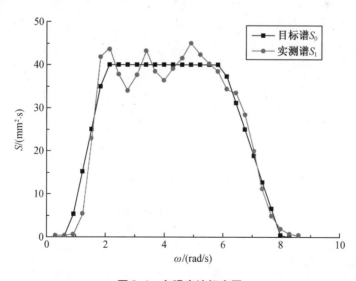

图 8.6 白噪声波标定图

选取与目标功率谱吻合较好且较平稳的一段作为白噪声波输出功率谱。

2. 不规则波标定

百年一遇和一年一遇海况环境参数的标定如图 8.7 和图 8.8 所示。同样,S_0 表示目标的功率谱，S_1表示实际标定所得的功率谱。

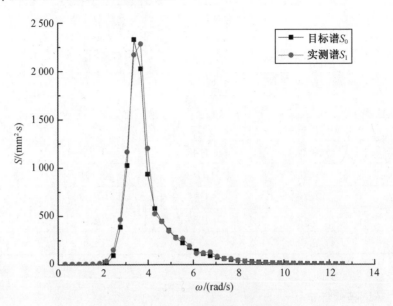

图8.7 百年一遇双峰谱标定图

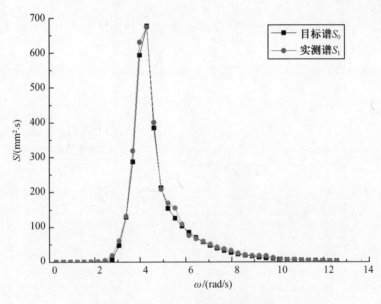

图8.8 一年一遇双峰谱标定图

8.1.8 试验结果汇总

一切布置妥当之后在深水池中开展相应的模型试验，将所得试验结果进行汇总。

对深吃水干树式半潜式平台试验模型进行静水自由衰减试验，整个试验测得的结果如表8.7所示。

表 8.7　深吃水干树式半潜式平台模型自由衰减试验结果

统计	横摇		纵摇	
	周期/s	无因次阻尼系数	周期/s	无因次阻尼系数
1	5.465	0.077 87	5.456	0.077 07
2	5.453	0.077 21	5.461	0.076 21
3	5.461	0.073 15	5.459	0.074 15
平均	5.459	0.076 07	5.458	0.075 81
实船	45.67	0.076 07	45.67	0.075 81

对深吃水干树式半潜式平台试验模型进行 RAO 试验,整个试验测得的结果如图 8.9 ~ 图 8.16 所示。

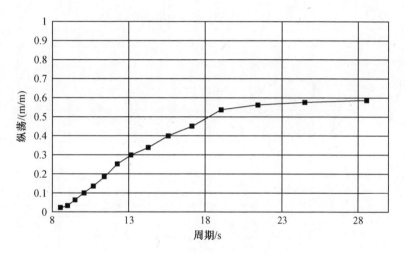

图 8.9　135°浪向角平台纵荡 RAO

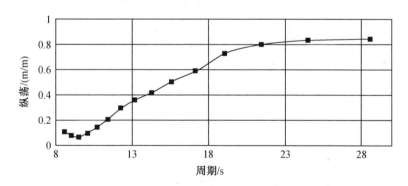

图 8.10　180°浪向角平台纵荡 RAO

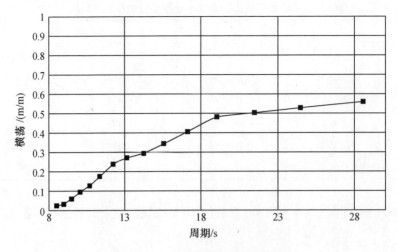

图 8.11　135°浪向角平台横荡 RAO

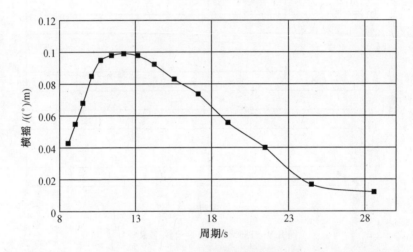

图 8.12　135°浪向角平台横摇 RAO

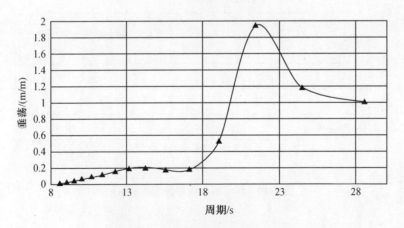

图 8.13　135°浪向角平台垂荡 RAO

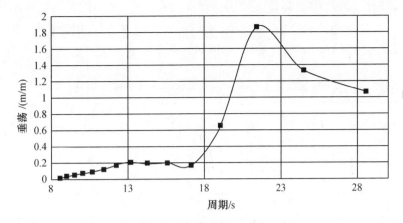

图 8.14　180°浪向角平台垂荡 RAO

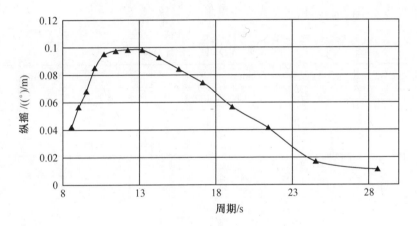

图 8.15　135°浪向角平台纵摇 RAO

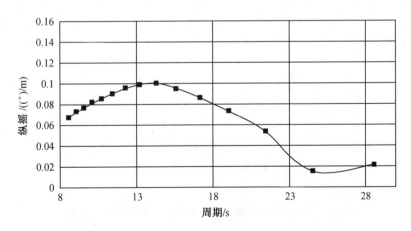

图 8.16　180°浪向角平台纵摇 RAO

对于不规则波试验,模拟环境条件为百年一遇和一年一遇环境条件,所给结果中应包含横摇、纵摇、垂荡运动的最小值、最大值、平均值以及均方差等,限于篇幅,此处只给出百年一遇工况,浪向角为180°的试验结果,具体如表8.8所示。

表8.8　百年一遇环境工况,浪向角为180°的不规则波试验结果

项目	数据类型	最小值	最大值	平均值
运动响应	Z/mm	-97.86	52.71	-20.29
	横摇/(°)	0.00	0.00	0.00
	纵摇/(°)	-2.85	4.22	-0.22

对于该半潜平台的涡激运动试验,试验结果中应包含平台在平面内的运动幅值、平均值等,也应包括平台随时间变化的运动轨迹图等多项结果,限于篇幅,这里只给出 $Fr = 0.062$ 时平台的运动情况,具体可参见表8.9和图8.17。

表8.9　VIM 试验统计结果

试验流速/(m/s)	X/mm		Y/mm	
0.1	最大值	-482.1	最大值	21.4
	最小值	-516.7	最小值	-9.3
	平均值	-499.2	平均值	6.8

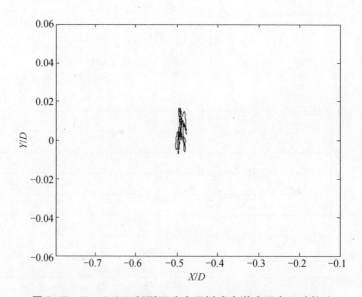

图8.17　$Fr = 0.062$ 新型深吃水干树式半潜式平台运动轨迹

最后,在给出试验结果之后还需要对各项试验结果进行总结,对本次新型干树式半潜式平台耐波性试验与涡激运动试验的结论总结如下:

(1)通过开展的静水自由衰减试验,验证了深吃水干树式半潜式平台模型重心、转动惯

量等属性调整的正确性,并通过试验获得深吃水干树式半潜式平台模型的横摇、纵摇衰减曲线和无因次阻尼系数。

(2)针对深吃水干树式半潜式平台模型,开展了 RAO 模型试验,波浪条件为白噪声波,有效波浪周期覆盖了该平台的固有运动周期,所得结果可以对数值计算结果进行对比验证,为设计提供参考。

(3)在不规则波运动试验中,利用水平系泊方式限制平台的漂移来测得平台的波浪运动响应,通过试验研究发现该平台在百年一遇和一年一遇工况条件下的各自由度运动响应幅值都满足试验任务书给出的耐波性要求。

(4)通过开展新型深吃水干树式半潜式平台在不同来流速度下的涡激运动试验,对结果进行分析发现平台的纵向运动随着流速的增加几乎呈线性增加,其在不同来流速度下的运动并未显示规则明显的"8"字形,这与 SPAR 平台运动轨迹明显不同。

8.2　SPAR 平台系泊试验

2000 年,DEEPSTAR 组织世界各知名海洋工程公司、研究所及船级社,选择 FPSO、SPAR、TLP 三种典型深海平台及其系泊系统进行了大量系统的数值计算分析和模型试验研究,得出了很多有意义的结论,并将 MARIN 水池部分试验结果以论文形式公开发表,对世界深海系泊系统的发展起了一定的推动作用。因此,以下将以 DEEPSTAR SPAR 及其系泊系统为例,介绍该系泊试验的相关内容和部分试验结果。

8.2.1　试验目的

本试验通过对 DEEPSTAR SPAR 平台及其系泊系统进行水池模型试验,研究该系泊系统美国墨西哥湾海域百年一遇的飓风和环流海况下的响应与受力情况,从而验证相关理论分析和软件模拟计算结果的正确性。

8.2.2　试验模型

该 SPAR 平台为传统的浮式柱状结构,垂直悬浮于水中,设计水深 913.5 m,平台直径37.2 m,高 214.9 m,吃水 198.1 m,干弦 16.8 m,重心高 88.6 m,排水量 2 165 459 kN。SPAR 平台由平均分布在柱体一周的 14 根悬链线式系泊线来定位,上端固定点位于距离平台底端 91.44 m 处,每根系泊线分别由顶部链条、中部钢缆和底部链条三部分组成。立管系统由 23 根功能不同的顶端张紧立管组成,具体参数见表 8.10、表 8.11。该 SPAR 平台的模型如图 8.18(a)所示,其系泊系统示意图如图 8.18(b)所示。

表 8.10　系泊线参数

项目	底部链条	中部钢缆	顶部链条
长度/m	350.5	975.4	76.2
直径/mm	133	136	133
湿重/(kg/m)	322.76	79.30	322.76
EA/N	1.328×10^9	1.628×10^9	1.328×10^9
预张力/N	3.025×10^6		

表 8.11　立管参数

用途	采油	注水	输油	输气
数量	19	2	1	1
直径/m	0.348	0.261	0.435	0.435
预张力/N	2.106×10^6	1.442×10^6	1.738×10^6	8.87×10^5

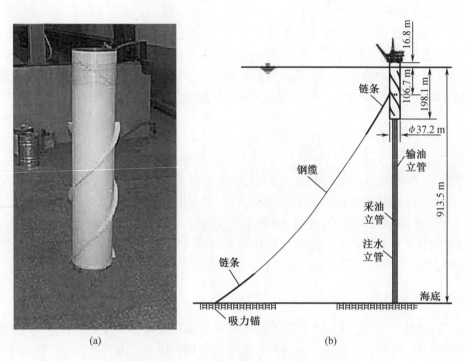

(a)　　　　　　　　　　　　　(b)

图 8.18　SPAR 平台模型及其系泊系统

(a)SPAR 平台模型；(b)SPAR 平台系泊系统示意图

8.2.3　试验条件介绍

试验在 45 m×36 m×10.5 m 的荷兰 MARIN 水池进行,试验缩尺比 1∶87。试验首先进行自由衰减和水平刚度试验,以检验系泊系统的静态特性,然后考虑系泊系统在美国墨西哥湾海域百年一遇的飓风和环流海况下的响应情况。

具体试验内容主要包括:静水自由衰减试验,不规则波系泊试验,风、浪、流联合作用下的系泊试验,环流条件下的系泊试验。

测量仪器主要包括:

(1)一套瑞典 Qualisys 无接触式光学六自由度三维运动测量系统,用于测试 SPAR 模型在水池中的各种运动响应。

(2)若干只美国 Interface WMC 系列微型水密拉力传感器,用于测量试验时系泊线和立管的动态拉力,具有 10 m 水密特性,精度高;分别有 1 lb①、5 lb、10 lb 和 25 lb 等量程传

---

①　1 lb = 0.453 6 kg。

感器。

（3）电容式浪高仪,具有多种量程,测量立管与波浪的相对垂向运动。

8.2.4 环境条件

试验中的百年一遇工况包括三种环境条件:飓风条件(只有波浪)、飓风条件(风、浪、流)、环流条件(风、浪、流),模拟实际时间 3 h,具体环境参数见表 8.12 和图 8.19。

表 8.12　环境条件

环境	项目	理论值	试验值
飓风条件 (只有波浪)	有义波高/m	12.19	11.82
	周期/s	14.0	14.12
	波浪谱	JONSWAP($\gamma = 2.5$)	JONSWAP($\gamma = 2.5$)
	浪向/(°)	180	180
飓风条件 (风、浪、流)	有义波高/m	12.19	11.98
	周期/s	14.0	14.12
	波浪谱	JONSWAP($\gamma = 2.5$)	JONSWAP($\gamma = 2.5$)
	浪向/(°)	180	180
	风速/(m/s)	41.12	—
	风谱	API	API
	风向/(°)	210	215.86
	表面流速/(m/s)	1.07	1.236
	流向/(°)	150	150
环流条件 (风、浪、流)	有义波高/m	6.10	6.03
	周期/s	11.0	11.12
	波浪谱	JONSWAP($\gamma = 2.0$)	JONSWAP($\gamma = 2.0$)
	浪向/(°)	90	90
	风速/(m/s)	22.35	—
	风谱	API	API
	风向/(°)	90	90
	表面流速/(m/s)	1.87	1.91
	流向/(°)	0	0

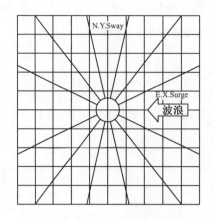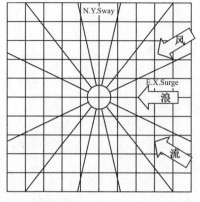

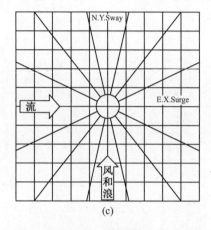

(c)

图 8.19　SPAR 平台系泊系统示意图

(a)飓风条件(只有波浪);(b)飓风条件(风、浪、流);(c)环流条件(风、浪、流)

8.2.5　试验结果

以下是 SPAR 平台系泊系统部分试验结果的统计和处理,并与美国德克萨斯州农工大学 OTRC 水池应用 WINPOST 时域耦合分析程序的数值计算结果进行了比较。

通过自由衰减试验,可以得到系统的自然周期和无因次阻尼系数,结果比较如表 8.13 所示。可见试验值与数值计算结果吻合良好。

表 8.13　自由衰减试验结果

响应	自然周期/s		无因次阻尼系数	
	试验值	计算值	试验值	计算值
纵荡	236.5	241.9	0.047	0.041
横荡	238.8	240.3	0.044	0.044
垂荡	27.4	27.4	0.057	0.052
横摇	49.8	48.8	0.033	0.028
纵摇	49.7	48.8	0.031	0.028
艏摇	—	50.9	—	0.037

飓风条件(只有波浪)时的部分典型试验结果见表 8.14。

表 8.14　飓风条件(只有波浪)下部分试验结果比较

响应	MARIN 试验结果				WINPOST 计算结果			
	平均值	标准差	最大值	最小值	平均值	标准差	最大值	最小值
纵荡/m	-1.22	1.50	3.38	-8.20	-2.64	2.51	4.69	-10.45
垂荡/m	-0.09	0.06	0.23	-0.40	0.01	0.04	0.36	-0.10
纵摇/(°)	-0.13	0.71	2.65	-4.02	-0.19	1.12	3.46	-4.83
#1 系泊线受力/kN	3 140	118	3 785	2 645	3 161	199	4 392	2 629

飓风条件(风、浪、流)时的部分典型试验结果见表 8.15。

表 8.15　飓风条件(风、浪、流)下部分试验结果比较

响应	MARIN 试验结果				WINPOST 计算结果			
	平均值	标准差	最大值	最小值	平均值	标准差	最大值	最小值
纵荡/m	-19.32	2.08	-12.38	-26.02	-17.12	1.98	-11.79	-23.95
横荡/m	-0.16	2.70	7.72	-7.33	-0.39	0.54	0.93	-2.18
垂荡/m	-0.21	0.11	0.24	-0.57	-0.09	0.08	0.37	-0.49
横摇/(°)	0.55	0.24	1.40	-0.37	0.20	0.21	0.81	-0.43
纵摇/(°)	-1.20	0.78	1.36	-4.89	-1.26	0.98	2.04	-5.49
#1 系泊线受力/kN	4 500	390	6 125	3 335	4 260	442	6 780	3 191

环流条件(风、浪、流)时的部分典型试验结果见表 8.16。

表 8.16　环流条件(风、浪、流)下部分试验结果比较

响应	MARIN 试验结果				WINPOST 计算结果			
	平均值	标准差	最大值	最小值	平均值	标准差	最大值	最小值
纵荡/m	35.55	0.53	37.47	33.85	36.32	0.21	37.07	35.60
横荡/m	-4.37	2.44	3.49	-12.47	-3.56	0.30	-2.90	-4.70
垂荡/m	-1.83	0.08	-1.55	-2.19	-1.10	0.02	-1.00	-1.18
横摇/(°)	-0.21	0.31	0.84	-1.43	-0.41	0.15	0.06	-0.90
纵摇/(°)	-0.56	0.11	-0.12	-1.00	-0.74	0.22	0.03	-1.52
#8 系泊线受力/kN	10 897	349	12 105	9 875	11 138	195	11 814	10 458

从以上的结果比较可以看出,试验结果与计算结果总会存在差距,产生的原因是多方面的,可能是数值计算时参数设置或者计算方法的原因,也可能是试验本身存在的误差,但都有待于深入研究,在此不再详细说明。这也正是模型试验的意义所在,通过与数值计算和初始设计在各方面进行综合分析与比较,确定系泊系统方案的可行性,发现问题,解决问

题,得到最终方案。

8.3 FPSO 系泊系统截断模型试验

由于目前的模型试验研究正在逐渐迈向深水,目前的海洋工程水池尺度已难以满足海洋浮式结构物的系泊系统的布置要求,这就需要对系泊系统进行截断,开展相应的截断模型试验。截断模型试验在制定试验方案的过程中需要对系泊系统进行截断设计,本节将会以哈尔滨工程大学深海工程研究中心开展的深水 FPSO 模型试验为例,对截断模型试验中的截断方案设计进行分析。

8.3.1 试验目的

对西非 1 700 m 水深海域的 FPSO 系泊系统进行截断设计,以保证其尺寸足以在试验水池中布置,在此基础上开展 FPSO 及其系泊系统模型试验,获取 FPSO 水动力参数和系泊系统特性等,为后续数值重构和数值外推提供必要的依据,进而为 FPSO 的设计提供参考。

8.3.2 试验内容

首先对 FPSO 系泊系统进行截断设计,然后在哈尔滨工程大学深水池开展模型试验,试验内容如下。

1. 自由衰减测试

自由衰减试验是为了得到模型在静水中的两个自由度运动固有周期和阻尼系数。针对 FPSO 模型的每一个作业状态,需要进行静水衰减试验,得出其各方向的固有周期及阻尼。

2. RAO 运动响应试验

RAO 测试是为了得到平台在规则波中的运动响应,试验条件为白噪声不规则波。针对 FPSO 模型的每一个作业状态,开展在规则波作用下各自由度 RAO 试验研究。

3. 不规则波运动响应试验

不规则试验则测定在典型实际海况中的平台运动。针对 FPSO 模型的每一个作业状态,进行不同环境条件的模拟,进行浮体的运动统计,得出不规则波作用下的运动幅值以及系泊系统的受力情况。

8.3.3 试验模型

以一型适应西非海况较温和的深海海域的 30 万吨级多点系泊 FPSO 为研究对象,选取了西非典型的 1 700 m 水深条件,FPSO 详细设计参数如表 8.17 所示。试验缩尺比取定 1:90,该 FPSO 模型实物如图 8.20 所示。

表 8.17 FPSO 主要参数

参数	单位	满载	压载
总长/垂线间长	m	304	
型宽	m	62.8	

表 8.17（续）

参数	单位	满载	压载
型深	m	33.2	
设计吃水	m	25.3	15.2
排水量	t	467 258	272 430
重心垂向高度	m	18.85	20.63
重心纵向位置	m	158.7	159.7
横摇回转半径	m	22	23.5
纵摇回转半径	m	79	85
艏摇回转半径	m	79	85

图 8.20　FPSO 模型实物

　　该 30 万吨 FPSO 采用 4×4 的分布式系泊设计,每根系泊线均为锚链－钢缆－锚链的结构模式。每组系泊线与 FPSO 船长方向的平均夹角为 45°,同组系泊线之间夹角为 5°,具体如图 8.21 所示。FPSO 系泊系统参数及顶部预张力如表 8.18 和表 8.19 所示。

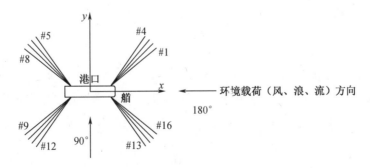

图 8.21　FPSO 系泊点分布图

表 8.18　30 万吨 FPSO 系泊系统参数

	名称	1 700 m 水深 长度/m	直径 /mm	空气中质量 /(kg/m)	水中质量 /(kg/m)	*EA* /kN
实际值	底链	350	147	432	380	1 750 984
	钢丝绳	3 600	127	83.6	66.1	1 457 420
	船链	50	147	432	380	1 750 984

表 8.19　系泊系统顶部预张力

	水深/m	预张力/kN	
		满载载况	压载载况
实际值	1 700	3 826	3 908

由于本试验的试验内容包括了 RAO 试验和不规则波试验,RAO 试验需要采用水平系泊方式,具体的设计方法在前面章节中已经介绍过了,此处不再过多阐述。对于该 30 万吨 FPSO 的不规则波试验,则需要对其系泊系统进行截断设计以满足试验水池的尺寸要求,具体设计流程将在下文进行详细介绍。

8.3.4　截断设计过程

系泊系统进行截断设计分析时,首先要保证系泊系统的静态特性与全水深一致,然后在此基础上讨论平台截断前后的运动响应及系泊线受力是否一致。决定系泊系统静态特性的主要参数有长度、干重、轴向刚度、系泊点和预张力等,通过考虑各参数之间的相互影响,最终确定截断设计方案。本次等效水深和水平截断系泊系统的设计主要遵循以下设计原则:

(1)保证系泊线数目、材料组成、布置情况与全水深时一致;

(2)保证系泊线对海洋平台的静回复力特性与全水深时一致;

(3)保证有代表性的单根系泊线张力特性与全水深时一致;

(4)保证海洋平台运动响应间的准静定耦合与全水深时一致。

具体的设计过程介绍如下。

此次 30 万吨 FPSO 模型截断试验系泊系统的设计以哈尔滨工程大学多功能深水池为基础,深水池平面尺寸为 50 m×30 m,水深 10 m。试验缩尺比选定 1:90,试验水深选定为 10 m,对应实际水深 900 m。

FPSO 的系泊线均由顶部锚链、钢缆、底部锚链组成。如果是多成分系泊缆,一般保持接近导缆孔和系泊点的分段的成分不变,仅改变中间悬挂段的参数。定义截断因子 γ 为截断水深 H_t 与全水深 H_f 的比值,则有

$$\gamma = \frac{H_t}{H_f} \tag{8-1}$$

等效水深截断设计步骤如下:

(1)计算截断设计因子 γ,其又等于截断水深系泊缆长度 L_t 与全水深系泊线长度 L_f 的比值,即

$$\gamma = \frac{L_t}{L_f} \tag{8 - 2}$$

（2）对中间部分系泊线进行截断，截断后的长度为 L_{tm}，则

$$L_{tm} = L_f \gamma - L_u - L_b \tag{8 - 3}$$

式中　L_u、L_b——分别为全水深时顶部和底部系泊线的长度。

（3）定义中间部分系泊线的截断因子 μ 为截断后系泊线中间部分长度 L_{tm} 和全水深中间部分长度 L_{fm} 的比值，即

$$\mu = L_{tm}/L_{fm} \tag{8 - 4}$$

（4）截断系泊线中间部分的轴向刚度 EA_t 和单位长度干重 M_t 计算如下：

$$EA_t = EA_f \mu \tag{8 - 5}$$

$$M_t = M_f /\mu \tag{8 - 6}$$

（5）系泊线的其他参数保持不变，根据静态特性的计算结果，对上述参数进行调整，直到满意为止。

等效水平截断的方法与水深截断相同，只需将水深修改为水平跨距计算即可。

通过以上的截断设计步骤，截断前后系泊系统的悬链线特性基本保持不变，从而能够保证截断前后整个系统的静动态特性一致。

根据等效截断设计方法进行基于静力相似的截断系泊系统设计，不改变系泊线的布置形式和数量，仅对中间的钢缆部分进行截断，改变钢缆长度、钢缆空气中单位长度质量（静力截断设计过程中不改变系泊线的直径，调整的即为钢缆水中单位长度质量）、钢缆的轴向刚度。最终确定的系泊系统截断设计参数如表 8.20 和表 8.21 所示。

表 8.20　截断水深 FPSO 系泊系统参数

	名称	900 m 水深长度/m	直径/mm	空气中质量/(kg/m)	水中质量/(kg/m)	EA/kN
截断值	底链	350	147	432	380	1 750 984
	钢丝绳	1 054	127	195	177.6	70 000
	船链	50	147	432	380	1 750 984

表 8.21　截断水深 FPSO 系泊系统坐标参数

系泊线编号	导缆孔坐标			海底系泊点坐标		
	X/m	Y/m	距船底基线高度 H/m	X/m	Y/m	水深/m
1	127.5	31.4	11.6	1 039.86	731.48	−900
2	125	31.4	11.6	972.87	808.33	−900
3	122.5	31.4	11.6	899.43	879.27	−900
4	120	31.4	11.6	820.08	943.76	−900
5	−103	31.4	11.6	−803.08	943.76	−900
6	−105.5	31.4	11.6	−882.43	879.27	−900

表 8.21（续）

系泊线编号	导缆孔坐标			海底系泊点坐标		
	X/m	Y/m	距船底基线高度 H/m	X/m	Y/m	水深/m
7	−108	31.4	11.6	−955.87	808.33	−900
8	−110.5	31.4	11.6	−1 022.86	731.48	−900
9	−110.5	−31.4	11.6	−1 022.86	−731.48	−900
10	−108	−31.4	11.6	−955.87	−808.33	−900
11	−105.5	−31.4	11.6	−882.43	−879.27	−900
12	−103	−31.4	11.6	−803.08	−943.76	−900
13	120	−31.4	11.6	820.08	−943.76	−900
14	122.5	−31.4	11.6	899.43	−879.27	−900
15	125	−31.4	11.6	972.87	−808.33	−900
16	127.5	−31.4	11.6	1 039.86	−731.48	−900

全水深和截断水深单根系泊线形状对比如图 8.22 所示。

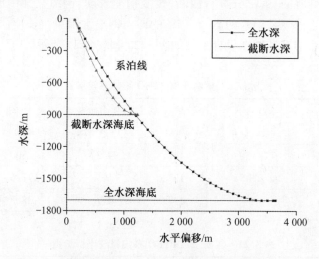

图 8.22　截断水深和全水深系泊系统系泊线形状对比分析

通过图 8.22 对比可知，等效截断系泊系统系泊线与水平面的夹角相比于全水深系泊系统系泊线有所增大，其原因主要是为了抵消等效水深截断所带来的系泊线与水平面夹角变化较快的影响。

基于上述截断设计方法对每根系泊线进行等效截断设计，得到 FPSO 的截断系泊系统，图 8.23 给出了 FPSO 系泊系统截断前后的布置图。

以 FPSO 满载装载状态为例，考虑到系泊系统在 0°与 180°度和 45°与 135°浪向角的对称关系，截断系泊系统在 0°,45°和 90°3 个方向上受力最大的系泊线的顶部张力和 FPSO 系泊系统整体水平回复力对比曲线如图 8.25、图 8.25 所示。

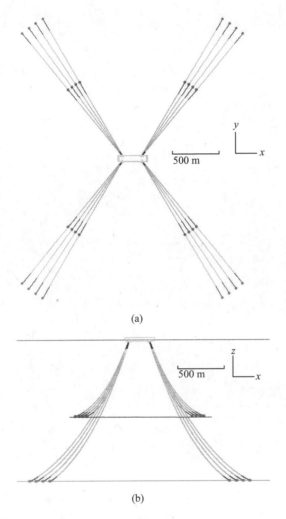

(a)

(b)

图 8.23　FPSO 系泊系统截断前后对比

(a)俯视图;(b)侧视图

通过对比分析可知,基于静力相似的等效截断系泊系统在各方向上系泊线顶部张力和 FPSO 整体水平回复力与全水深系泊系统较好吻合,最大误差在 3.6% ,小于试验要求的 5% 误差,等效截断系泊设计满足试验要求。

在此基础上,对系统系泊模型进行加工,并将 FPSO 模型布置就位,可如图 8.26 所示。

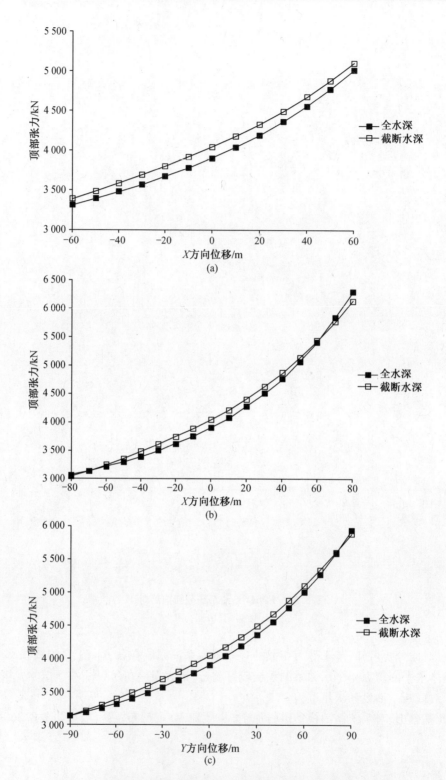

图 8.24　截断系泊系统和全水深系泊系统代表性系泊线顶部张力对比

（a）Line 9 顶部张力比较；（b）Line 12 顶部张力比较；（c）Line 13 顶部张力比较

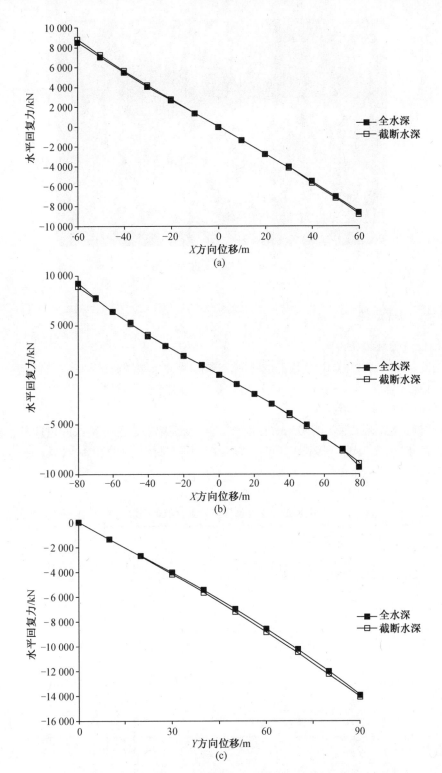

图 8.25　截断系泊系统和全水深系泊系统 FPSO 整体水平回复力对比

（a）0°浪向角 FPSO 整体水平回复力；（b）45°浪向角 FPSO 整体水平回复力；
（c）90°浪向角 FPSO 整体水平回复力

图 8.26　FPSO 系泊就位图

8.3.5　环境条件

1. RAO 试验环境条件

根据试验要求,在本次 RAO 模型试验中,开展白噪声不规则波试验,其中白噪声试验的有限模型试验频率范围为 0.8~3.4 s,有义波高 50 mm,浪向角从 0°到 360°,间隔 45°。

2. 不规则波试验环境条件

目标海域的实际水深为 1 500 m,在本次试验中,需要考虑的环境条件包括风、浪、流,重复周期为百年一遇、十年一遇和一年一遇海况,甲方提供的油田海域风、浪、流条件见表 8.22。

表 8.22　主要海洋环境条件统计极值

环境条件		重现期			主导方向
		100 年	10 年	1 年	
涌	H_s/m	3.6	3.1	2.6	西南
	T_p/s	17.5	16.8	15.9	
次级涌	H_s/m	1.55	1.35	1.15	西南
	T_p/s	14.7	14.3	13.8	
风浪	H_s/m	2.75	2.4	2.05	西南
	T_p/s	7.2	7	6.7	
持续风(10 m)/(m/s)		16	13.5	12	西南
表面流/(m/s)		2.00	1.85	1.70	

8.3.6　试验工况

静水衰减试验的试验工况包括:首先将装载状态分为满载和压载,然后分别测量满载和压载状态下的横摇和纵摇两个自由度方向的衰减周期和阻尼。

RAO 试验的试验工况包括装载状态、浪向角和波浪条件。装载状态分为满载和压载;由于 FPSO 模型左右对称,因此浪向角从 0°到 180°,间隔 45°;波浪条件为白噪声波,有效波浪周期为 0.8 ~ 2 s,有义波高 50 mm,覆盖 FPSO 运动响应的主体区间。

在不规则波运动响应试验中,需要进行风、浪、流同向环境条件下(百年一遇、十年一遇和一年一遇海况)的试验以得到不规则波作用下的运动幅值,试验工况包括装载状态,风、浪、流组合条件和系泊系统状态。

8.3.7　试验结果

FPSO 模型横摇和纵摇衰减固有周期和无因次阻尼系数如表 8.23 所示,试验结果均为 3 次结果的统计平均值。

表 8.23　FPSO 固有周期和无因次阻尼系数

类型	压载			满载		
	横摇		纵摇	横摇		纵摇
	周期/s	无因次阻尼系数	周期/s	周期/s	无因次阻尼系数	周期/s
FPSO 模型	1.931 5	0.036 133	1.188	1.890	0.041 881	1.240
FPSO 实船	18.320	0.036 133	11.270	17.930	0.041 881	11.770

以满载 FPSO 为例,给出 0°,45°和 90°浪向角下典型 RAO 结果(图 8.27)。

对于不规则波运动试验结果,包括了一年一遇、十年一遇、百年一遇工况,并且包含多个浪向角,在试验结果中应包含各个工况、各个浪向角情况下 FPSO 六自由度运动的最大值、最小值、平均值以及均方差等,还应包括受力最大的系泊线的受力情况,限于篇幅,这里不再给出具体的试验结果。

为了进一步验证 FPSO 系泊系统截断设计的正确性并准确预估实际作业水深下 FPSO 系统的运动响应和系泊系统受力特性,根据试验参数和结果需要进行 FPSO 系统的数值重构和数值外推,其中数值重构是利用时域分析软件对 FPSO 截断模型试验进行复制式模拟,数值外推是根据数值重构得到的水动力参数对全水深状态下的 FPSO 及其系泊系统进行时域耦合分析的过程。表 8.24 给出了压载状态 FPSO 在百年一遇工况 0°浪向角下的试验、数值重构以及数值外推结果。

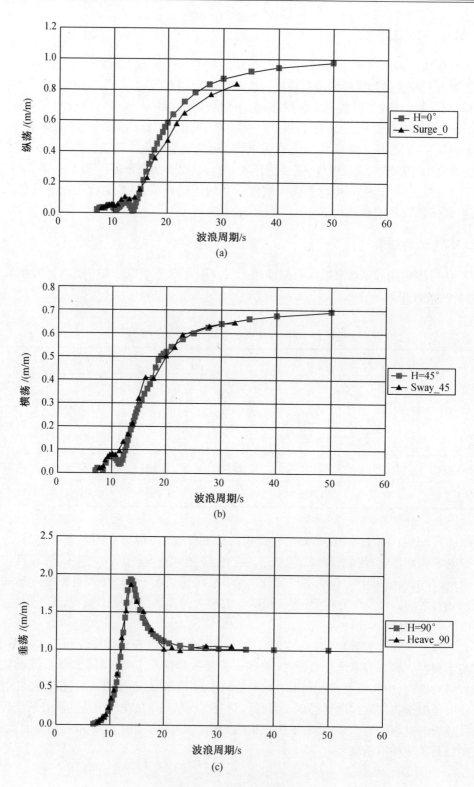

图 8. 27　RAO 试验结果

(a)0°纵荡;(b)45°横荡;(c)90°垂荡;(d)90°横摇;(e)0°纵摇

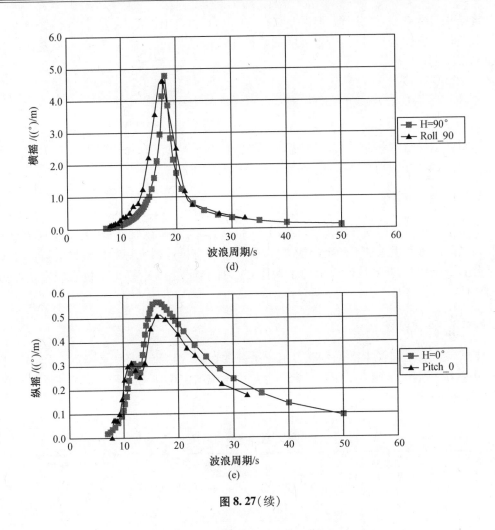

图 8.27(续)

表 8.24   百年一遇环境工况 0°浪向角压载 FPSO

项目	说明	纵荡/m	垂荡/m	纵摇/(°)	系泊力/kN
最大值	试验	18.35	1.33	1.19	4 336.15
	重构	19.62	1.47	2.08	4 421.60
	外推	18.30	1.51	2.07	4 533.20
最小值	试验	13.30	−1.39	−1.26	3 937.88
	重构	9.80	−1.57	−1.46	3 939.54
	外推	10.80	−1.51	−1.45	3848.34
平均值	试验	15.99	0.04	−0.02	4 135.14
	重构	14.52	0.04	0.26	4 174.40
	外推	13.90	0.01	0.25	4 138.25
均方差	试验	0.74	0.37	0.34	57.88
	重构	1.90	0.41	0.50	69.53
	外推	1.01	0.40	0.49	80.30

通过对比分析,发现试验结果中 FPSO 各自由度的运动响应与典型系泊线的受力与数

值外推结果虽然有一定的区别,但误差都在5%以内,符合工程要求,表明本次 FPSO 系泊系统的截断设计方案合理可行,所得到的截断模型试验结果可以为该 FPSO 系泊系统的设计提供参考。

8.4 半潜平台动力定位试验

本节将依托哈尔滨工程大学深海工程研究中心开展的某深海半潜平台动力定位模型试验,对动力定位试验的开展过程进行分析。

8.4.1 试验目的

本试验通过对我国南海的第六代半潜平台进行动力定位试验,研究该平台的动力定位系统在我国南海环境条件下的定位能力,主要考虑所有推进器完好和出现推进器损坏情况下平台的定位性能,验证数值模拟的正确性,并为该半潜式平台动力定位系统定位能力的分析评估提供参考。

8.4.2 试验内容

本试验主要是验证半潜平台动力定位系统的在风、浪、流等环境载荷联合作用下平台的定位能力。因此,试验立足于对平台动力定位系统的定位能力进行验证测试。具体的试验内容见表 8.25。

表 8.25　试验内容

编号	试验内容	测试量	测试仪器
01	静水中半潜平台模型的单自由度运动衰减试验	平台各个自由度固有周期、阻尼系数	光学运动测量系统
02	推力器完好时平台在各环境载荷作用下的定位性能测试	平台各个自由度的运动和各推力器的推力值	光学运动测量系统、推力反馈系统
03	一个推力器失效时平台在环境载荷作用下定位性能测试	平台各个自由度的运动和各推力器的推力值	光学运动测量系统、推力反馈系统
04	两个推力器失效时平台在环境载荷作用下定位性能测试	平台各个自由度的运动和各推力器的推力值	光学运动测量系统、推力反馈系统

8.4.3 试验模型

本试验的研究对象为我国南海第六代半潜平台,根据平台尺寸,考虑到水池大小及模型制造等因素,选择试验缩尺比为 1:50。按此缩尺比计算的各参数都在哈尔滨工程大学深水池现有设备的测量范围之内。因此,1:50 的缩尺比合理可行。

加工好的模型经过验收测量发现其基本尺度在精度要求范围之内,能满足试验要求。实际平台、设计模型和实际模型基本尺度见表 8.26。

表 8.26　模型尺度标定结果

参数	平台实际值 /m	模型设计值 /mm	实际模型值 /mm
总长	114.07	2 281	2 283
宽度	78.68	1 574	1 575
基线到主甲板高度	38.6	772	772
基线到钻井甲板高度	48.3	966	964
下浮体长度	114.07	2 281	2 283
下浮体宽度	20.12	402	401
下浮体高度	8.54	171	170
立柱长度	17.38	348	349
立柱与上部结构连接处宽度	15.86	317	318
立柱中间部分宽度	17.38	348	349
立柱与浮筒连接处宽度	15.86	317	318
立柱高度	21.46	429	430
立柱倒角半径	396	.79	80
立柱横向跨度	58.56	1 171	1 172
立柱纵向跨度	58.56	1 171	1 170

本试验模型主体采用玻璃钢材料加工而成。加工成型的模型的质量一般不满足模型的质量要求,需要进行质量的配置。本试验模型的质量配置情况见表 8.27。

表 8.27　模型质量配置情况

项目	质量/kg
平台主体	200.40
上层建筑	46.80
其他附件	11.60
压载	143.90
总质量	402.70

平台经缩尺比缩小后的设计质量为 403 kg,因此模型实际质量与设计值相对误差为 0.05%,质量误差很小,满足试验要求。

模型质量配置完毕后,需要对模型的重心进行调整。对于一般船舶和平台,横向重心一般在浮体中心,故在保证压载对称放置的情况下,只需要调整模型纵向和垂向重心。模型纵向重心的调整通过前后移动压载的位置实现,垂向重心的调整一般借助于惯量架,如图 8.28 所示。调整前,需在调整压载后对模型的重心位置进行准确测量。模型重心位置的测量通过在摆架上放置压载,根据力矩平衡原理计算得到。

测得的模型重心高度一般不是设计重心高,需要进行调整。模型的重心高度调整通过

图 8.28   惯量架

上下移动压载来实现。经过多次调整,本试验模型的垂向重心达到设计要求,模型设计垂向重心和调整后的模型实际垂向重心见表 8.28。

表 8.28   模型重心情况

实际平台重心高/m	模型设计重心高/mm	实际模型重心高/mm	相对误差
23.7	474	475	0.20%

　　模型的回转半径影响模型回转自由度的运动周期,也需要进行调整。调整前,先要测量已加入压载的模型的回转半径。模型回转半径的测量仍借助于惯量架。通过测量模型在惯量架的转动周期即可得知模型的转动惯量,进而得知其回转半径。基于以上原理,将平台模型放在惯量架的摆架上,调整模型使其处于水平状态,如图 8.29 所示。给摆架一个角度,使其作小幅度摆动,测得此时的摆动周期,即可计算出整个系统的相对于转轴的转动惯量,再减去摆架相对于转轴的转动惯量,便得到了平台绕自身轴回转的转动惯量,也就得到了其回转半径。

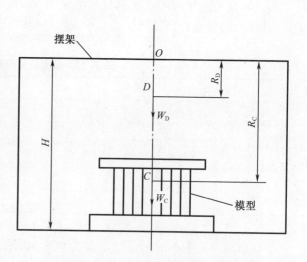

图 8.29   模型回转半径测量原理图

　　测得的模型的回转半径一般不是设计值,需要进行调整。模型的回转半径的调整通过前后左右移动压载来实现。移动时,为了不影响模型的重心,需要保持压载块的垂向位置不变,而在横向和纵向对称移动。试验时,需要经过多次测量和调整,直到模型的回转半径接近设计值。经过反复调整,模型两个方向上的回转半径均达到设计要求,见表 8.29。

表 8.29　模型回转半径情况

方向	实际平台回转半径 /m	模型对应回转半径 /mm	实际模型回转半径 /mm	相对误差
横向	31.95	639	642	0.47%
纵向	31.45	629	625	0.64%

经过质量配置、重心标定和回转半径标定后,模型尺度和属性值基本达到了设计要求值,即可下水进行试水。质量配置完成和属性调整完毕的模型如图 8.30 所示。

图 8.30　调整完毕的模型

8.4.4　试验条件介绍

本次深海半潜平台动力定位试验在哈尔滨工程大学多功能深水池中进行(图 8.31),该水池长 50 m,宽 30 m,深 10 m。水池具有一套 75 块摇板的多向造波装置(图 8.32)、一辆带有转台的数控 XY 航车和一套局部造流装置。其中多向造波装置可以造波高 0.4 m 的规则波和有义波高 0.3 m 的不规则波,还可造斜向波和三维波;数控 XY 航车的主车速度 0 ~ 3 m/s 可调,辅车速度 0 ~ 3 m/s 可调,可实现圆周运动、正弦运动、Z 型运动、斜直线运动等;局部造流装置可造出 10 m 宽,2 m 高,平均速度 0 ~ 0.5 m/s 的流场。

8.4.5　环境条件

进行平台动力定位能力测试时,按照既定的试验内容,在不同环境条件与不同的推力系统工作模式下测量平台在定位系统定位下的状态。由于平台受到动力定位系统的控制,因此不需要外力进行定位。试验时只需要将控制系统中平台的位置与艏向设定为设计值即可。

试验是为了测试平台模型在一定环境条件下的运动响应,并以此来检验平台定位系统的定位性能。因此,试验必须在一定的环境条件下进行。对于半潜平台来说,受到的环境条件主要是风、浪、流。下面将分别对风、浪、流环境条件进行介绍。

图8.31　哈尔滨工程大学多功能深水池

图8.32　哈尔滨工程大学多功能深水池造波系统

1. 风条件

在进行平台定位系统定位性能测试时,风载荷是比较重要的环境载荷,必须进行模拟。平台的定位性能试验包括两个工况,即作业工况和待机工况,在两个工况下均设计为定常风速风。平台的设计风速在作业工况下为23.2 m/s,经过缩尺缩小后,试验模拟风速为3.28 m/s;在待机工况下平台的设计风速为25.7 m/s,试验模拟风速为3.67 m/s。

2. 流条件

在进行平台动力定位系统定位性能测试时,需要考虑流的作用。平台在设计海况下的流速为定常流。在作业工况下,流速为0.93 m/s,试验模拟流速为0.132 m/s;在待机工况下流速为1.03 m/s,试验模拟流速为0.146 m/s。

3. 浪条件

在进行平台动力定位性能测试时,按照实际海况,需要造不规则波。在平台设计海况下,设计不规则波利用JONSWAP谱来模拟。

对于本试验平台的设计海况,波浪谱参数 $\gamma = 2$。所用不规则波的设计特征值和试验模拟值见表8.30。

表8.30 不规则波参数

实际波浪参数		试验波浪参数	
有义波高/m	谱峰周期/s	有义波高/m	谱峰周期/s
6	11.2	0.12	1.58

8.4.6 试验工况

本次试验的平台的主要工作海域为我国南海,但作为第六代半潜平台,目标平台是一艘迁移式平台,也可以在我国南海周边海域如东南亚和西非海域作业,所以其设计环境载荷趋于恶劣。考虑到实际工作情况,本次试验主要研究目标平台在正常作业和待机两种工况下的定位能力,两种工况下的环境条件见表8.31。

表8.31 平台试验工况

载荷	项目	作业工况	待机工况
浪	谱名称	JONSWAP	JONSWAP
	有义波高 H_s/m	6.0	6.0
	谱峰周期 T_p/s	11.2	11.2
风	平均风速/(m/s)	23.2	25.7
流	流速/(m/s)	0.93	1.03

8.4.7 试验步骤

1. 单自由度自由衰减试验

这里以自由横摇为例,说明平台单自由度衰减试验的步骤,其他自由度的衰减试验与此类似。自由横摇衰减试验步骤如下:

(1)模型在静水中处于平衡状态时,使其横倾至某一角度。然后突然放开,模型便会在静水中绕轴做自由横摇衰减运动,直至最后静止并稳定于原来的平衡位置。

(2)用运动测量仪器,实时测量并记录模型在整个横摇运动过程中的时历曲线。

(3)分析所得时历曲线,得出横摇运动的固有周期和阻尼系数等重要参数。

(4)等待水面平静,测量系统准备下一次测试。

2. 定位性能试验

在安装好推力系统的各推力器以及动力定位系统的控制系统后,需要对控制系统进行调试,以保证控制系统能按照设定的推力分配原则进行推力分配,并将推力指令成功下达到每一个推力器,从而完成对平台的有效控制。调试完成后可开展平台动力定位系统的定位性能试验,试验步骤如下:

(1)模型就位,并具有设定的艏向和位置;

(2)启动造波机按既定波浪参数在水池中造波;

(3)波浪到达模型前按照设定推力器状态启动推力器,开始定位;

(4)待稳定波浪到达模型后进行各项测量数据的同步记录;

（5）获得测量数据后，停止数据采集，停止造波；

（6）等待水面稳定后进行下一组测试；

对于定位性能试验，试验时需要测试的数据主要有平台运动响应、推力器推力、环境载荷参数。试验采用不规则波，造波时间为 30 min。

8.4.8 试验结果

动力定位试验重点考核的是动力定位系统的定位能力，本节给出了在 0°、45°和 90° 这 3 个方向的环境载荷作用下，平台推力系统在不同工作模式下的平台纵向、横向和艏向的偏移试验结果，见表 8.32、表 8.33 和表 8.34。

表 8.32　环境载荷作用方向为 0°的试验结果

推进器失效数	0	1	2
试验纵向最大偏移/m	0.58	0.80	0.91
实际纵向最大偏移/m	29.0	40.0	45.5
试验横向最大偏移/m	0.25	0.31	0.34
实际横向最大偏移/m	12.5	15.5	17.0
试验艏向最大偏移/(°)	1.98	2.05	4.68
实际艏向最大偏移/(°)	1.98	2.05	4.68

表 8.33　环境载荷作用方向为 45°的试验结果

推进器失效数	0	1	2
试验纵向最大偏移/m	0.98	1.22	1.55
实际纵向最大偏移/m	49.0	61.0	77.5
试验横向最大偏移/m	0.64	0.73	0.86
实际横向最大偏移/m	32.0	36.5	43.0
试验艏向最大偏移/(°)	3.29	4.32	4.97
实际艏向最大偏移/(°)	3.29	4.32	4.97

表 8.34　环境载荷作用方向为 90°的试验结果

推进器失效数	0	1	2
试验纵向最大偏移/m	0.53	0.64	0.75
实际纵向最大偏移/m	26.5	32.0	37.5
试验横向最大偏移/m	0.93	1.29	1.53
实际横向最大偏移/m	46.5	64.5	76.5
试验艏向最大偏移/(°)	2.97	3.92	4.84
实际艏向最大偏移/(°)	2.97	3.92	4.84

在试验的三个环境载荷方向作用下，平台模型在三种推力系统工作模式中的纵向最大偏移为 1.55 m，对应平台实际最大纵向偏移为 77.5 m，横向最大偏移为 0.86 m，对应平台实际最大横向偏移为 43.0 m，最大艏向偏移为 4.97°，对应实际最大艏向偏移为 4.97°，结合

试验任务书中对定位精度的要求,本次试验的动力定位系统满足设计要求。

8.5　浮力筒涡激运动试验

本节将以圆柱形浮力筒涡激运动模型试验为例,对其试验过程进行详细的介绍。

8.5.1　试验目的

通过在拖曳水池进行浮力筒模型拖曳试验,测量浮力筒各工况下的六个自由度的运动,以研究浮力筒的自由涡激运动规律。

8.5.2　试验内容

本次试验对三个不同尺度的浮力筒模型进行了自由涡激运动研究,主要试验内容如下:
(1)三个尺度浮力筒各工况的运动固有频率的测量;
(2)保持浮力筒没入水中深度和质量比不变,改变系缆绳长度时涡激运动响应变化;
(3)保持系缆绳长度和质量比不变,改变浮力筒吃水时涡激运动响应变化;
(4)对大尺度浮力筒涡激运动保持系缆绳长度和入水深度不变,改变质量比,研究其对浮力筒自由涡激运动的影响。

8.5.3　试验模型

本试验以三种不同尺寸的浮力筒为研究对象,对小尺度、中尺度、大尺度浮力筒进行涡激运动试验,研究尺度效应对浮力筒自由涡激运动的影响。对于浮力筒模型的制作,圆柱形浮力筒采用玻璃钢材料,水密,整体呈刚性,分为四个舱室。浮力筒模型如图 8.33 所示,从左到右依次为小尺度浮力筒、中尺度浮力筒和大尺度浮力筒,浮力筒外形尺寸及质量如表 8.35 所列。

图 8.33　三种不同尺度的圆柱形浮力筒试验模型

表8.35　浮筒尺寸及质量表

	小尺度浮力筒	中尺度浮力筒	大尺度浮力筒
直径 D/mm	100	150	200
长度 L/mm	700	700	700
排水量/kg	5.50	12.37	21.99
浮力筒自重/kg	2.32	4.24	5.98
长细比 L/D	7.00	4.67	3.50

对于浮力筒模型的安装,如图8.34、图8.35和图8.36所示,沿圆柱形浮力筒轴线使用玻璃胶安装一个铁丝架,铁丝架自身质量较轻,随浮力筒运动且自身不发生颤动,Qualisys运动捕捉系统通过安装固定在铁丝架上的三个光球来测量浮力筒重心的六个自由度的运动,三个光球的安装高度、角度各不相同,确保了浮力筒运动过程中三个光球互不遮挡,Qualisys系统能够完全捕捉到三个光球的运动轨迹。

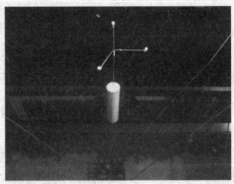

图8.34　小尺度浮力筒拖曳状态　　　　图8.35　中尺度浮力筒拖曳状态

通过一根细绳一端连接圆柱形浮力筒底部中心,细绳的另一端系在沉入水中的一个铁框中,细绳受拉时伸缩变形很小,可以忽略不计。铁框通过四根等长度绳索连接固定到拖车上,如图8.37所示,拖车运行时铁框距池底有一定距离,可通过四根绳索调节浮力筒顶部与水面位置关系(高出水面、与水平面平齐或者没于水下)。为了在试验中保持铁框的稳定性,试验时在铁框中装入较重的压载块,同时在垂直拖车运行方向(横流向)两边又各系一根细绳(绳在水中,图中未能显示),这两根细绳主要保持压载铁框在横流向的稳定性,铁框和压载块质量主要由系在拖车上的四根粗绳索承受。较重的压载块和六根绳索共同保证了浮力筒运动时铁框能够稳定在原来的位置,保证了Qualisys系统测量到的浮力筒涡激运动数据准确可靠。

8.5.4　试验条件介绍

本次浮力筒涡激运动模型试验是在哈尔滨工程大学拖曳水池进行的,该水池长108 m,宽7 m,水深3.5 m,拖车最大速度可达6.5 m/s。现可完成船模尺度介于1.5～5 m之间的船舶阻力、船舶推进、船舶耐波性、船舶操纵性、波浪载荷、海洋工程和水下智能机器人及动力定位等试验。

图 8.36　大尺度浮力筒拖曳状态

图 8.37　浮力筒与拖车的连接

图 8.38　哈尔滨工程大学拖曳水池

进行本试验时水温为 20 ℃。试验时通过计算机程序控制拖车速度,精度较高。考虑到拖车低速运行时速度的稳定性较差且流速低时涡激运动试验现象不明显,最终确定试验时拖车最低速度为 0.1 m/s。而高速时浮筒运动过于剧烈,限于试验设备,浮力筒的运动范围不能超过测量仪器的测量范围。最终确定的试验时拖车速度见表 8.36。

表 8.36　浮力筒自由涡激运动试验流速表

种类	最低流速	最高流速	流速间隔
小尺度浮力筒	0.1 m/s	0.3 m/s	0.01 m/s
中尺度浮力筒	0.1 m/s	0.4 m/s	0.02 m/s
大尺度浮力筒	0.1 m/s	0.52 m/s	0.02 m/s

试验的相关仪器设备如下:

(1)拖车,车速 0～6.5 m/s,稳速精度 0.5%,给定车速精度 0.1%,可通过计算机程序对拖车进行控制,电视全程监控,拖车的测量桥在垂直方向上的可调行程为 0.4 m。

(2)瑞典 Qualisys 无接触式光学六自由度三维运动测量系统,用于测试模型在水池中的各种运动响应。

（3）数据采集与分析处理系统，奥地利制造，32 路数据采集通道，用于应变测量 16 通道、用于频率测量 4 通道、用于电压测量 12 通道。该仪器可对时域、频域信号进行采集和分析，并可进行谱分析以及实时的数据处理。

在本次浮力筒自由涡激运动模型试验中，采样频率为 50 Hz，小尺度浮力筒和中尺度浮力筒的采样时间约 100 s，大尺度浮力筒的采样时间约为 130 s。

8.5.5　试验工况

小尺度浮力筒和中尺度浮力筒试验工况设置相似，首先保持系缆绳长度不变，改变浮力筒顶部距水面的距离，分别测量浮力筒在不同流速下的浮力筒六自由度运动。然后保持浮力筒顶端在水面以下，距水面距离固定不变，依次减小浮力筒系缆绳长度，分别测量不同流速下的浮力筒六自由度运动。限于篇幅，这里只给出小尺度浮力筒试验工况，见表 8.37。

表 8.37　小尺度浮力筒试验工况列表

工况编号	最小流速 /(m/s)	最大流速 /(m/s)	流速间隔 /(m/s)	系缆绳长度与直径比 L^*	顶部距水面距离与直径比 H^*	质量比 m^*
A3 – B0 – C – 2	0.1	0.3	0.01	26.72	– 1.0	0.492
A3 – B0 – C – 1	0.1	0.3	0.01	26.72	– 0.5	0.454
A3 – B0 – C0	0.1	0.3	0.01	26.72	0	0.422
A3 – B0 – C1	0.1	0.3	0.01	26.72	1.0	0.422
A3 – B0 – C2	0.1	0.3	0.01	25.72	1.0	0.422
A3 – B0 – C3	0.1	0.3	0.01	24.72	1.0	0.422
A3 – B0 – C4	0.1	0.3	0.01	23.72	1.0	0.422
A3 – B0 – C5	0.1	0.3	0.01	22.72	1.0	0.422
A3 – B0 – C6	0.1	0.3	0.01	21.72	1.0	0.422

注：H^* 定义为浮力筒顶部距水面距离与浮力筒直径比，正值代表浮力筒顶部在水面以下，0 代表筒上表面和水表面平齐，负值代表表面超出水面。

大尺度浮力筒分为 8 个试验工况，保持系缆绳长度和浮力筒顶端没入水中深度不变，逐渐加大压载质量，从而改变浮力筒的质量比，分别测量不同流速下浮力筒的六自由度运动。其工况详细信息见表 8.38。

表 8.38　大尺度浮力筒试验工况列表

工况编号	最小流速 /(m/s)	最大流速 /(m/s)	流速间隔 /(m/s)	系缆绳长度与直径比 L^*	顶部距水面距离与直径比 H^*	质量比 m^*
A1 – B0 – C1	0.1	0.52	0.02	26.72	1.0	0.272
A1 – B1 – C1	0.1	0.52	0.02	26.72	1.0	0.295
A1 – B2 – C1	0.1	0.52	0.02	26.72	1.0	0.317

表 8.38（续）

工况编号	最小流速 /(m/s)	最大流速 /(m/s)	流速间隔 /(m/s)	系缆绳长度与直径比 L^*	顶部距水面距离与直径比 H^*	质量比 m^*
A1 – B3 – C1	0.1	0.52	0.02	26.72	1.0	0.340
A1 – B4 – C1	0.1	0.52	0.02	26.72	1.0	0.363
A1 – B5 – C1	0.1	0.52	0.02	26.72	1.0	0.386
A1 – B6 – C1	0.1	0.52	0.02	26.72	1.0	0.408
A1 – B7 – C1	0.1	0.52	0.02	26.72	1.0	0.431

注：H^* 定义为浮力筒顶部距水面距离与浮力筒直径比，正值代表浮力筒顶部在水面以下，0 代表筒上表面和水表面平齐，负值代表表面超出水面。

8.5.6　试验结果

在本次试验研究中，我们主要对浮力筒顺流向、横流向和艏摇的运动时间 – 位移曲线、运动幅值、轨迹、频率等进行处理分析。本文使用 Matlab 软件辅助进行数据的处理，并输出需要的试验数据和时历曲线、轨迹等。现以小尺度浮力筒某工况为例，简要介绍数据处理的过程。

1. 固有运动频率计算

圆柱形浮力筒的纵荡和横荡的静水自由衰减相同，故只做了浮力筒纵荡的静水自由衰减试验。为了求得更为准确的运动固有频率，每个工况做了 3 ~ 4 次静水自由衰减试验，求得纵荡和横荡的固有频率和阻尼，图 8.39 所示为典型的浮力筒静水自由衰减曲线。

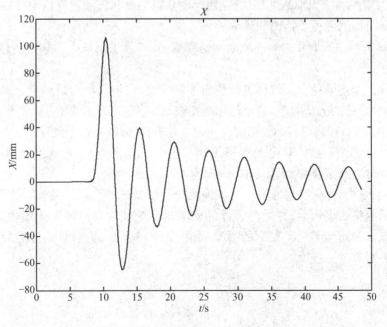

图 8.39　浮力筒静水自由衰减曲线

2. 浮力筒涡激运动轨迹处理

在本试验中采用的模型坐标系统如图 8.40 所示。在该坐标系统中,定义浮力筒顺流向运动方向为 X 向,且沿拖车运动方向为正,浮力筒横流向运动方向为 Y 向。图中,X_c,Y_c 为浮力筒模型的重心坐标,即重心的运动轨迹。

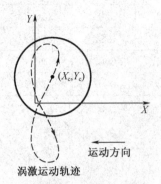

**图 8.40　浮力筒自由涡激运动
试验模型坐标系统**

利用 Matlab 软件提取浮力筒涡激运动的稳定段,受到试验条件的限制,测量得到的浮力筒原始运动轨迹并不理想,光顺性和轨迹重合度较差。为了抵消不利因素对试验的影响,对原始运动轨迹进行了傅里叶变化和系统识别法处理,得到了较为理想的运动轨迹。

图 8.41(a)为圆柱形浮力筒涡激运动顺流向 – 横流向原始运动轨迹,图中横、纵坐标分别为顺流向运动位移和横向运动位移除以浮力筒直径无量纲化后的结果。

图 8.41(b)为经过处理的圆柱形浮力筒涡激运动轨迹,发现浮力筒重心运动轨迹呈出"8"字形,可发现经系统识别法处理后,涡激运动轨迹的光顺度和重复性明显提高。

3. 浮力筒自由涡激运动幅值和频率处理

使用 Matlab 软件提取浮力筒涡激运动稳定段,并求无量纲最大振幅 A_{max}^* 和无量纲均方根振幅 A_{RMS}^*。

对浮力筒涡激运动稳定段位移进行快速傅里叶变换,得到浮力筒涡激运动稳定段的顺流向、横流向和艏摇的运动频率,输出傅里叶变换结果并记录响应数值,如图 8.42 所示。

应用上述方法对采集得到的数据进行处理与分析,可以得到各个尺寸的浮力筒在几种工况下的运动时间 – 位移曲线、轨迹及频率,以小尺寸浮力筒为例,给出其编号为 A3 – B0 – C1 工况下 $Ur = 7.51$ 的试验结果,具体如图 8.43 所示。

通过开展大、中、小三种尺寸的浮力筒涡激运动模型试验,测量不同试验工况不同来流速度下浮力筒六自由度运动,并对浮力筒的涡激运动顺流向和横流向运动轨迹进行处理,得到了浮力筒涡激运动不同工况下的运动幅值、频率等参数,为后续的浮力筒涡激运动特性研究提供参考。

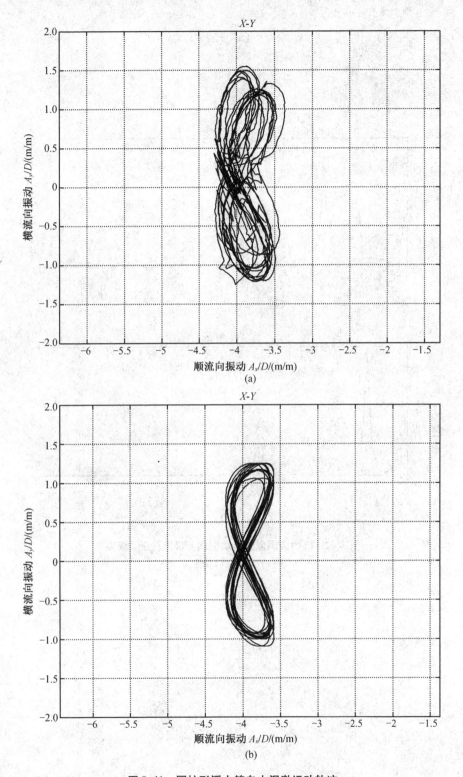

图 8.41   圆柱形浮力筒自由涡激运动轨迹

(a)涡激运动原始运动轨迹;(b)系统识别法处理后涡激运动轨迹

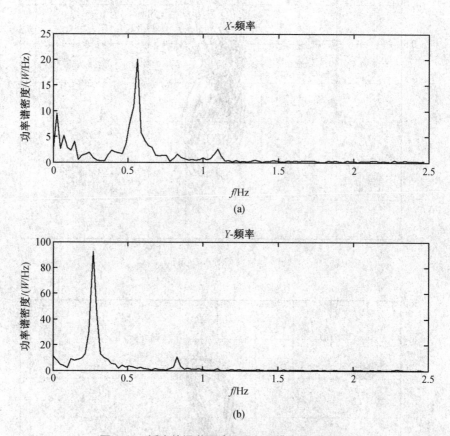

图 8.42　浮力筒涡激运动顺流向和横流向运动频率
（a）顺流向；（b）横流向

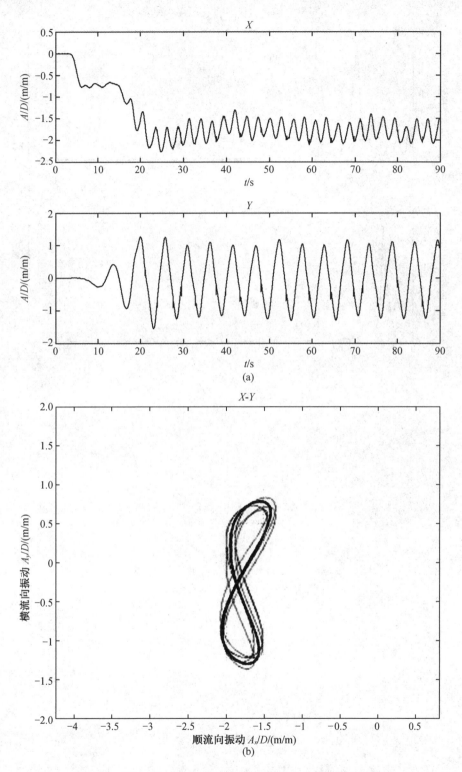

图 8.43　A3 – B0 – C1 工况 $Ur = 7.51$ 的小尺寸浮力筒试验结果

（a）时间 – 位移曲线；（b）浮力筒运动轨迹；（c）顺流向和横流向运动频率

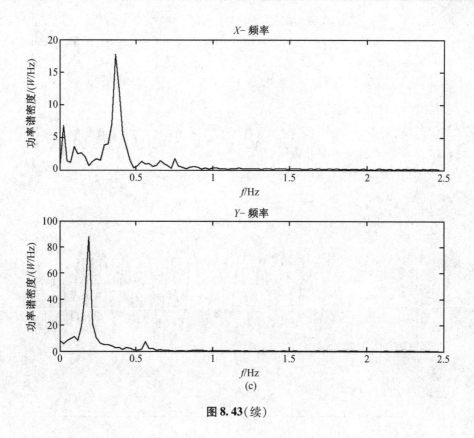

图 8.43(续)

第 9 章　海洋工程模型试验发展趋势

随着世界经济的高速发展,经济生活各领域对石油的需求与消耗日益增长,然而经过多年来对陆上油气田的不断开发,陆上主力油田相继进入产量递减阶段,开发难度进一步加大。陆上油气资源的不断消耗和衰竭,使得海上油气资源越来越受到重视。

21 世纪是海洋的世纪,也是海洋工程技术大发展的世纪,沿海各国都把海洋资源开发和利用作为国家经济开发的重点,海洋争夺已成为当前国际竞争的焦点。世界上有 100 多个国家和地区在进行海上油气开发,其中对深海资源勘探的国家超过 50 多个,有超过 20 个海上油气田已经投产。加强海洋资源开发,是我国实施可持续发展战略的必然选择。

我国南海蕴藏着丰富的油气资源和天然气水合物资源,石油储量约 367.8 亿吨,天然气储量约 7.5 万亿立方米,属于世界四大海洋油气聚集中心之一,被誉为第二个波斯湾,是我国未来最具开发潜力的区域。南海海域平均水深为 1 212 m,中央海盆水深达 4 200 m,其 70% 油气资源多在 1 500 m 以上水深的深海区域。深水油气开采成为我国石油工业的一个重要发展方向,但是多年以来油气采集多集中于浅水大陆架附近。然而目前周边国家与欧美石油公司合作,已在南海海域合作钻井 1 380 口,年采石油量超过 500 万吨,超过了大庆油田的年产量。这也使得对于南海海区的深海油气开发上升为国家经济安全和国家领海主权的问题。

随着全球海洋范围内深水和超深水区域的石油资源勘探开发的不断进行,能够适应深水和超深水工作环境的各种海洋平台应运而生,主要包括:浮式生产储卸装置(FPSO)、深吃水立柱式平台(SPAR)、半潜式平台(SEMI)和张力腿平台(TLP)。为了能够适应恶劣且复杂的海上环境条件,具备较大的抗风浪能力,这些浮式海洋平台普遍采用系泊系统或者动力定位系统常年定位在远离海岸的深水区域,由此也就带来了深海油气开采投资高、风险高和浮式平台维修养护不方便且代价高昂的问题。因此,为了保证海洋平台安全生产作业的要求,在其设计阶段必须保证精确的计算分析,以确保海洋平台运动响应和系泊系统受力特性等能够满足相应的规范及工程要求。

由于目前在理论研究方面还存在一定的局限性,无法完全模拟实际情况,因此迄今海洋工程界一致认为物理模型试验是一种重要的研究手段,其结果可信度较高,并以此作为工程设计和建造的依据。由于所处海洋环境和地质条件恶劣,所以深海浮式生产系统设计技术复杂、投资巨大、风险极高,任何一座海洋平台的设计、建造都要进行物理模型试验以确定其水动力性能参数。近年来海洋工程模型试验技术发展迅速,一些试验技术也相对比较成熟,但是关于混合模型试验技术、非线性水动力特性、动力定位、浮托安装以及深海铺管等仍然是深水海洋工程开发中需要重点研究的关键技术之一。本章将对混合模型试验技术、涡激运动模型试验技术、动力定位试验技术、浮托安装模型试验技术以及深水海底管道铺设试验技术等的研究方法和发展概况等进行介绍,为今后深水海洋工程水动力模型试验提供参考。

9.1 混合模型试验技术

海洋石油天然气资源的开发是海洋资源开发的重要组成部分,世界上除了少数海域以外,大部分地区的近海油气资源已日趋减少,向深海发展已成必然趋势。目前世界范围内的各类海洋平台作业水深在日益增加,相关的研发已经到了 3 000 m 的超深水海域,如挪威海域、墨西哥湾、巴西海域、西非海域、中国南海等,由此带来的问题是工作水深越来越大的深海平台对模型试验水池的尺度要求越来越大,目前国际上主要水池的尺度无法满足缩尺比的要求。

自 20 世纪 70 年代开始,世界范围海洋工程科研机构和高等院校开始筹建海洋工程模型试验深水池,主要集中在挪威、荷兰、美国、巴西、加拿大、日本和中国等国家,各国试验水池参数如表 9.1 所示。

表 9.1 世界主要海洋工程深水池尺寸

水池所属国家	长/m	宽/m	深/m	深井/m
挪威 MARINTEK	80	50	10	—
荷兰 MARIN	45	36	10.5	20
美国 OTRC	45.7	30.5	5.8	11
巴西 Lab Oceano	40	30	15	10
加拿大	75	32	3.5	5
日本	14(直径)		25	30
中国哈尔滨工程大学	50	30	10	—
中国上海交通大学	50	40	11.5	40

通过表 9.1 可知,当前国内外主要的海洋工程试验水池深度均在 5 ~ 15 m。若采用常规缩尺比(国际海洋工程界公认的最佳试验缩尺比区间是 1∶40 至 1∶100)和弗汝德相似准则进行模型试验,实际工作水深超过 1 000 m 的海洋平台系泊系统和立管系统便很难在深水池完成模型试验。

对于这个问题,相关研究人员在一开始进行探讨的改进方法主要是:

(1)选择更小的试验缩尺比进行水池试验;

(2)在室外天然湖泊或者海湾进行模型试验。

选择更小的试验缩尺比是解决深水和超深水海洋浮式结构物模型试验的可行方法之一,但由此所带来的试验诸多不确定性,并且对模型制作、试验测量方法及测量仪器和环境条件的模拟提出了极高的要求。国外很多学者对 1∶100 至 1∶200 的小缩尺比进行了试验研究。1998 年,S. Moxnes 针对挪威海域某一工作水深 1 200 m 的 FPSO 选择 1∶170 试验缩尺比进行了水池试验研究,虽然试验设计及过程均慎重处理,FPSO 的运动响应和系泊受力等试验结果仍不理想。2000 年,C. T. Stansberg 选择 1∶50,1∶100 和 1∶150 三个试验缩尺比对挪威海域 335 m 工作水深半潜式平台进行了水池试验研究,试验结果表明,不同缩尺比下半潜平台的运动响应基本一致,但是随着缩尺比减小系泊力增大,误差增大。由此可见,选择更小的试验缩尺比进行模型试验所受到的约束条件和影响因素更多,不具备试验的普遍适用性,可靠性也值得进一步商榷。

在室外天然湖泊或者海湾进行模型试验可以选取合适的模型试验缩尺比,但是试验环境条件不可人为调整,不能准确模拟实际海况条件,试验数据测量难度大,花费较高,其可行性有待进一步研究论证。

受限于此,研究人员便提出了混合模型试验方法,将数值模拟计算和水池试验两者综合来解决深水和超深水海洋浮式结构物水池试验难题。

9.1.1　混合模型试验技术介绍

混合模型试验方法是将数值理论计算和物理模型试验相结合,对海洋浮式结构物运动响应和受力等特性进行预报的方法。在一定的水深条件下,将海洋平台的系泊系统和立管系统按照一定的试验缩尺比和设计准则进行等效截断处理。等效截断后的系泊系统和立管系统可以按照常规试验缩尺比在海洋工程深水池内进行布置,进行物理模型深水池试验。

混合模型试验的方法步骤主要涵盖以下四个方面。

1. 等效截断系泊系统设计

根据选定的常规模型试验缩尺比,确定等效截断设计水深,在此基础上基于静力相似准则或者动力相似准则进行等效截断系泊系统设计,用以取代全水深系泊系统进行水池试验。需要说明的是,系泊线动力特性的影响因素复杂多样,目前的等效截断设计很难满足动力相似,一般的做法是参考 ITTC 针对混合模型试验的指导意见,采用基于国际公认的静力相似的等效截断设计准则进行截断试验设计。

目前国际上公认的等效设计准则主要包括以下几项:

(1)保证系泊/立管系统对海洋平台的水平及垂向回复力一致;

(2)保证平台主要运动准静定耦合一致;

(3)保证"代表性"的系泊缆和立管的张力特性一致;

(4)保证系泊缆/立管在波浪和海流中的阻尼及流体作用力一致。

2. 水池模型试验

根据常规试验缩尺比将等效截断系泊系统的设计参数转换至试验,并制作试验模型,在深水池中进行模型试验,得到需要的试验结果。

3. 数值重构

受到诸多实际情况的限制,如试验系泊线模型质量、直径和刚度的误差等,等效截断水深的系泊系统不能完整体现实际水深系泊系统的静力和动力响应特性。需要利用时域耦合计算分析软件对试验过程进行"复制式"模拟,将试验中实际的海洋平台及系泊系统模型参数和风、浪、流环境条件根据缩尺比转换至实船,建立与试验保持一致的数值模型,将海洋平台系统的运动时历、谱分析和系泊系统受力等计算结果与试验结果进行对比分析,在此基础上调整海洋平台经验性的水动力系数、风流系数和系泊线附加质量等系数,使计算结果与试验结果保持一致,该过程也被称为"Model the Model"。

数值重构主要是为了获取海洋平台系统关键水动力参数,取定准确的数值计算模型,并掌握时域耦合计算分析软件的操作使用方法。目前常用的时域耦合计算分析软件包括AQWA,SESAM,OrcaFlex,HARP 和 HydroSTAR 等,这些商业数值模拟软件能够较为准确地预报海洋平台水动力性能、运动响应特性和系泊系统受力特性等,在当前世界海洋工程界得到广泛的应用和推广。

4.数值外推

数值外推主要是采用数值模拟软件进行数值计算,在数值重构得到的参数基础上,建立全水深海洋浮式结构物、系泊系统和立管系统等全系统的计算模型,通过时域耦合方法计算全水深系统,以此作为全水深准确的预报结果。

混合模型试验方法步骤框图如图9.1所示。

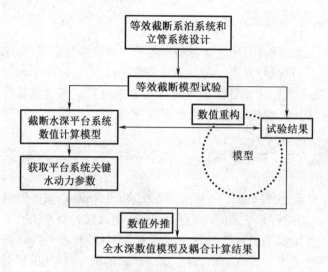

图9.1 混合模型试验方法步骤

根据系泊线截断位置处模拟方式的不同,等效截断设计主要分为两种形式:主动式和被动式,如图9.2和图9.3所示。

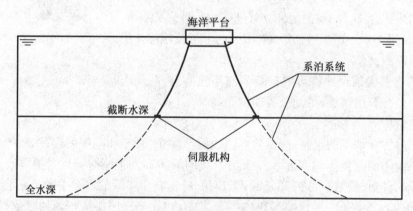

图9.2 主动式截断系泊系统

主动式截断系泊系统依靠计算机精确控制的伺服机构来模拟截断水深节点处的系泊线实时运动,这就对数值模拟软件提出极高的精度要求。国外研究人员 D. J. Rainford 和 S. Watts 的研究表明,主动式截断系泊系统的适用性和可操作性需要进一步研究。

被动式截断系泊系统被海洋工程界广泛采用,主要是基于系泊系统静力特性相似进行截断设计,保证海洋平台的运动响应及对应环境方向的典型系泊线(受力最大系泊线)受力在截断水深和全水深保持一致。

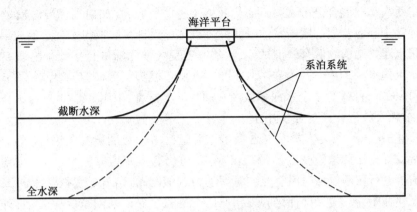

图 9.3　被动式截断系泊系统

9.1.2　混合模型试验技术发展现状

对于混合模型试验方法的研究,主要集中在国内外海洋工程深水池技术人员和相关科研院所及高校,对于不同类型的海洋平台及其系泊系统以及不同作业水深,研究的侧重点各不相同,对国内外的主要研究总结如下。

挪威 MARINTEK 水池的研究人员对混合模型试验方法进行了深入的研究与探索,在2006 年对某一排水量 75 709 t 的深水半潜式平台进行了模型试验研究,该平台工作水深1 500 m,布置 18 根张紧式系泊线,试验缩尺比 1∶70,将 3 种类型的 9 根立管简化为 3 根进行等效截断设计。平台系泊和立管系统的等效截断设计及优化采用 MOOROPT 程序,根据试验结果利用 RIFLEX – C 进行数值重构和数值外推。结果对比表明,等效截断系泊和立管系统的静力特性、自由衰减特性和平台不规则波运动响应结果均与数值模拟较好吻合,验证了等效截断设计的正确性。同时也对深水混合模型试验方法进行了概括分析,通过MARINTEK 水池历年来的试验研究,对混合模型试验方法需要解决的技术难点和设计原则进行了详细阐述。

对于混合模型试验,荷兰 MARIN 水池也有大量研究,在 2004 年分别对 1 000 m 工作水深的悬链线式多点系泊 FPSO 和半张紧式系泊半潜平台进行了混合模型试验研究,考虑了500 m 和 250 m 两种截断水深。详细介绍了截断设计中系泊线的长度、直径、干湿重和轴向刚度等参数对系泊线静力和动力特性的影响,给出了具体的系泊截断设计步骤,并分别给出了系泊线静力和动力特性优化设计方法。将截断设计和全水深计算结果进行了对比分析,结果表明,系泊线静力特性吻合较好,但动态张力统计值存在差距,特别是截断水深为250 m 时设计难度极大,对比结果差距较大。但是,该理论并未应用至模型试验。

美国 SBM – IMODCO 研究机构分别对作业水深 1 800 m 及 3 000 m 的 FPSO 进行了混合模型试验研究,截断水深都选为 900 m,基于静力相似进行了截断设计。结果对比分析表明,截断前后的 FPSO 运动响应较好吻合,但试验系泊受力偏低,说明混合模型试验需要数值重构和数值外推的计算才能获得更加准确的结果。

ITTC 分别于 2002 年和 2005 年给出了关于混合模型试验方法的指导建议,提出如何进行数值重构和数值外推的方法,但具体的等效截断设计方法未进行详细介绍。

国内对混合模型试验的研究较少,主要还是参考了国外的试验方法和经验。

上海交通大学在混合模型试验方面也开展了一些研究,在如何利用混合离散变量模拟退火方法对基于静力相似的截断系泊线特性进行优化设计研究取得了一定的成果。

对于深水浮式结构物混合模型试验,哈尔滨工程大学同样进行了大量的研究。其中有研究人员对工作水深914 m的内转塔式FPSO进行了模型试验研究,将系泊系统分别截断到736 m和460 m,并进行了全水深和截断水深的模型试验,采用AQWA进行了数值重构和外推,试验结果及数值计算吻合较好,进一步验证了等效截断设计方法的准确性。

综上所述,国内外研究人员对混合模型试验进行了广泛的研究及论证,基于静力相似准则的截断设计方法和试验技术已经趋于成熟,但仍有一些地方需要进一步改进,比如在对系泊系统等进行截断设计时没有充分考虑动力相似问题,这就导致截断水深试验与实际全水深情况存在差异。而且即使是静力相似也不能完全保证系泊系统等的静态特征相似,并且现在的截断设计主要针对的是系泊系统和立管系统,关于其他系统的截断,如外输系统的截断设计研究非常少,需要开展更深入的研究工作。

9.2 涡激运动模型试验技术

把圆柱体放置于定常流场中,由于流体的黏性,当流体通过非流线型的圆柱体时,将在圆柱体后产生分离,边界层的分离将导致圆柱体周期性交替地泄放漩涡,Von Karmen首先发现了这种现象,因此我们把它称为"卡门涡街"。漩涡的交替泄放导致圆柱体表面压力分布不均,圆柱体在该压力差的作用下发生横流向或顺流向发生周期性的往复振动,即涡激振动。在各个工程领域,对水和空气等介质中物体的涡激振动现象的研究已经有很长一段时间。任何工程结构,如果它的后缘足够陡峭,那么在一定的雷诺数范围内的流体作用下就有可能产生涡激振动,使结构发生周期性的往复振动,如桥梁、电缆、工厂的烟囱等,在海洋工程领域,涡激振动主要发生在海流作用下的锚链、立管、海缆等设施上。

近年来研究人员发现SPAR,TLP等大尺度海洋结构也存在流体作用引起的结构振动问题。这些海洋结构物都有深吃水的柱形主体结构,和立管相似,在一定的来流环境条件下,这些柱状结构也会发生边界层分离和漩涡脱落。当漩涡脱落频率接近浮式平台的横荡和纵荡频率时,平台在来流方向也将出现相应的运动现象。但是,这些大尺度的海洋结构物的运动特征和立管等的涡激振动现象又有明显不同,为了和立管等小杆件的涡激振动现象做区分,将这些大型海洋结构由流体诱发的运动现象称为涡激运动。

涡激运动与涡激振动主要有以下区别:首先,涡激振动主要针对长细比较大的细长杆件,而涡激运动研究对象为纵横比较小的有明显刚性特征的大尺度物体,涡激运动比涡激振动的三维特性更加明显;其次,就运动周期和幅值而言,大型平台的涡激运动都要比涡激振动大;最后,和立管相比,SPAR、TLP、深吃水半潜式平台等海洋结构还具有漂浮、锚泊等特性,这也会对其涡激运动特征产生影响。

深刻理解涡激运动特征对石油和天然气行业十分重要,因为用于海洋油气生产的各类型海洋平台和浮力筒等结构的圆柱形主体在强流作用下经常会出现涡激运动现象,产生大幅的水平运动,使海洋平台的锚泊和立管系统所受到的载荷加大,相应的疲劳寿命也会缩小。在不考虑涡激运动现象的情况下,平台锚链受力及立管疲劳状况将会被低估,这样其设计尺寸也会偏小,这对海洋石油安全生产是一个不小的隐患,一旦发生意外、生产事故或石油泄漏,不但会造成不可估量的经济损失,也会严重危害海洋生态环境。

为了充分地了解涡激运动产生的机理,并减少涡激运动对海洋结构物的损害,对涡激运动响应特征的研究十分重要,已引起了国内外学者的高度重视,一个新的研究课题在海洋工程领域应运而生。目前国内外已有一些研究机构和学者开展了关于涡激运动现象的试验研究,并取得了一些研究成果。

对圆柱体涡激运动模型试验研究一般分为自激运动试验和受迫运动试验两大类,如图9.4(a)为某SPAR平台的自激运动试验,图(b)为圆柱体的受迫运动试验。自激运动是指结构在无外力的情况下,在流场中受到交替泄落的漩涡的作用而产生脉动升力和拖曳力力,驱动圆柱体自身产生的运动。受迫运动指从系统外部对圆柱体施加驱动力,使柱体在均匀流中运动,运动的幅值和频率是可控的,可人为控制柱体的运动轨迹。

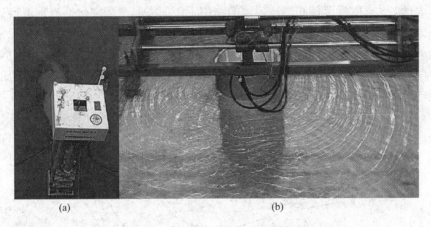

(a)　　　　　　　　　　　　　　　　(b)

图9.4　自激运动和受迫运动试验

(a)SPAR平台自激运动试验;(b)圆柱体的受迫运动试验

自激和受迫运动有着明显的区别,在自激运动中交变的尾流场和柱体相互作用、影响,而在受迫运动中柱体在外界驱动力下被强制运动,尾流形式受振荡柱体的驱动,尾流场也完全取决于柱体的受迫运动形式,且不会对柱体运动产生影响。相比于受迫运动,在自激运动试验中漩涡泄放有一定的随机性,进而使与涡泄相关的流体力和柱体运动响应也有一定的随机性,这就增加了试验数据处理、整理与分析的难度。在受迫运动中,柱体的运动响应是可以人为控制的,流体力虽然仍有一定的随机性,但和自激运动比要稳定得多。自激运动和受迫运动两者研究的侧重点不同,自激振动一般在保持圆柱体本身及弹性支撑参数不变的情况下,研究流速变化对运动响应的影响,运动幅值、频率等随约化速度变化的规律,并找出"锁定"区间。受迫运动主要研究作用于柱体的流体力和柱体运动形式两者之间的关系,找出受力和运动幅值、运动频率之间的关系。

自激运动和受迫运动有区别但也有一定的联系,可以相互参照。如在自激运动和受迫运动试验中可以找到相同的尾流场,两种试验状况下流体力存在着联系;如果均匀流中自激运动的平均运动幅值、运动频率和受迫运动中试验的运动幅值、运动频率相同或接近,则可以将两种试验方案的结果做对比研究。涡激运动研究的最终目标是利用受迫运动的结果来预报自激运动的动力和运动的结果。

由于半经验模型研究和CFD数值模拟研究各自的局限性,模型试验成为研究涡激运动的重要的并被广泛接受的研究方法,总体来说模型试验方法可以得到相对可靠的运动幅值、运动频率、相位和拖曳力系数。因此,涡激运动模型试验也成为海洋工程模型试验研究的热点内容之一。

9.2.1 圆柱形浮力筒涡激运动成因

圆柱形浮力筒涡激运动现象属于流体引发运动问题,需要从边界层与边界层流动分离现象、由于流动分离产生的尾流漩涡和漩涡脱落产生的脉动压力等方面来揭示圆柱体涡激运动的根源。

流体流过曲面时边界层从某个位置脱离曲面并发生回流,称这种现象为边界层分离。流体流经圆柱体时边界层内流体受到黏性力和逆压梯度的共同作用,动能被损耗导致流速逐渐降低,最后流体到达如图9.5中的S点时速度降为零而不再继续向前流动,流体被积压在圆柱体表面。S点以后流体在逆压梯度的作用下流速方向改变发生倒流把上游边界层内的流体挤出圆柱体表面。越靠近圆柱体的流体速度下降得也越快,边界层分离现象首先在圆柱面上的S点发生,将S点称为分离点。边界层分离后形成向下游延伸的自由剪切层,剪切层内外两侧流体速度并不相同,外侧部分流速要略高一些,两侧流体之间的速度差使交界面处流体分散成多个小漩涡,也即边界层的分离和回流产生了漩涡,形成柱体后面的"涡街"。

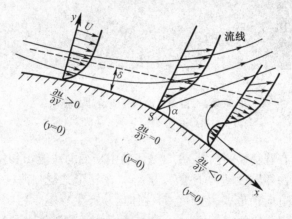

图9.5　边界层内速度分布示意图

如图9.6所示,浮力筒两侧产生漩涡并周期性交替泄落。当浮力筒一侧在分离点处产生漩涡时,流体将沿着浮力筒的表面发生倒流产生一个环向流速v_1,该环流速度与发生漩涡一侧柱体表面流体流速方向相反,而与柱体另一侧流体方向相同,即发生漩涡一侧流体沿浮力筒表面的流速为$v-v_1$,而浮力筒另一侧表面流速为$v+v_1$。这样在垂直于来流方向浮力筒两侧表面就存在了一个速度差,浮力筒两侧也就存在了一个压力差,产生横向作用力即升力F_L。漩涡形成后向

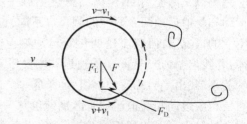

**图9.6　漩涡脱落对浮力筒
作用力示意图**

下游泄放的过程中升力逐渐减小直至消失,而圆柱体另一侧又产生一个新的漩涡并形成一个作用方向相反的力。漩涡周期性交替泄落产生了垂直于来流方向的交变力,而脉动升力是引起浮力筒产生横流向运动的主要激励力。脉动升力 F_L 的频率与浮力筒两侧漩涡泄落频率相同,由于每个周期内两侧漩涡脱落时产生升力方向相反,因此升力的时间平均值约等于 0。

漩涡在产生和泄落的过程中,使浮力筒后方的压力降低,浮力筒沿来流方向会有一个压差阻力,它也是脉动的,频率等于漩涡泄落频率的两倍。由于流体的黏性,流体绕圆柱流动时还会受到一个摩擦阻力,压差阻力和摩擦阻力的合力构成了圆柱绕流阻力,但是摩擦阻力数值上远小于压差阻力,可以忽略不计,阻力主要由压差阻力构成。在浮力筒涡激运动中,绕流阻力又表现为对浮力筒沿来流方向的拖曳效应,因此也可以把绕流阻力称为拖曳力,浮力筒在脉动升力和拖曳力的作用下发生水平面内的运动。

浮力筒水平面内的运动和漩涡泄落相互耦合作用,漩涡泄落频率随约化速度的增大而增大,当漩涡泄落的频率和浮力筒的运动固有频率接近时,流体与浮力筒柱体之间的耦合效应就变得更加强烈,浮力筒的运动幅值也明显增大,就会发生"锁定"(Lock - in)现象,在发生"锁定"时,漩涡泄放频率和自身运动频率一致而不再随约化速度继续增大,"锁定"效应使浮力筒的共振区域增大。

9.2.2　涡激运动试验技术研究现状

涡激运动在被发现后,模型试验研究就成为一种有效的研究方法,国内外许多学者也用该方法取得了一些研究成果。

2003 年,荷兰 MARIN 海洋工程水池对一座 TRUSS SPAR 平台进行了模型试验,图 9.7 为其工作人员调试平台模型的简图,在试验中测量了不同流速和来流角度情况下的涡激运动响应,对 TRUSS SPAR 平台侧板形式进行了优化,对尺度效应及平台表面的粗糙度对涡激运动响应影响程度进行了研究。同时还研究了锚泊系统对 TRUSS SPAR 平台涡激运动的影响,并把试验结果与平台在剪切流作用下的运动响应结果进行了比较分析。

之后,有研究者对一座 CELL SPAR 平台也进行了和荷兰 MARIN 水池相类似的试验,他们在试验中改变平台参数和减涡侧板形状,分别测量其涡激运动响应,主要研究了平台主尺度参数及其锚泊系统对涡激运动的影响。CELL SPAR 平台的试验模型如图 9.8 所示。

在此基础上,又有研究者分别在低雷诺数和较高雷诺数情况下对 SPAR 平台进行了涡激运动模型试验,之后他们再次通过模型试验的方法对 TRUSS SPAR 平台涡激运动现象进行了系统研究,此次他们研究了各重要平台参数(如平台形状、质量比和锚泊等)对平台涡激运动的影响,测验了不同的减涡侧板形式对涡激运动的抑制效果。还对平台侧板强度和疲劳进行了研究,并对其进行了改进。

同一时期,有学者通过对 CLASSIC SPAR 平台涡激运动响应进行了模型试验研究,并把试验测量数据和实地监测数据进行了对比,还研究了涡激运动下锚链和立管疲劳情况。在此之后有学者连续两年对 TRUSS SPAR 平台的涡激运动进行了研究,2005 年该团队对一座缩尺比为 1:40 的 TRUSS SPAR 平台进行模型拖曳试验和海洋工程深水池造流试验,试验中雷诺数范围为 40 000 ~ 150 000,约化速度 Ur 介于 3 ~ 11 之间。研究的重点是来流方向、约化速度和侧板螺距对涡激运动响应的影响,并把试验结果与 CFD 模拟结果进行对比。2006 年,又进行了类似的模型试验,并与 CFD 模拟相对比研究,重点研究了 CFD 建模以及网格划分,如何得到高效准确的预报结果。

 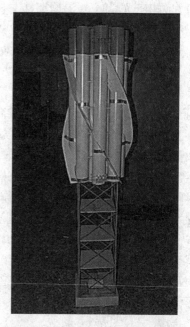

图 9.7　调试 TRUSS SPAR 平台模型　　　图 9.8　CELL SPAR 平台试验模型

以上是一些对各种 SPAR 平台涡激运动的研究,在这些研究经验的积累上,有研究者采用模型试验方法对一座浅吃水形状类似 SPAR 平台的新概念平台进行了模型试验研究,试验模型的缩尺比为 1:200。在试验中,他们特别关注了平台的粗糙度和表面附件对涡激运动的影响,保证了试验情况下边界层黏性流场和真实情况的一致性。

随着对 SPAR 平台涡激运动研究的不断深入,研究者们发现其他类型的平台也存在涡激运动现象。于是有研究者对一座张力腿平台进行了涡激运动模型试验研究,试验模型缩尺比为 1:70,分别改变流速、流向角和平台吃水,测量了平台的六自由度运动,研究了流速、流向角和平台吃水对涡激运动响应的影响。

对于半潜平台的涡激运动,也有大量学者对其进行研究,起初有人通过拖曳水池模型拖曳试验对几座不同形式的半潜式平台进行了涡激运动研究,在试验中发现当约化速度 Ur ≥10 时,平台结构出现了弹振现象。后来在此基础上又有研究者对一座半潜平台进行了涡激运动模型试验研究,首先研究了流向角对涡激运动幅值的影响,发现流向角为 0° 时,振幅随约化速度呈线性增加,15° 流向角时,最大振幅约为 0.24D,30° 和 45° 流向角时横向运动幅值几乎相同,最大运动幅值约为 0.43D,且随约化速度变化趋势相似,试验测定"锁定"区间为 5≤Ur≤7。然后他们又研究了流和微幅波共同作用下平台的涡激运动响应,发现和流单独作用相比,平台发生涡激运动时的约化速度增大了,但是对幅值大小则几乎无影响。

近年来,研究者们把涡激运动研究逐步推广到各种海洋工程浮式结构物上,其中典型的是,有学者对双浮力筒自由站立式立管的涡激运动现象进行了分析研究。试验中首先研究了自由站立式立管系统整体振动模式和浮力筒系统局部振动模式,以及两者之间的关系,随后研究了单浮力筒和双浮力筒涡激运动的区别。对于双浮力筒涡激运动,还开展了改变两浮力筒之间距离和保持浮力筒总张紧力不变,改变两浮力筒张力分配的研究。最后研究了两个浮力筒之间的相对运动,对可能出现的高阶涡激运动进行了评估。结果发现,单浮力筒涡激运动的"锁定"区间为 $6 \leqslant Ur \leqslant 10$,当约化速度约等于 8 时振幅最大,最大振幅约为 0.7,远小于 DNV RP F105 规范里的 1.3,即规范过于保守;当两浮力筒之间连接链长度在合理范围内(不超过 100 ft①),双浮力筒涡激运动和单浮力筒涡激运动相似,证明多数情况下双浮力筒系统可以和单浮力筒系统达到相同功能;只要两浮力筒提供的总张紧力不变,只改变两浮力筒的张力分配对浮力筒涡激运动影响不大;高阶涡激运动只有在均匀流时才会出现,且其运动幅值要小于低阶涡激运动模式。

虽然国内对涡激运动现象的研究起步较晚,研究涡激运动的模型试验也比较少,但是在不断的探索中也取得了一定的成果。

在初期,研究者们首先以圆柱体为研究对象进行研究,对均匀来流中浮式圆柱进行了圆柱绕流和涡激运动模型试验。试验圆柱的纵横比为 $1:2.4$,试验中首先测量不同雷诺数下作用于静止圆柱的升力和拖曳力,然后又进行了圆柱体受迫运动研究,研究了运动对流体的影响及流-固耦合系统柱体对流体的反作用机理。通过研究发现,圆柱在固定状态下,升力系数随时间变化的平均值约等于 0,升力幅值随流速增大而减小,拖曳力系数均值在 1~2 之间;漩涡脱落频率随约化速度增大而增大;圆柱横荡受迫运动的拖曳力系数明显增大,漩涡脱落频率和强迫运动的频率相等;弹性系泊圆柱的涡激运动轨迹类似"8"字形,约化速度介于 2~7 之间时随流速增大运动幅值呈增长趋势,裸圆柱涡激运动横流向幅值可达到 $0.8D$;约化速度介于 4~7 时横流向运动出现"锁定"现象,在该锁定区间平台运动幅值明显增大;研究了减涡侧板的作用机理和抑制效果,发现其作用明显,作用效率具有方向性。

在对圆柱体研究的基础上,学者们继续深入到对实际平台涡激运动的研究。其中有研究者对一座 TRUSS SPAR 平台进行了模型试验,研究了其在均匀流中的涡激运动响应。分析了侧板对平台运动轨迹的影响和流速、来流角对涡激运动平衡位置的影响,以约化速度和来流角为主要参数,分析了涡激运动幅值在"锁定"区间的变化规律。研究发现,不加侧板时裸圆柱平台运动轨迹呈现"8"字形,但该"8"字形较为不规则,轨迹重复度很低。加上侧板以后平台的涡激运动轨迹变得更加杂乱无序,没有固定形状;不带侧板时平台横流向运动平衡位置约在 $y=0$ 附近,带侧板平台横流向运动的平衡位置偏离其初始位置。研究者认为这是平台非对称系泊造成的;减涡侧板作用效果良好,可以使横流向运动幅值减少一半以上。

随着计算流体力学的不断发展,人们开始尝试使用 CFD 数值模拟和模型试验相结合的方法来研究平台涡激运动,这促进了涡激运动试验技术的发展。国内有学者对一座缩尺比为 $1:60$ 的深吃水半潜平台的涡激运动响应特性进行了研究,模型拖曳试验中改变来流角度和拖车速度,测量其六自由度运动响应,分析了运动幅值、轨迹和频率。发现半潜平台涡激运动在 135° 流向角,约化速度约等于 7 时运动幅值最大,此时平台横流向运动频率约等于其固有运动频率;180° 和 90° 流向角时运动幅值小于 135° 流向角,也没有发现"锁定"现象。

总的来说,涡激运动现象首先在 SPAR 平台上被发现,SPAR 平台也是目前被研究最多的平台结构,学者们用不同的方法从发生机理、影响因素、关键特性、抑制方法及其对平台总体水动力性能的影响等方面入手对其涡激运动现象进行了大量的研究,也取得了一些重要成果。由于结构上的相似性,并有着类似的海洋环境条件,浮力筒和 SPAR 平台涡激运动

---

① 1 ft = 304.8 mm。

现象有很多相似的地方,对浮力筒涡激运动特性的研究可以借鉴 SPAR 平台涡激运动已有的研究成果。对 SPAR 平台涡激运动的研究发现了一些基本规律,比如横流向运动频率为顺流向运动频率的 2 倍,涡激运动轨迹近似成"8"字形等。但目前发现"8"字形运动较为不规则,也没有系统地研究涡激运动轨迹、频率随约化速度变化规律及尺度效应对其影响。同时对 SPAR 平台的研究过程中发现加减涡侧板后圆柱体涡激运动轨迹和幅值等会发生较大变化,锚泊系统也会限制圆柱体的运动使其轨迹变得更加杂乱。目前对 SPAR 平台减涡侧板和锚泊系统等的研究主要针对工程实际应用,从机理上进行探讨的研究较少,因此需要对涡激运动试验技术进行进一步的研究,解决平台涡激运动研究中存在的问题。

9.3　动力定位模型试验技术

21 世纪人类将全面步入海洋经济时代,占地球总面积三分之二以上的浩瀚大海里,有极其丰富的海水化学资源、海底矿产资源、海洋动力资源和海洋生物资源,这些资源促使人们对海洋的开发和探索的范围越来越广。其中动力定位技术作为深海作业装备必备的高新技术,越来越受到业内重视,可以说,作业船舶或平台要想在深海稳定、可靠工作,必须安装动力定位系统。随着国家海洋开发战略的逐步推进,越来越多的船舶或平台将被配备动力定位系统,以满足作业需求,图 9.9 为几艘装配动力定位系统的船舶和海洋平台。

图 9.9　装配动力定位系统的船舶与平台

(a)"凯撒"深水铺管船;(b)PSV 9000HP 平台供应船;
(c)"创新者"半潜式深海钻井平台;(d)"希望"系列圆筒形生活平台

动力定位系统(Dynamic Positioning System,DPS)是一种闭式的循环控制系统,其功能是不借助锚泊系统的作用,而能不断地自动校对船舶或移动式平台的位置,检测出位置的偏移量,再根据外界扰动力的影响计算出所需推力的大小,并对各推力器进行推力分配,进而发出指令使各推力器发出相应推力,从而使船舶或平台回复到所要求的位置。

目前国际上对动力定位系统的研究大多是对该系统进行理论计算,通过仿真技术,设计在给定海洋环境条件下满足给定要求的动力定位系统,并应用于实际动力定位装置。动力定位发展至今,已经取得显著的研究成果并得到了广泛的运用。这离不开几十年来广大研究者的潜心研究。对于动力定位这种定位方式,主要的研究方法有三种,即理论研究、仿真研究和试验研究。理论研究是理论创新的过程,即通过研究者在已有的理论和技术的基础上,通过分析、整合、创新,提出新的技术解决方法和理论体系的过程。对于动力定位技术来说,理论研究主要集中在动力定位系统的控制系统的控制算法、状态估计方法以及推力分配算法方面。仿真研究是指针对现有的理论模型,通过编制程序或利用现有的软件工具对理论模型进行数值模拟,并通过程序算法或者现有软件工具进行数值计算,得到系统在相应条件下的仿真结果。仿真研究由于针对虚拟的模型,因此具有较低的研究成本和研究风险。而且随着计算机技术的快速发展和理论水平的提高,仿真结果的可信赖程度也大大增加,因此仿真研究这种研究方法在具有控制系统的动力定位中的运用大大推动了这两种定位技术的发展。

理论研究和仿真研究虽然被广泛应用,但是其研究成果只能作为参考而不能作为鉴定理论模型是否准确和实用的检验工具。在这种情况下,试验研究方法就体现出其重要性。海洋工程中的试验研究有两种,即模型试验和全尺度试验。模型试验是指将具有一定缩尺比的实物模型放在具有一定深度和风浪级别的水池中来模拟真实的海况,并通过测量分析相关参数来判断理论模型的优劣。全尺度试验是指通过测量在真实海洋环境中的实船或者实体平台的相关参数,来获取较为准确的特征参数和鉴别设备的性能特征。试验研究的数据获得虽然依赖于测量方法和测量工具,但它是在实际环境中获得的结果,能较为准确地反映真实的情况,因此这种研究方法取得的研究成果能为业界大部分研究者所认同。在动力定位的发展中,试验研究方法起到了重要作用。

本节将首先对海洋浮式结构物的动力定位相关知识进行介绍,在此基础之上阐述相关的动力定位模型试验技术的基本知识及发展现状。

9.3.1 动力定位发展应用

在海洋工程实践中,早在1911年,Elmer Sperry(1860—1930)最早引入了船舶闭循环自动控制的思想,并制成了自动操纵系统,用来控制船舶的艏向。时至今日,控制系统越来越多地安装在船舶上,用来改善系统的性能、可靠性、安全操作,并且节省维护费用、燃油消耗以及其他的操作费用。控制系统使得船舶的航行以及完成特定的使命更加容易,并且能够使船员更加安全,减少了人员的误操作。

到了20世纪60年代,用来控制船舶的平面位置以及航向的船舶自动控制系统得到了进一步的发展。挪威船级社、美国船级社、英国劳氏船级社对动力定位船舶的定义如下:仅靠推力器的作用能够保持位置和艏向(固定位置或者预定轨道)的船舶。这就需要在主螺旋桨外还要安装其他的导管推力器,或者安装能提供不同方向推力的Z型推力器。正如之前所述,动力定位系统是一种闭环的控制系统,其功能是不借助锚泊系统的作用,而能不断检测出船舶的实际位置与目标位置的偏差,再根据风、浪、流等外界扰动力的影响计算出使船舶恢复到目标位置所需推力的大小,并对船舶上各推力器进行推力分配,使各推力器产生相应的推力,从而使船尽可能地保持在海平面上要求的位置上。动力定位系统是一个庞大而复杂的集成性系统,所包含的设备非常繁多复杂,所涉及的专业面也较广,一般认为其主要由测量系统、控制系统、动力系统和推力系统四大子系统组成。

到20世纪70年代后期,动力定位已经成为一门较为成熟的技术。有资料显示,1980年时具有动力定位能力的船舶的数量大约为65艘,1985年为150艘,至2002年还在运行的动力定位船已达一千多艘(未计及平台),该数字还在不断增长。动力定位发展最主要的推动力是海洋油气资源的勘探开发。现在,动力定位系统被安装在多种类型的船上并且能够适应多种海上操作的需要。动力定位主要的一些应用包括:海底钻探和取芯、海洋油气开采、管道或线缆铺设及维修、海上安装吊装、穿梭油轮装卸时的定位、潜水支持、海上供应补给、海洋科考和调查、海上救助和消防、挖泥、游轮以及其他一些需要海上定位作业的多用途船和平台等。动力定位之所以能在这些不同作业环境中得到广泛应用,是因为动力定位有着锚泊定位所不具备的优点。动力定位完全靠船舶或平台自身产生的推力定位,不需要依靠外部设备,能够在任何水深条件下工作,定位方便快速,机动性高,易于操作,对外环境改变能做出快速响应,能避免锚链和锚破坏海底设备的危险,能满足一些特殊功能需求,如固定轨迹移动、水下机器人跟随等。

由于动力定位的市场非常广阔,国际上有船舶研究基础和实验室条件的国家都对动力定位的研究保持着浓厚的兴趣。如荷兰的MARIN、挪威的MARINTEK等机构自20世纪80年代就不断投入人力物力进行动力定位的研究,研究内容包括控制系统方面和推力器工作的水动力性能方面。国内对动力定位也进行了积极的研究。上海交通大学海洋工程实验室曾开发过控制系统,并完成了模型试验的调试和验证,目前正准备结合工程实际进行更加深入的研究;哈尔滨工程大学也自主开发出控制系统,其研制的动力定位系统已经具备了在小型船舶上应用的经验。然而动力定位是一个多学科交叉的系统工程,从理论研究到实际产品成熟需要集合更多的资源,依赖更多的工程经验积累。目前动力定位市场基本上被国外几大公司所占据,较为著名的有 Kongsberg Simrad,ALSTOM,NAUTRONIX 等。其中Kongsberg Simrad 公司占有最大的市场份额,它目前与 ABB 公司合作(ABB 主要负责电力系统方面)正在更加迅猛的发展。为打破国外公司在技术和市场上的垄断,我国政府和相关单位正在不断加大对这项技术开发的投入力度,走自主研发之路。

9.3.2 动力定位模型试验技术介绍

动力定位试验技术主要包括了全动力定位系统或混合动力定位系统模型试验,它们是动力定位试验中比较常见的试验内容,其主要目的是:

(1)稳态动力定位能力预报,研究浮式结构在稳定的风、浪、流作用下保持固定的位置和艏向角的能力,以及在各个不同方向上所能承受的最大稳定风速和流速;

(2)在全动力定位控制下的各指定试验工况中,验证能否达到足够的定位精度;

(3)对混合动力定位下的系泊系统进行试验研究,确定定位精度,验证其稳定性和可靠性;

(4)为设计提供试验依据。

试验时,首先安装动力定位模型试验系统,并进行系统联调。根据试验要求,采用或设计控制策略和控制方法,并在模型试验中不断优化系统各参数,确定各个不同方向上所能承受的最大稳定风速和流速。进行全动力定位模型试验,预报定位精度,并对整套系统进行研究、分析和完善,确定各工况定位精度。进行混合动力定位模型试验时,首先进行系泊系统的模型试验单独调试,根据刚度曲线,调试好系泊系统。进行混合动力定位的系泊系统试验,预报定位精度,测量浮式结构的运动、推力器受力及系泊系统受力情况。

试验在风、浪、流联合作用的实际海况下进行,试验步骤与锚泊定位系统模型试验的操作方法类似,此处不再赘述。图9.10展示了国内702所开展的半潜平台动力定位试验。

图9.10　深海半潜平台动力定位试验

另外,对动力定位系统在环境载荷下的二阶低频慢漂力进行模型试验也是重要的试验内容之一,可以为设计动力定位推力系统提供可靠的依据。

浮式结构在风、浪、流等环境力的作用下,将产生六个自由度的运动,此运动包含了高频(波频)和低频运动。低频运动分量可以认为是由螺旋桨的推力、舵力、流力、风力和缓变的波浪漂移力等产生的,而高频运动分量主要是波浪引起的一阶波频运动响应,随波浪的起伏而往复。一般来说,动力定位系统并不需要抵消高频振荡运动,仅用来抵消在水平面内的三个自由度的低频运动,即纵荡、横荡、艏摇。

如何测量不规则波引起模型的二阶慢漂力是动力定位系统模型试验的难点之一。Pinkster二阶波浪力模型试验理论认为,当需要测量模型的一阶受力时,只需将模型刚性固定起来,使其在波频范围内不发生运动。而当需要测量模型低频漂移力时,就必须对其慢漂运动加以控制。此外,由于系泊系统的二阶力受一阶运动的影响,因此要获得准确的二阶慢漂力数据,必须使模型的一阶运动不受影响,得到充分的释放。因此,必须设计一个具有如图9.11所示频率特性的限制系统,从图中可以看出,在二阶慢漂力的频率范围内,系统响应达到近100%,表明系统基本在该频率范围内运动。而在波频范围内,系统响应基本可以忽略不计,表明系统在慢漂频域外对模型运动几乎没有贡献。

图9.12所示的动力限制系统可以满足以上讨论的频率特性的要求。当波浪作用到模型上,使模型产生波频及低频范围内的运动,将运动测量下来,并将它们反馈到控制器,控制器滤去高频量之后仅将低频信号送至动力系统,并相应对模型施加所需的力而达到限制其低频运动的目的,即主动式动力限制系统。但相对于测量波浪二阶慢漂力试验来说,此系统过于复杂。可采用一种比较简单的利用线性弹簧的被动式系统,如图9.13所示。运用被动式制约系统要仔细考虑对弹簧系数的选择,使所测得的力对真实的波浪力的放大效应达到最低程度。

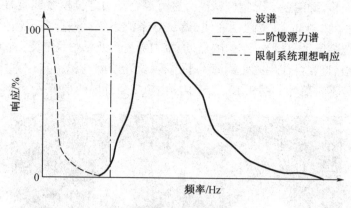

图 9.11　系统频率响应曲线

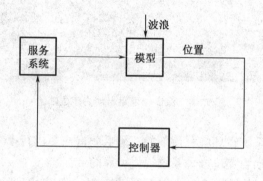

图 9.12　主动式动力限制系统示意图

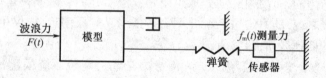

图 9.13　被动式限制系统示意图

9.3.3　动力定位试验技术研究现状

正如之前所述,对动力定位进行研究时通常会有三种方法,即理论研究、仿真研究和试验研究。目前国际上对动力定位系统的研究大多是对该系统进行理论计算,同时结合仿真技术,设计在给定海洋环境条件下满足给定要求的动力定位系统,并应用于实际动力定位装置。但只用理论仿真技术进行投资巨大的动力定位海洋结构物设计制造有一定的风险,设计人员往往希望通过试验来校验理论计算结果。进行动力定位系统试验研究存在较多困难,由于在海洋工程水池中进行试验的模型尺度一般远小于海上实际动力定位装置,对位置测量系统、控制系统、推力系统的精度要求很高,较小的误差都有可能使模型不能回复到所要求的位置。同时,根据相似定律,模型试验中波浪等变化的频率较之实际海况高,因此对模型各装置的频率响应能力有较高的要求。这些困难都使动力定位试验技术充满着挑战。到目前为止,虽然国内外能成功进行动力定位装置试验研究的实验室比较少,但是也取得了一定的成果。

在国外,荷兰的 MARIN 实验室是开展船舶与海洋工程模型试验比较全面的研究单位。荷兰 MARIN 在 20 世纪 80 年代初期即开始加大了对模型试验的投入力度,确定了关于推进器和定位的研究计划,并开展了动力定位的模型试验,内容包括:①推进器和推进器之间的相互作用;②推进器和船体的相互作用;③环境力和低频运动。研究结果产生了应用于动力定位的模拟程序 RUNSIM,包括模拟试验的程序 DPCON 和理论模型计算的程序 DPSIM。解决了流力、风力、二阶波浪漂移力、推进器力的计算,控制系统采用经典的 PID 控制算法 + 扩展 Kalman 滤波,风力采用前反馈的形式,提出了波前反馈的概念。同时 MARIN 还开展了下述工作:

(1) DP-assisted mooring mode,即动力定位系统和系泊系统联合使用的混合定位系统的研究工作;

(2) 动力定位系统在轨道航行(OT)方面的应用;

(3) 动力定位设计阶段的性能、设计功率和经济性的估算。

MARIN 实验室在动力定位系统试验方面进行了大量的研究,经验非常丰富,也有许多实际的成果,在动力定位系统试验研究方面走在世界的前沿。

挪威研究机构在 20 世纪 90 年代也做过动力定位方面的试验,研究重点在控制理论和方法上。在满足李雅普诺夫大范围渐进稳定的基础上,应用现代控制理论的方法,采取状态反馈和输出反馈两种形式,设计不同的状态观测器,观测速度和干扰,以此代替 Kalman 滤波,并在比例为 1:70 的船模试验中证实定位的效果符合要求。其中挪威科技大学的 D. T. Nguyen、J. P. Strand 以及 P. I. B. Berntsen 等研究者在研究新的控制理论时,均利用了模型试验来对自己提出的理论方法进行试验检验。

日本九州(Kyushu)大学在动力定位试验方面也有一定的研究,主要通过研究 H∞ 控制理论和鲁棒控制(Robust Control)来解决动力定位系统稳定性方面的问题,然后在 1:100 的船模试验中验证了控制结果的有效性,对比试验结果和计算结果发现没有太大的误差,进而验证了该控制方法的有效性。

最近几年,国内的哈尔滨工程大学、上海交通大学和各研究所都相继投入到了动力定位模型试验和全尺度试验中的研究当中。在目前为止,几乎每一个理论都需要模型试验甚至全尺度海试来检验其正确性、可靠性与实用性。因此,试验研究方法必将继续为动力定位系统的进一步发展做出贡献。

哈尔滨工程大学很早就开始研究船舶动力定位技术,已建立船舶动力定位技术联调实验室,并进行了深潜救生艇六自由度动力定位系统的研制。此外还进行了实船的动力定位系统加装应用研究,取得了很好的效果。同时,哈尔滨工程大学的深海工程技术研究中心对半潜平台的动力定位系统进行了研究,对平台的动力定位系统的定位性能进行了静态和动态两方面的分析。在静态分析上,根据 API 规范推荐的平台在完成定位时推力系统各推力器的使用率作为评判标准,计算了平台在各设计工况下推力系统完好和失效时的推力系统推力器使用率。在动态上建立了平台运动控制数学模型,选择目前运用成熟的 PID 控制算法,基于功率最优化推力分配方案和 Kalman 滤波状态估计方法,对平台模型的动力定位进行了时域动态模拟分析。在此基础上对半潜平台动力定位系统的动力定位性能进行了模型试验研究,首先进行了模型试验设计,包括模型的缩尺比确定、环境条件确定、模型的加工与调整、试验具体工况确定和试验具体问题处理等,然后对平台进行了动力定位模型试验,并将试验结果和数值计算的结果进行了对比分析,分析结果说明了目标平台的动力定位系统是安全可靠的,同时验证了数值计算结果的准确性。

总的来说,动力定位模型试验的难点在两个方面,第一个是对动力控制系统的全尺寸模拟,这不仅包括动力定位控制系统的模拟,还包括对推进系统的模拟,以及由此带来的试验模型的加工问题。由于海工模型的缩尺比一般取 1∶50 左右,在进行推进系统的加工时,对模型的加工精度要求较高。另外,由于动力定位试验的推进系统多采用全回转式或吊舱式推进器,这就给推进系统的模型设计带来了困难,因为无法找到与缩尺后的尺寸大小完全一致的全回转式或吊舱式推进系统模型,所以在推进系统模型设计上需要重新考虑。第二个难点是试验精度的问题,经模型试验缩尺比换算之后,对动力定位的精度提出了更高的要求,比如在实船情况下,动力定位的精度为 2 m,假设试验的缩尺比为1∶50,则试验中的定位精度为 4 cm,这就对动力定位模型试验提出了更高的要求。以上这两个方面是目前动力定位模型试验的关键,也是动力定位模型试验技术的研究重点。

9.4　浮托安装模型试验技术

随着海洋石油工业的不断发展,各种类型的海上平台正在向大型化、综合化的方向发展,平台结构物的整体质量也随之增加,从而使得平台安装的难度增大。现如今,平台上部结构的安装已成为海洋工程研究的一大热点。

通常一座平台可分为下部结构和上部组块两个部分。下部结构主要是桁架钢结构或浮筒立柱结构,用于支撑或提供浮力;上部组块除了框架钢结构以外,还有诸多的电气、油气生产、钻井、生活辅助等设备,布置复杂,建造、装配和调试的时间非常长。如果先将下部结构建好再建造上部组块,整个平台的建造工期非常长,从而会耽误油田的开发进度,为此可将上部组块和下部结构分别建造,再进行安装拼接和调试。为了缩短作业时间和节省施工费用,单模块化整体安装方法被采用,即将上部组块建成一个整体并在陆上完成调试,再整体与平台的下部结构合二为一,这样既节约了安装时间和成本又省去了海上调试的时间。目前实现海上整体模块化安装主要有浮吊法和浮托法两种方法。

浮吊法是通过大型起重船将上部模块从运输船上吊起,然后准确下放到平台的下部结构上,一般在 5 000 t 以下的中小型上部模块安装中使用较多,但对于大型平台组块安装能力有限。浮吊法受到起吊能力、结构强度和结构物尺寸等因素的限制,加上这些巨型起重船租用价格昂贵、数量稀少等原因,组块安装的成本和时间随平台质量呈指数增长。

另一种组块安装方法称之为浮托法,它使用运输驳船支撑上部组块到安装位置,在锚链和拖轮辅助下定位并与下部结构对准,再利用潮位变化和增加驳船吃水将上部模块的质量缓慢转移到下部结构上。这种方法并不需要昂贵的起重船,只需要普通的运输驳船即可完成,并且起重能力大,非常适合大中型平台的海上安装。浮托法安装相比于浮吊法,成本更低,耗时更短,受水深和风浪条件等因素制约更少,逐渐成为海上平台组块安装的主流方法。

浮托安装法的一般流程包括装船(Load-out)、运输(Transportation)、就位等待(Standby)、进船(Docking)、载荷转移(Mating)和退船(Undocking)。根据装载上层组块的驳船数目分类,浮托安装可以分为单船浮托和双船浮托。单船浮托是船舶进入平台立柱中间进行浮托,需要驳船船宽比平台立柱间距小;双船浮托是两艘驳船分别支撑上层组块两端,在平台两侧进行浮托,图 9.14 和图 9.15 分别为利用单船和双船进行浮托安装的图片。根据组块浮托安装驳船有无动力,可以分为常规无动力驳船和动力定位驳船两种。

图 9.14　单船浮托安装　　　　　　　　图 9.15　双船浮托安装

随着浮托法安装技术在海洋平台安装领域的应用,对浮托法的技术研究逐渐开展起来,在浮托安装设计中,相关的海洋浮式结构物作业过程的模拟预报十分重要,主要是各个结构在安装中的受力、运动状态等的预报与研究。目前比较常用的预报方法有数值计算模拟方法、模型试验方法和现场实测方法。其中的现场实测方法受到的限制非常多,而且操作非常复杂,具有很大的风险。数值模拟方法虽然比较方便,但是它的准确性仍需要模型试验来验证,因此在浮托安装技术的研究中模型试验方法是一种重要的研究手段。本节将对浮托安装法模型试验进行基本介绍,在此基础上对国内外的研究现状进行简要概括。

9.4.1　浮托安装模型试验技术介绍

浮托安装模型试验的设计流程与其他类型的模型试验类似,但是有些具体过程需要结合浮托模型试验的具体特点进行分析。

首先是模型试验遵循的相似准则及各物理量间的转换关系。浮托模型试验首先要求在试验中涉及线性尺度的参数都必须满足几何相似,和实体保持统一的比例关系,这个比例即是缩尺比。在此基础之上一般还要遵循两个相似准则:弗劳德数(Fr)和斯特罗哈尔数(St)相等。在浮托法安装的模型试验中,若安装船采用动力定位 DP 系统,则除了满足弗劳德数相等外,一般还须满足进速系数($J=VA/nD$)和雷诺数相等。在试验中满足弗劳德数相等是为了保证推进器的兴波影响相似,如果安装船推进器在水下足够深的位置,则推进器产生的兴波的影响可以忽略不计,在这种情况下就可以不考虑弗劳德数。对于进速系数,由于在浮托法安装过程中船的侧向移动速度很慢,而且 DP 推进系统的侧推器的进流方向并不在船的行进方向上,可以认为其进速系数为 0,这时只有主推进器才需要考虑模型与实体间进速系数的相等。对于雷诺数,一般模型试验条件下,在保证进速系数相等的同时不可能再保证雷诺数相等,因此现在一般的做法是只保证进速系数相等即可,并且在较低雷诺数条件下(雷诺数不超过临界雷诺数)对推进器的推力系数和扭矩系数进行尺度效应的修正。

浮托安装模型试验中海洋环境条件的模拟与其他类型的模型试验类似,考虑模拟的环境条件主要是指风、浪和流。之前的章节已经详细介绍过,这里不再赘述。

接下来是主体结构及系泊缆的模拟,此部分的要求依然与之前介绍的类似,但是浮托安装模型试验中还有一些特殊的连接件需要模拟,主要包括护舷以及对接单元 LMU 和 DSU,对于采用 DP 系统进行浮托安装的模型试验,也需要进行各个推进器的模型制作。

护舷的关键部件是橡胶垫,它能够在船和平台下部结构的碰撞中起到缓冲和保护作用。护舷可以安装在平台下部结构上,也可以安装在船上。护舷的制作主要依据两个方面的相似条件,第一是要求接触表面和厚度几何相似,第二是在碰撞性能上要满足力学相似。对于护舷的面板和支架的模拟,主要保证其在碰撞中不致变形损坏即可。护舷关键部件橡胶垫模拟的关键之处在于保证其受力 – 变形曲线相似,可以选择合适的软橡皮块或者塑料来模拟。橡胶垫模型制作完成后需要校核其受力 – 变形曲线是否能达到预期效果。

浮托法安装中的对接装置主要是指 LMU 和 DSU,它们是安装操作中的关键部件,在模型试验中也需要对它们进行模拟。LMU 位于平台下部结构的顶部,它在浮托组块对接和质量转移中起到非常重要的作用。DSU 是上部组块与驳船之间的接触单元,其作用和 LMU 类似,只是接触面不是圆锥面而是平面。LMU 和 DSU 缓冲件的模型在试验中会承受较大的载荷,其材料要求比较硬,具有较高的弹性系数,在制作上也是首先保证高度上的几何相似以及力学性能相似。图 9.16 为 LMU 和位于平台上部结构上与其相连的插尖的模型实物图,图 9.17 为 DSU 的模型实物图。

(a)   (b)

图 9.16 LMU 模型与组块插尖模型图

(a)LMU 模型;(b)插尖模型

若安装船装有 DP 定位系统,则也需要对其各个推进器进行模拟。首先需要保证几何相似制作各螺旋桨模型,然后在此基础上模拟 DP 定位系统的控制系统,主要是将 DP 控制系统安装在船模上,它主要包括:PID 控制器、卡曼滤波器、用于补偿风力的前馈控制器以及推力分配算法。控制系统的原理应该和实船上的对应一致。

各个结构的模型制作完毕后,接下来就是模型试验的测量技术介绍,试验中主要监测的对象包括:海洋环境、关键处运动以及关键部位的碰撞力。完成这些测量任务所需要的各种测量仪器在之前章节已经介绍过,此处不再赘述。

浮托安装模型试验包含多个组成部分,大体包括静水衰减试验、待命就位试验、进船试验和退船试验四部分。静水衰减试验在之前的章节中都有过较为详细的介绍,此处就不再过多地叙述了。下面将对待命就位试验、进船试验和退船试验的开展方法进行简要的介绍。

图 9.17　DSU 模型图

1. 待命就位试验

待命就位试验的目的主要是为测试在待命就位海况下,动力定位系统的定位精度以及螺旋桨功率消耗等参数,为工程设计方案的确定和数值计算提供参考和验证依据。待命就位试验中所使用的模型包括驳船和平台上部组块,不包括平台下部组块模型。具体的试验流程总结如下:

(1)利用大面积可升降假底将海洋深水试验池的整体水深调节至规定需要模拟的水深;

(2)船模在静水中由人工固定;

(3)在船模固定位置,动力定位系统中各物理量采零,即固定位置设定为动力定位的目标位置;

(4)开启造流设备和造风设备,等待至风速与流速达到稳定值;

(5)开启动力定位系统,人工固定解除;

(6)当动力定位船模在风、流载荷中正常工作时,开启造波设备;

(7)当动力定位船模在风、浪、流载荷中正常工作时,开始进行各项数据采集,动力定位系统正常工作超过 30 min 后结束试验。

该单项试验结束后,待水面平静后改变环境条件,参考上述步骤继续进行即可,图 9.18 为国内的某次浮托安装试验中的驳船与上部组块待命就位试验。

2. 进船试验

进船试验的目的主要是测试在浮托安装海况下,驳船在进入平台下部模块(可以是下部浮体或导管架等,依据平台种类而定)过程中的水动力性能参数,包括驳船和上部组块的运动性能、驳船和下部模块之间靠垫所受到的载荷、推进器各项性能等,为工程设计方案的确定和数值计算提供参考和验证依据,确保工程作业的安全。进船试验中所使用的模型包括驳船模型、上层组块模型、护舷靠垫模型以及下部模块模型等。

在进船试验前,首先在海洋深水试验池中确定下部模块中心的坐标和位置,下部模块上安装若干个靠垫以及压力传感器,然后利用大面积可升降假底将海洋深水试验池的整体水深调节至规定需要模拟的水深。

与待命就位试验类似,进船试验流程如下:

(1)船模在静水中由人工固定在下部模块中心线处;

图 9.18　驳船与上层组块待命就位

（2）在船模固定位置,动力定位系统中各物理量采零,将下部模块中心设定为动力定位的目标位置;

（3）船模位置移至下部模块入口前 0.5 m,再次人工固定;

（4）开启造流设备和造风设备,等待至风速与流速达到稳定值;

（5）开启动力定位系统,人工固定解除;

（6）当动力定位船模在风、流载荷中正常工作时,开启造波设备;

（7）当动力定位船模在风、浪、流载荷中正常工作时,开始进行各项数据采集,动力定位系统正常工作至船模到达目标位置后结束试验。

3.退船试验

退船试验的目的主要是测试在浮托安装海况下,驳船在退出下部模块过程中的水动力性能参数,包括驳船运动性能、驳船和导管架之间靠垫所受到的载荷、推进器各项性能等,为工程设计方案的确定和数值计算提供参考和验证依据,确保工程作业的安全。退船试验中所使用的模型与进船试验中的相同,但不同的是上层组块是直接放在下部模块上,驳船直接从下部模块中心处缓缓退出。

在退船试验前,首先在海洋深水试验池中确定下部模块中心的坐标和位置,下部模块上安装若干个靠垫以及压力传感器,然后利用大面积可升降假底将海洋深水试验池的整体水深调节至规定需要模拟的水深。退船试验流程如下:

（1）船模在静水中由人工固定在下部模块中心;

（2）在船模固定位置,动力定位系统中各物理量采零;

（3）开启造流设备和造风设备,等待至风速与流速达到稳定值;

（4）开启动力定位系统,人工固定解除;

（5）当动力定位船模在风、流载荷中正常工作时,开启造波设备;

（6）当动力定位船模在风、浪、流载荷中正常工作时,船模退船过程中,手动设置船模的目标位置,同时开始进行各项数据采集,动力定位系统正常工作至船模到达目标位置后结束试验。

试验结束后需要对试验数据进行分析,试验数据的分析方法主要在第 7 章进行了详细的介绍,包括误差分析、衰减分析、规则波分析、时域统计分、频域谱分析以及交叉谱分析等。

9.4.2　浮托安装模型试验技术研究现状

浮托安装法产生于 20 世纪 80 年代,最早应用于 Phillips Maureen 项目中生产平台的上层模块(重达 18 600 t)的海上安装。随后应用在重力式平台、导管架平台、张力腿平台(TLP)、半潜式平台(Semi)甚至是单柱式平台(SPAR)的安装。迄今为止,通过浮托安装法已在全球范围内安装超过 30 个平台的上部组块。浮托安装法能减少海上作业时间,因为复合平台模块可以在岸上进行组装和预调试。

随着浮托安装法在国内外的不断兴起与发展,作为其重要研究方法的浮托安装模型试验技术也受到广泛的关注,通过不断探索,这种模型试验技术也得到了极大的发展。

Technip 公司研究了应用半潜驳船进行的 SPAR 平台浮托安装,利用 MLTSIM 软件进行数值模拟,并进行了模型试验,发现虽然数值模拟和模型试验的数值不能完全吻合,但峰值、谷值是保守值,得出将模型试验与数值模拟相结合的方法在浮托安装法的研究中是可行的结论。随后该公司又对 SPAR 平台双船浮托安装的模型试验进行了研究,计算双体船在墨西哥湾海峡的海况下的运动和载荷情况,并验证了几种将组块从双体船转移到 SPAR 平台上的方案的可行性。模型试验的缩尺比是 1∶60,实际的组块质量是 18 000 t。

美国的研究机构也在浮托安装模型试验技术方面有一定的研究,有研究者首先通过模型试验得到浮托安装过程中安装船的水动力参数以及载荷受力等,然后在此基础上使用 MLTSIM 和 WAMIT 软件进行浮托安装数值模拟,首先基于时域理论将浮托载荷转移过程进行了简化模拟,通过 WAMIT 利用格林函数方法求解平均湿表面上的辐射势和绕射势,从而得到频域的水动力参数,如附加质量、阻尼系数、一阶波浪力传递函数和二阶平均慢漂力等,然后通过 MLTSIM 求解时域内的运动微分方程。他们将模型试验与数值模拟的结果相互比较验证,认为数值模拟能够得到较好的结果,但需要模型试验来支持验证。

虽然浮托安装模型试验技术已经取得了一定的进展,但是目前仍存在一些难题。由于浮托安装过程中涉及的工程作业船多采用了动力定位技术,因此浮托安装模型试验的难点也包括了前文所述的动力定位模型试验中的难点,并且在定位精度上的要求更高。比如进行某导管架式平台浮托安装就位时,安装船与导管架平台基座的间隙只有 0.5 m,按 1∶50 缩尺后,模型试验中的间隙只有 1 cm,因此对试验模型动力定位精度要求就达到了毫米级别,这给试验模型的设计带来了极大的挑战。

此外,浮托安装试验中往往会要求测量各安装部件相接触时的碰撞力,这也给试验模型系统的设计与测量带来了新的挑战,从而构成了浮托安装模型试验技术的核心内容,这也是目前研究的重点。

9.5　深水海底管道铺设试验技术

海上油气田开采的油气除少数在海上直接装船外运外,多数是通过管道传输至陆上加工并分别输送到用户的。铺管船法铺设海底管道较其他方法具有抗风浪能力强、适用性广、机动灵活和作业效率高等优点,它已成为铺设海底管道最主要的方法之一。深水海底管道铺设系统主要包括了铺管船系统、托管架系统、管道系统等。在进行深水铺管时,铺管船会拖带较大质量的托管架和管道。如在进行 3 000 m 深水作业时,船尾将拖带长达 3 000 m,水下质量可达 500 多吨的管道和质量可达 400 多吨的大型托管架。在进行海上铺管作业时,整个系统将受到风浪、波浪以及水流的作用,并产生一定的响应运动,船体、管道和托管架又会相互干扰产生运动和受力影响,大质量的深水管道除了受到静力作用外,也会由于铺管船的升沉运动产生可观的动应力。这种运动和受力具有很强的非线性和随机性,很难进行完全的解析或数值模拟,因此需要通过模型试验研究来验证理论模型的准确性和精确性。本节将会针对深水海底管道铺设试验技术的研究热点,对深水铺管船模型试验技术进行介绍。

在进行深水海底管道铺设作业时,铺管船船尾将拖带托管架及质量可观的管道,铺管船在波浪上将产生升沉加速运动,与其拖带的管道及其附加质量和阻尼形成强迫振动系统,在管道结构中将产生附加的动应力;同时管道系统也对铺管船在波浪上的运动性能产生显著影响。铺管船系统在波浪中的运动和动力性能将主要受到铺管船、托管架和管道三部分质量和耦合作用的影响。深水海底管道铺设试验的主要目的是:

(1)由于深水铺管船、托管架以及水下长管道的质量、附加质量和运动阻尼等足够大,需要试验研究加载管道和托管架后,管道和托管架对水面铺管船在波浪上的运动性能产生的影响。

(2)水面铺管船在波浪上将产生升沉运动,与水下长管道的质量、附加质量和运动阻尼形成强迫振动系统,在管道结构中将产生附加的动应力分量,需要试验研究管道中这种动力峰值和特性,为深水铺管提供参考。

目前的船舶与海洋工程结构系统非常庞大,这就导致实体或实尺度的模拟困难比较大,通常是根据相似理论进行缩尺比模型试验,然后再换算成实体数据,模型缩尺比的大小对试验结果有非常大的影响,一般是缩尺比越小,能保证的精度也就越小。随着研究水深的增加,尺度问题成为深水海底管道铺设模型试验中面临的主要问题,如果采用常规缩尺比,利用常用方法在现有试验水池条件下难以完整地进行水深超过 2 000 m 的深水海底管道铺设模型试验。

在这种情况下,有学者尝试借鉴混合模型试验的做法来解决问题。在深海结构物模型试验中,Stansberg 等率先提出了混合模型试验方法(Hybrid Model Testing Technique),之后也有国内外的大量学者对其进行研究,混合模型试验的具体方法已经在 9.1 节中进行了详细介绍,这里不再赘述,目前该方法已经得到了普遍的应用和认可。假设深水铺管系统管道长度与作业深度在 3 000 m 左右,考虑到比较合适的模型缩尺比在 1:50 左右,则试验要求水深要达到 60 m,目前国内外大多数海洋工程水池的试验条件还达不到这个要求。

因此有学者借鉴混合模型试验方法对管线的水下部分进行等效截断设计,将深水长管道分成若干段,对每一段管道不追求尺度的相似,而是考虑动力特性相似(即考虑水下质量相似、弹性相似、排开水质量相似),建立等效离散型管道模型,对管道铺设中的应力状态进行试验,等效离散型管道模型如图 9.19 所示。

深水海底管道铺设试验主要研究该系统在波浪中的运动和动力性能。一般情况下需要先开展铺管船船体部分的模型试验,然后在此基础上继续进行船 - 管 - 架系统综合模型试验,并将试验结果进行对比以验证所设计的等效离散型管道模型的正确性。

以国内开展过的 2 000 m 水深铺管模型试验为例,该试验分别进行了等效离散型管道模型和连续型管道的模型水池试验,并对两种模型试验结果进行了对比,以验证该等效离散型管道模型试验设计的可行性,在证实等效离散型管道模型试验设计正确性的基础上开展 3 000 m 水深铺管系统模型试验。

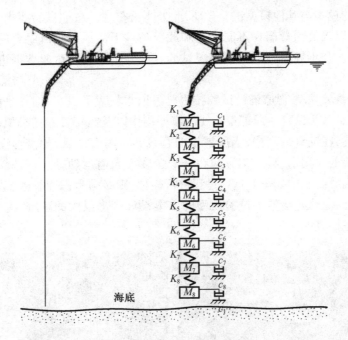

图 9.19　等效离散型管道力学模型

　　这里简要介绍下 2 000 m 水深铺管模型试验的开展过程。试验模型系统主要包括船体模型、托管架模型和管道模型,综合考虑各项因素,模型缩尺比选择 1∶49。船体和托管架模型包括铺管系统主要装置和起重机的主要部件,其中起重铺管船模型为木模,按要求调节质量、重心位置、惯量等;托管架结构为铝和钢的混合结构,满足总主尺度、基本结构、支托曲率和质量相似,图 9.20 为该起重铺管船的模型图。对于管道部分,由于其物理模拟较为困难,因此采用等效离散模型来代替管道模型,管道的等效离散模型将管道离散成了数个管段并将其串联在一起,在离散的过程中主要从动力学角度出发来模拟该管道的每个管段的排水量、水下质量和结构弹性,通过这种方法模拟悬垂的 2 000 m 水深的管道可以大大降低试验水深的要求,并且可以很好地模拟实际铺管作业中管道的形状。对于 3 000 m 水深铺管模型试验中各结构的模拟与 2 000 m 水深类似,此处不再过多介绍。图 9.21 的(a)和(b)分别给出了 2 000 m 和 3 000 m 水深条件下的离散管道模型图。

图 9.20　起重铺管船模型图

　　环境条件的模拟与其他模型试验类似,此处不再赘述。按照试验要求安装好各种测量仪器之后,就可以根据铺管船在不同作业和载况条件下的风、浪、流组合的环境条件,分别进行静水、规则波和不规则波的不同载况试验。试验结束后对试验数据进行处理与分析,进而得出结论。

　　总的来说,深水海底管道铺设试验技术已经取得较大的进步,但是目前仍存在一些难题,其中最大的难点为试验中所铺设管线的模型制作以及铺管过程的模拟。管线模型的处理可如前文所述,在铺管过程中,当所铺设的管线到达海底之后,如需继续铺管,则铺管船在动力定位系统的作用下,沿一定方向在一定速度下向前运动,此时所铺设的管线系统将进一步下放。因此试验中如需对这一过程进行模拟,则必须考虑铺管系统及动力定位系统的模型方案设计,而这将给整个试验模型的方案设计带来巨大的困难,这也是目前海底管道铺设试验技术研究的重点。

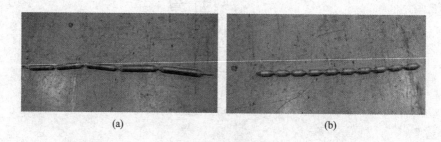

(a)　　　　　　　　　　　　　　　(b)

图 9.21　离散管道模型图

(a)2 000 m 水深条件下的管道模型;(b)3 000 m 水深条件下的管道模型

参 考 文 献

[1] 陈成忠,林振山,陈玲玲.生态足迹与生态系统承载能力非线性动力学分析[J].生态学报,2006,26(11):3812-3816.

[2] 赵耕贤.世界 FPSO 建设的发展和展望[J].中国海洋平台,1996,11(1):9-12.

[3] 崔清晨,陈万青,刘安国,等.海洋资源[M].北京:商务印书馆,1981.

[4] 董胜,孔令双.海洋工程环境概论[M].青岛:中国海洋大学出版社,2005.

[5] 程家骅,姜亚洲.海洋生物资源增殖放流回顾与展望[J].中国水产科学,2010,17(3):610-617.

[6] 冯士筰,李凤岐,李少菁.海洋科学导论[M].北京:海洋出版社,1999.

[7] 高振会,杨建强,崔文林.海洋溢油对环境与生态损害评估技术及应用[M].北京:海洋出版社,2005.

[8] 侍茂崇,高郭平,鲍献文.海洋调查方法导论[M].青岛:中国海洋大学出版社,2008.

[9] 孙湘平.中国近海区域海洋[M].北京:海洋出版社,2006.

[10] 廖谟圣.当前世界上工作水深最深的自升式钻井平台[J].中国海洋平台,2002(3):38.

[11] 陈宏.自升式钻井平台的最新进展[J].中国海洋平台,2008(5):1-7.

[12] 张智,董艳秋,唐友刚,等.1990 年后世界 TLP 平台的发展状况[J].中国海洋平台,2001(2):5-10.

[13] 单连政,董本京,刘猛,等.FPSO 技术现状及发展趋势[J].石油矿场机械,2008,37(10):23-28.

[14] 阮锐.我国海洋调查船的现状与展望[C]//第二十一届海洋测绘综合性学术研讨会论文集.成都:中国测绘学会海洋测绘专业委员会,2009:34-36.

[15] 冯奇坤.现代海洋地震勘探简述[J].经营管理者,2011(16):385.

[16] 刘健,蒋世全,殷志明.深水修井技术与装备浅谈[J].内蒙古石油化工,2011(13):91-92.

[17] 陈家庆.海洋油气开发中的水下生产系统[J].石油机械,2007,35(5):54-57.

[18] 余龙,谭家华.深水中悬链线锚泊系统设计研究进展[J].中国海洋平台,2004,19(3):24-30.

[19] 李刚.风险评估技术及其在海上平台的应用[J].内江科技,2006(4):159.

[20] 王艳妮.海洋工程锚泊系统的分析研究[D].哈尔滨:哈尔滨工程大学,2006.

[21] 王玮,孙丽萍,白勇.水下油气生产系统[J].中国海洋平台,2009,24(6):41-42.

[22] 王庆丰,黄小平,崔维成.海洋平台结构的安全寿命评估与维修决策研究[J].江苏科技大学学报(自然科学版),2006,20(3):11-15.

[23] 刘美琴,郑源,赵振宇,等.波浪能利用的发展与前景[J].海洋开发与管理,2010,27(3):80-82.

[24] 中国船级社.海洋固定平台入级与建造规范[M].北京:人民交通出版社,2004.

[25] 广州船舶及海洋工程设计院,交通部广州海上打捞局.近岸工程[M].北京:国防工业

出版社,1991.

[26] 潘斌,顾剑民.平台沉垫波浪力工程计算与坐地稳定性[J].海洋工程,1993(3):46-50

[27] 吕炳全,孙志国.海洋环境与地质[M].上海:同济大学出版社,1997.

[28] 杨树锋.地球科学概论[M].杭州:浙江大学出版社,2001.

[29] 赵其庚.海洋环流及海气耦合系统的数值模拟[M].北京:气象出版社,1999.

[30] 聂武.海洋工程结构动力分析[M].哈尔滨:哈尔滨工程大学出版社,2002.

[31] 张相庭.工程结构风载荷与抗风计算手册[K].上海:同济大学出版社,1990.

[32] 林晖,间国年,宋志尧.东中国海潮波系统与海岸演变模拟研究[M].北京:科学出版社,2000.

[33] 李玉成,藤斌.波浪对海上建筑物的作用[M].北京:海洋出版社,2002.

[34] 国家海洋局908专项办公室.海洋水文气象调查技术规程[S].北京:海洋出版社,2005.

[35] 聂武,孙丽萍,李治彬,等.海洋工程钢结构设计[M].哈尔滨:哈尔滨工程大学出版社,1994.

[36] 中国船级社.海上移动平台入级与建造规范[S].北京:人民交通出版社,2005.

[37] 刘应中,缪国平.船舶在波浪上的运动理论[M].上海:上海交通大学出版社,1986.

[38] 张火明.基于等效水深截断的混合模型试验方法研究[D].上海:上海交通大学,2005.

[39] 李宏伟,庞永杰,孙哲.白噪声不规则波与聚集波的水池模拟[J].华中科技大学学报(自然科学版),2013(01):2-4.

[40] 何静.FPSO悬式锚腿系泊系统的锚系设计研究[D].武汉:武汉理工大学,2007.

[41] 赵志高,杨建民,王磊,等.动力定位系统发展状况与研究方法[J].海洋工程,2002(02):3-6.

[42] 梁凌云,商辉,燕晖,等.托管架及管道对铺管船运动影响的试验研究[C]//中国海洋工程学会.第十五届中国海洋(岸)工程学术讨论会论文集(上).北京:海洋出版社,2011.

[43] 王冰.基于细长杆理论的系泊缆索静力及动力分析方法研究[D].哈尔滨:哈尔滨工程大学,2013.

[44] 康庄,康有为,梁文洲.深海钢悬链线立管(SCR)安装强度分析[J].船海工程,2012(01):2-4.

[45] 王宏伟.深海系泊系统模型截断技术研究[D].哈尔滨:哈尔滨工程大学,2011.

[46] 康庄,贾鲁生.圆柱体双自由度涡激振动轨迹的模型试验[J].力学学报,2012(11):8-9.

[47] 陈煜.极限海况下铰接多浮体运动及系泊力计算[D].武汉:武汉理工大学,2013.

[48] 李曼.立管涡激振动模型试验中的尺度效应问题研究[D].上海:上海交通大学,2013.

[49] 盛振邦,黄祥鹿.船舶横浪倾覆试验及其数值模拟[J].中国造船,1996(8):6-8.

[50] 杨建民,肖龙飞,盛振邦,等.海洋工程水动力学试验研究[M].上海:上海交通大学出版社,2008.

[51] 季春群,黄祥鹿.海洋工程模型试验的要求及试验技术[J].中国海洋平台,1996(05):3-4.

[52] 南京水利科学研究院.波浪模型试验规程[S].北京:人民交通出版社,2002.

[53] 俞湘三,陈泽梁,楼连根,等.船舶性能实验技术[M].上海:上海交通大学出版

社,1991.

[54] 程曙霞. 工程试验理论[M]. 合肥:安徽科学技术出版社,1992.

[55] 蔡守允,刘兆衡,张晓红,等. 水利工程模型试验量测技术[M]. 北京:海洋出版社,2008.

[56] 左东启. 模型试验的理论和方法[M]. 北京:水利电力出版社,1984.

[57] 王文建,许荔,钱海挺,等. 试验数据分析处理与软件应用[M]. 北京:电子工业出版社,2008.

[58] 李志刚. 深水海底管道铺设技术[M]. 北京:机械工业出版社,2012.

[59] 齐久成. 海洋水文装备试验[M]. 北京:国防工业出版社,2015.

[60] 陈魁. 试验设计与分析[M]. 北京:清华大学出版社,2005.

[61] 黄璐. T 型透空式防波堤消波性能分析[D]. 大连:大连理工大学,2013.

[62] 王洋. $X - Y$ 航车系统的控制与分析[D]. 哈尔滨:哈尔滨工程大学,2009.

[63] 兰波,缪泉明,姚木林,等. 波浪水池消波装置选型的试验研究[C]//中国海洋工程学会. 第十三届中国海洋(岸)工程学术讨论会论文集. 北京:海洋出版社,2007.

[64] 唐勇,徐剑,茅宝章. 船舶与海洋工程试验水池工艺设计[J]. 舰船科学技术,2015(S1):143 – 148.

[65] 郭欣,李广年,劳展杰. 船模水池拖车系统设计分析[J]. 船海工程,2013(3):64 – 66.

[66] 杨志国. 船模水池造波系统开发与造波技术研究[D]. 哈尔滨:哈尔滨工程大学,2002.

[67] 孙强. 对一种主动式消波控制策略的改进研究[J]. 船舶力学,2003(1):18 – 22.

[68] 刘潇. 非规则长峰波的试验模拟与不确定性分析[D]. 上海:上海交通大学,2007.

[69] 杨志国. 国内外水池造波设备与造波技术的发展现状[J]. 黑龙江科技信息,2003(9):99.

[70] 盛振郑,顾其昌,顾海栗. 海洋工程国家重点实验室[J]. 中国海洋平台,1993(1):6–8.

[71] 俞聿修. 不规则波模型试验的几个问题[J]. 海洋工程,1988,6(2):37 – 44.

[72] 李补栓. 风机阵吹风试验方法基本理论[D]. 西安:西安建筑科技大学,2013.

[73] 季春群,盛振邦. 海洋工程环境条件模拟[J]. 中国海洋平台,1996(4):89 – 92.

[74] 彭涛,杨建民,李俊. 海洋工程试验池中风场模拟[J]. 海洋工程,2009,27(2):8 – 13.

[75] 李俊,陈刚,杨建民,等. 海洋工程试验中多单元造波机波浪模拟方法[J]. 海洋工程,2011,29(3):37 – 42.

[76] 李宵宵. 加速度传感器的标定系统与实验研究[D]. 北京:北京化工研究生院,2010.

[77] 李思. 拉力传感器标定与测试技术研究[D]. 北京:中国科学院大学,2015.

[78] 吴宝昌. 深海半潜平台动力定位系统模型试验设计与分析[D]. 哈尔滨:哈尔滨工程大学,2012.

[79] 江凡. 船舶推进轴系动力参数采集与信号分析系统[D]. 大连:大连理工大学,2004.

[80] 倪少玲. 船模试验数据分析与处理软件开发[J]. 造船技术,1995(12):38 – 41.

[81] 刘航. 船模试验水池计算机数据采集处理系统[J]. 武汉造船,2001(2):31 – 34.

[82] 沈兰荪. 高速数据采集系统的原理及应用[M]. 北京:北京人民邮电出版社,1995.

[83] 徐永长,郑世华. 动态失速风洞实验数据处理中的频谱分析与数字滤波[J]. 流体力学实验与测量,2000,14(3):79 – 82.

[84] 贝塔特 J S,皮尔索 A G. 随机数据分析方法[M]. 北京:国防工业出版社,1976.

[85] 田新亮,杨建民,吕海宁.海洋工程水动力学模型试验数据处理程序开发[J].实验室研究与探索,2010(6):5-8,17.

[86] 刘志万.实验数据的统计分析和计算机处理[M].合肥:中国科学技术大学出版社,1989.

[87] 辉亚男.深水拖曳水池数据采集系统[D].无锡:江南大学,2008.

[88] 张伟权.实船耐波性试验数据快速分析方法研究[J].舰船电子工程,2009,29(8):173-176.

[89] 符垒,雷宇,李定刚.振动信号的时域分析方法[J].城市建设理论研究,2015(25):73-74.

[90] 周家宝.不规则波模型试验概述及入射波和反射波分解方法的简介[J].水利水运科学研究,1983(4):72-81.

[91] 刘桦.数值波浪水池与物理模型实验技术[C]//中国力学学会办公室.中国力学学会学术大会2009论文摘要集.郑州:2009.

[92] 缪泉明,匡晓峰.702所海洋工程水动力模型试验技术进展介绍[C]//纪念顾懋祥院士海洋工程学术研讨会论文集.无锡,2011.

[93] 黄佳.1 500米水深张力腿平台运动和系泊特性数值与试验研究[D].上海:上海交通大学,2012.

[94] 王颖.Spar平台涡激运动关键特性研究[D].哈尔滨:哈尔滨工程大学,2010.

[95] 许安静,韩冰,董胜利.SRI-VC2110DP动力定位系统水池试验研究[J].上海船舶运输科学研究所学报,2012,35(2):47-53,59.

[96] 李志刚,任平,燕晖等.等效离散型海底管道模型试验方法研究[J].中国海上油气,2011,38(3):197-200.

[97] 陈晓惠.海洋平台上部组块浮托安装数值模拟与实验研究[D].上海:上海交通大学,2015.

[98] 许鑫,杨建民,李欣.浮托法安装的发展及其关键技术[J].中国海洋平台,2012(1):44-49,53.

[99] 王伟,任劲松,王爱武,等.国产首套DP3动力定位系统系泊试验内容及方法[J].造船技术,2015(4):11-14.

[100] 杜武男,岳前进,赵岩,等.深水S型托管架模型试验方法研究[C]//中国海洋工程学会.第十六届中国海洋(岸)工程学术讨论会论文集(上).北京:海洋出版社,2013.

[101] CHEN J H,CHANG C C. A moving PIV system for ship model test in a towing tank [J]. Ocean Engineering,2006,33(14):2025-2046.

[102] AGARDY T. Effects of fisheries on marine ecosystems:a conservationist's perspective[J]. ICES. Journal of Marine Science,2000(57):760-765.

[103] CHAKRABARTI S. Handbook of offshore engineering[K]. Amsterdam:Elsevier,2005.

[104] YOON H K,SON N S,LEE G J. Estimation of the roll hydrodynamic moment model of a ship by using the system identification method and the free running model test[J]. IEEE Journal of Oceanic Engineering,2008,32(4):798-806.

[105] FANG M C,KIM C H. Hydrodynamically coupled motions of two ships advancing in oblique Waves[J]. Journal of Ship Research,1986,30(3):159-171.

[106] CHEN G R,FANG M C. Hydrodynamic interactions between two ships advancing in waves

[J]. Ocean Engineering,2001(28):1053 – 1078.

[107] CHAUDHURY G, CHENG Y H. Coupled dynamic analysis of platforms, risers, and moorings[J]. OTC12084,2000(11):647 – 654.

[108] AUGUST O B, ANDRADE B L. Anchor deployment for deep water floating offshore equipments[J]. Ocean Engineering,2003(30):611 – 624.

[109] CHAI Y T,VARYANI K S,BARLTROP N D P. Semi-analytical quasi-static formulation for three-dimensional partially grounded mooring system problems[J]. Ocean Engineering, 2002(29):627 – 649.

[110] MLARSEN,HANSON T. Optimization of catenary risers[J]. Transactions of the ASME-Journal of Offshore Mechanics and Arctic Engineering,1999,21(1):90 – 94.

[111] MINDLIN R D. Influence of rotatory inertia and shear flexual motion of isotropic elastic plates[J]. Journal Applied Mechanics,1951(18):31 – 38.

[112] CHANG J M,QIU W H,PENG H. On the evaluation of time-domain green function[J]. Ocean Engineering,2007(3):963 – 969.

[113] STRAND J P,SORENSEN A J,FOSSEN T I. Design of automatic thruster-assisted position mooring systems for ships[J]. Modeling,Identification and Control,1998(6):144 – 162.

[114] CHANG S M,MURAMATSU H T. The principle and applications of piezoelectric crystal sensors[J]. Materials Science and Engineering,2000(13):77 – 80.

[115] XIE N,QIAN G L,GUO H Q. A measurement system of ship motion during model tests and full scale sea keeping trials[J]. Journal of Ship Mechanic,2001(4):88 – 96.

[116] SORENSEN T. Model testing with irregular waves[J]. The Dock and Harbour Authority, 1973,53(631):15 – 18.

[117] GODA Y, SUZUKI Y. Estimation of incident and reflected wave in random wave experiments[C]. Proceedings of the 15th Coastal Engineering Conference. USA:Hawaii, 1976,1:427 – 439.

[118] YANG J M,ZHANG H M,XIAO L F. Experimental study on a new type of deep sea platform – geometric SPAR and integrated buoyancy can[J]. Ocean Engineering, 2003 (10):56 – 60.

[119] CHUA K H,CLELLAND D,Huang S. Model experiments of hydrodynamic forces on heave plates[C]. Proceedings of 24th International Conference on Offshore Mechanics and Arctic Engineering,OMAE. Greece:Halkidiki,2005,1:303 – 315.

[120] STANSBERG C T,ORMBERG H,ORITSLAND O. Challenges in deep water experiments: hybrid approach[J]. Journal of Offshore Mechanics and Arctic Engineering,2002(1):96 – 103.

[121] CHEN L Q,WU J,ZU J W. A symptotic nonlinear behaviors in transverse vibration of an axially accelerating visco elastic string[J]. Nonlinear Dynamics,2004(6):96 – 105.

[122] TAHAR A H,HALKYARD J F,STEENA L. Float over installation method-numerical and model test data[C] // Proceedings of the 23rd International Conference on Offshore Mechanics and Arctic Engineering,OMAE. Canada:Vancouver,2004,2:205 – 220.

[123] CHUN, COCHRANEM, MITCHELLD. Results comparison of computer simulation, model test and offshore installation for Wandoo integrated deck float over installation[C] //

Offshore Technology Conference, OTC. Texas: Houston, 1998, 3:255 – 263.

[124] BAYER V, DORKAUE, FULLEKRUGU. On real-time Pseudo-dynamic sub-structure testing: algorithm, numerical and experimental results [J]. Aero space science and Technology, 2005(9):70 – 82.

[125] KIM M S, HA M K. Prediction of motion responses between two offshore floating structures in waves[J]. Journal of Ship and Ocean Technology, 2002(1):153 – 166.

[126] ROLF B, FABIO G P. Hybrid verification of a DICAS moored FPSO[C] //International Society of Offshore and Polar Engineers. Toulon:[s. n.], 2004, 1:307 – 314.

[127] JAYALEKSHMI R, IDICHANDY V G, SUNDARAVADIVELU R. Physical simulation of the hull-tether coupled dynamics of a deepwater TLP[C] // International Conference on Offshore Mechanics and Arctic Engineering. California:[s. n.], 2007, 1:149 – 157.

[128] MOXNES S, LAESEN K. Ultra small scale model testing of a FPSO ship[C] //17th International Conference, OMAE. Lisbon:[s. n.], 1998.

[129] VAN D R, MAGEE A, PERRYMAN S, et al. Model test experience on vortex induced vibrations of Truss Spars[J]. Offshore Technology Conference, 2003(10):48 – 58.

[130] SARPKAYA T. A critical review of the intrinsic of vortex-induced vibration[J]. Journal of Fluids and Structures, 2004 (19):389 – 447.

[131] SARPKAYA T. Fluid Coastal and Ocean forces on oscillating cylinders[J]. Journal of Waterway Port Division ASCE, WW4, 1978(104):275 – 290.

[132] BEARMAN PW, CURRIE I G, Pressure fluctuation measurements on an oscillating circular cylinder[J]. Fluid of Mechanics, 1979(91):661 – 677.

[133] ALLEN DW, HENNING D L. Vortex-induced vibration tests of a flexible smooth cylinder at supercritical Reynolds numbers[C] // Proceedings of the 7th ISOPE. [S. l.]:[s. n.], 1997, 3:680 – 685.

[134] SARPKAYAT. A critical review of the in trinstic nature of vortex-induced vibrations[J]. Journal of Fluids and Structures, 2004(19):389 – 447.

[135] WU X D. A review of recent studies on vortex-induced vibrations of longs lender cylinders [J]. Journal of Fluids and Structures, 2012(8):292 – 308.

[136] JOHANSSON P I. A finite element model for dynamic analysis of mooring cables[J]. Mooring Cables, 1976(6):11 – 14.

[137] HUANG S. Dynamic analysis of three-dimensional marine cables[J]. Ocean Engineering, 1994(6):587 – 605.

[138] CHAUDHUR Y G, CHENG C Y. Coupled dynamic analysis of platforms, risers, and moorings[C] //Offshore Technology Conference. Texas: Houston, 2000, 1:1 – 8.

[139] LEU S, YANG C. Construction delay causes analysis: a new method for project schedule management[J]. International Journal of Project Management, 2000(22):113 – 120.

[140] METRY A, WALLIM L. A tool for marketing technology and environmental sciences[J]. Journal of Clean, 1991(5):205 – 214.

[141] RONALD W. Infrastructure: integration design, construction, maintenance and renovation [J]. Ralph Hass and WaheedUddin, 1997, 67(9):12 – 15.

[142] JAAFARI A. Management of risks, uncertainties and opportunities on projects: time for a fundamental shift[J]. International Journal of Project Management,2001,19(1):89 – 101.

[143] ESSELMAN T, EISSA M, MCBRINE W. Structural condition monitoring in a life cycle management program[J]. Nuclear Engineering and Design,1998,181(3):163 – 173.

[144] CARRILLO P, CHINOWSK Y C. Exploiting knowledge management: the engineering and construction perspective[J]. Journal of Management in Engineering,2006,22(1):2 – 10.

[145] LIU P, CHEN W, TSAI CH. An empirical study on the correlation between knowledge management capability and competitiveness in Taiwan's industries [J]. Technovation, 2004,24(12):971 – 977.

[146] LIU H, DONG Y. Polar research from the perspective of legal protection of China's maritime rights and interests[J]. Journal of Ocean University of China(Social Sciences), 2010 (5):1 – 7.

[147] AMITI M. Location of vertically linked industries: agglomeration versus comparative advantage[J]. European Economic Review,2001,49(4):809 – 832.

[148] YUHARA N, TAJIMA J. Economic integration and agglomeration in a middle product economy[J]. Journal of Economic Theory,2006,131(1):1 – 25.

[149] YUKAWA K. Ocean Engineering basin at NMRI-basis of and model test for safety evaluation[J]. Ocean Engineering,2013,39(1):24 – 42.

[150] FOLLEY M, BOAKE C, WHITTAKER T. Comparison of LIMPET contra-rotating wells turbine with theoretical and model test predictions[J]. Ocean Engineering,2006,33(8): 1056 – 1069.

[151] SHIN H, CHO S, JUNG K. Model test of an inverted conical cylinder floating offshore wind turbine moored by a spring-tensioned-leg[J]. International Journal of Naval Architecture & Ocean Engineering,2014,6(1):1 – 13.

后　记

人类的生存和发展始终与自然资源密切相关。随着科学技术的发展，人类对自然资源的认识和开发利用程度也逐渐加深。人类对自然资源的认识和开发利用经历了由单一地上到地上地下兼顾，由单一陆地到陆海兼顾的过程。由于海洋资源开发利用历史短、程度低，特别是国际公海的国际公有性，这使海洋资源越来越成为研究和开发利用的重点。海洋作为地球上集食物资源、矿产资源、旅游资源、丰富的水资源于一体的宝库，在可以预见的未来，开发和利用海洋必将成为人类的发展目标。作为开发海洋的先锋，各种各样的海工装备必然会被人们提上大力发展的日程。海洋工程装备是流动的国土，同时更是海上话语权的具体体现。展望未来，不论是近海还是远洋，不论是海面、水中还是海底，必然会出现各种更加先进综合的大型装备。这些装备不仅仅可以帮助我们更好地利用海洋资源，也能大大地扩大人类活动的范围；不仅能使我们更加了解海洋，也能使我们懂得如何更好地保护海洋。

中国是个海洋大国，拥有长达18 000多千米的海岸线，中国大陆近海有广阔的大陆架，沉积层厚达数千米，海洋油气资源十分丰富。而利用海洋油气资源的关键在于拥有先进的海洋工程装备，特别是受到上游石油资源日渐紧缺而对海工产品需求增加的牵引，我国海洋工程行业要在一个成熟而且高度国际化的舞台上竞争。中国海洋工程装备领域企业的发展壮大不仅要依靠前辈们留下的宝贵经验，更要依靠后来人的不懈努力和无尽的探索。此时我们只有不断提高国内船舶与海工装备企业的竞争能力，才不会面临国外企业大量涌入中国，我国海洋工程产业兴旺而海洋工程企业衰微的窘迫局势。

由于海洋工程装备，特别是深海工程装备所处海洋环境和地质条件恶劣，所以海工装备的设计生产技术复杂、投资巨大、风险极高，这就要求在设计海工装备时要准确获得其各项技术性能。模型试验是获取海工装备各项技术性能参数的一种较为可靠的途径，因此在工程装备的实际设计建造中离不开模型试验。虽然近年来装备不断更新，各种装备具有各自的不同特点和功能，但是大部分只是结构物结构形式的不同，从模型试验的角度看，并没有本质的变化。本书介绍的各种模型试验基本上可以满足所有的海洋工程装备的试验要求，对各种浮式海洋平台模型试验的设计和开展都有非常大的指导意义和参考价值。

本书涉及的内容广泛，学科较多，在这种情况下，本书的编写和出版将有助于从事海洋工程装备设计和建造的企业、科技研究者、工人、教师和学生等全面了解海洋工程试验所涉及的方方面面。但是海洋工程装备体系庞大，发展快速，作者在介绍说明海洋工程模型试验的各方面时难免会有遗漏的地方，同时又受到自身条件的限制，书中部分章节介绍得不够详细，纰漏和不足之处还望纠正指教。

海洋工程产业的发展是一个漫长的过程，现在只是万象伊始，对于海洋的探索才刚刚开始。从本书的立项开始，到梳理思路、收集资料和数据、章节讨论、排版编写，再到最后成书,我们虽然付出了很多汗水,但是更享受这种奉献知识的喜悦感和成就感。在这个过程中,我们学习到了很多之前不曾了解的知识,对海洋工程装备有了更加深刻的理解,但是最终的目的还是为了向领域内的从业人员贡献自己一点绵薄的力量。

最后,祝愿我国的海洋工程装备产业蒸蒸日上,蓬勃发展,祝愿每个从业者都能在这个行业中贡献自己的一份力量,实现自己的价值。